機率學

姚賀騰　編著

全華圖書股份有限公司

序

Preface

機率學（Probability）的起源，據文獻考究是由賭博與遊戲之活動所產生，例如擲骰子、丟銅板或玩撲克牌等。直到十七世紀末期，在眾多數學家的努力下完成了古典機率的理論，其後隨著隨機變數的引入與微積分的蓬勃發展，機率學亦大量引入此法計算，才發展成一門獨立的數學分支。在機率學的發展過程中作出貢獻的的數學家非常多，在十七世紀中葉，數學家 Blaise Pascal（1623～1662）與 Pierre de Fermat（1601～1665）討論賭博臨時終止時， 賭金分配的問題，開啓了機率學的研究，而後經 James Bernoulli（1654～1705）、Abraham De Moivre（1667～1754）、Pierre Reymond Montmort（1678～1719）、Daniel Bernoulli（1700～1782）、Thomas Bayes（1701～1761）、George Louis Buffon（1707～1788）與 Joseph Louis Lagrange（1736～1813）等學者的努力大致上完成古典機率的理論。而後隨著 De Moivre 與 James Bernoulli 確立了大數法則，更進一步由 Johann Karl Friedrich Gauss（1777～1855）與 Pierre-Simon, marquis de Laplace（1749～1827）發現中央極限定理，此時機率學的發展已經較爲完整。但由於機率學的理論證明一直不夠嚴謹，所以導致很多統計學者提出批評，其中古典統計學之奠基者 A.J. Quetelet（1796～1874）欲利用 Laplace 的古典機率論於社會現象，人口現象與犯罪現象時，發現古典機率中的均等條件相當難以適用於實際現象，亦即在不是確實同等之機率現象是無法適用分析很多統計問題，因此意識到 Laplace 的機率論在實際應用上有其困難度。此問題一直到 1930 年代由 A.N. Kolmogorov 所建立之機率測度的理論才得以解決，並提供嚴謹的理論證明，此後機率學與統計學的發展相互輝映且蓬勃發展。

機率學在二十一世紀大量應用於工程電資與商管領域，尤其是通訊系統與統計理論，是一門非常重要的基礎數學，近年來更大量應用到大數據分析與人工智能演算法（AI 技術），成爲未來的科技發展的重要數學工具。然而，近年來隨著各種人工智能軟體的蓬勃法展，很多學習人工智能的工程師與數據科學家，往往都不重視機率學的學習與培養，甚至認爲機率學

Preface

的知識已經過時了，只要擁抱複雜的機器學習模型與套裝軟體，就可以搞定一切。實際上，機率學對於學習和掌握人工智能的諸多發展與關鍵技術都有著舉足輕重的作用。舉例來說，如何利用適當的機率分配模型來進行AI 人工智能深度學習的建模，就是人工智能學習成敗的重要依據，如果沒有好的機率學概念，只是純粹靠套用既有的套裝軟體，是沒有辦法達到創新的，也容易被他人取代。實際上，機率學中的各種機率分布模型就像是學習某一種語言的基本單字與文法概念，掌握這些基本的「建模語言」單字與文法概念，才能在機器學習的各個領域遊刃有餘。因此，能夠眞正掌握機率學的理論者，就具有未來掌握人工智能發展無法取代的地位，也絕對不會因爲 AI 人工智能的蓬勃發展而被取代，甚至是失業。

筆者有鑑於近年來人工智能與大數據分析對於未來我們的生活會有重大影響，如何掌握 AI 與大數據分析的能力將是未來在大學學生做研究與就業的重要能力，另外在大學部課程中跟 AI 與大數據分析相關的專業科目中更是常常可以看到機率學的身影，所以學好「機率學」這一學科，可讓您一窺 AI 與大數據分析領域相關專業領域之奧秘與原理，同時也是工程、電資與管理領域學生繼續深造就讀碩博士班做好論文研究的基石，所以如何學好「機率學」就變成是一個非常重要的課題，也是您日後是否可以成爲一位頂尖 AI 工程師與大數據分析師的關鍵。有鑒於此，筆者以在 AI 與大數據分析領域研究與教學多年，充分瞭解該領域相關專業學科所需具備之機率學基礎及學生可以接受容納之課程份量與難易度，將累積多年的機率學教學經驗與心得，以「老師易教（**Easy-to-teach**）」、「學生易學（**Easy-to-study**）」、「未來易用（**Easy-to-use**）」等三易原則，將機率學內容化繁爲簡彙整集結成冊，藉此翻轉機率學學習方式，提升大家學習機率學的興趣，讓您可在最短的時間內對機率學的內容做出全盤性理解，藉由機率學的基礎知識建立完整的 AI 與大數據分析之建模、化簡、分析與求解能力。

本教材內容相當豐富，在建立爲 AI 與大數據分析領域所用之機率學為基礎的前提下分成「基礎數學」、「機率空間」、「單維隨機變數」、「機率分配模型」、「多維隨機變數」、「函數變換與順序統計量」與「取樣與極限定理」等七大部分，適合四年制大學部學生一學期三學分之機率學課程。本書已經於本人在資訊工程系所開設之「機率學」課程中用過試行版，打字錯誤部分已經盡力修正，然雖經多次校訂，筆者仍擔心才疏學淺，疏漏難免，祈求各位先進與讀者可以給予指正，本人深表感激。而為提升本書之服務品質，本書設有「姚賀騰博士粉絲頁（**https://www.facebook.com/yauiem/**）」，歡迎各位先進與讀者可以至此粉絲頁與本人及所有學習中或有興趣之粉絲一起討論機率學，對於相關校正部分，本人亦會隨時於粉絲頁發布，歡迎大家一起加入。

本書於編著期間感謝國立台南大學　喻永淡教授賢伉儷的鼓勵與支持，並毫無保留提供相關素材，盡心盡力協助本書完成。也感謝國立勤益科技大學電機工程系　陳瑞和教授賢伉儷多年來的情義相挺與照顧，亦感謝本人的所有研究生與助理幫忙校稿與製作簡報，最後感謝全華圖書協助出版本書以及上過我機率學的學生提供寶貴意見，在此一併謝過！

目錄 Contents

Contents

1

基礎數學 (Basic Mathematics)

在進入機率學的領域之前，我們必須先談談並複習一下我們在高中職時所學過的集合理論與計數問題（排列與組合）。

1-1 集合(Set)

集合是現代數學中的重要基本概念，在很多領域都會用到，其是在十九世紀末由俄國數學家康托爾（Cantor, 1845～1918）所創，其介紹如下：

一、定義與表示法：

1. 集合：

集合是一些可明確定義（well-defined）的物件（objects）所構成的群體。組成這群體的每一個物件稱爲這個集合的元素。

例如：擲硬幣出現正、反兩種明確物件其集合 $S = \{正, 反\}$。

2. 集合表示法：

(1) 表列式（tabular form）：例如：$A = \{a_1, a_2, a_3\}$，其中 a_1、a_2、a_3 爲 A 的元素。

(2) 結構式（set-builder form）：例如：$A = \{x \mid x \geq 0\}$。

3. 常見的集合：

(1) 可數集合（countable set）：

集合中元素的個數爲有限或無限可數（即元素可排列成一無窮數列或可與自然數 N 一對一的對應），則稱該集合爲可數集合。

例如：$A = \{x \mid x \leq 10$ 且 x 爲正整數$\}$，則 $A = \{1, 2, 3, 4, 5, 6, 7, 8, 9, 10\}$爲可數集合。

(2) 不可數集合（uncountable set）：

集合中元素的個數爲無限不可數，即不爲可數集合，則稱該集合爲不可數集合。

例如：$B = \{x \mid x \leq 10$ 且 x 爲實數$\}$，則 B 爲不可數集合。

(3) 宇集（universal set or universe of discourse）：

在研究的問題中，所有應用到的集合均爲某一固定集合的子集合時，該固定的集合稱爲宇集，一般以 Ω 來表示。

例如：擲一公正硬幣的宇集合 $\Omega = \{正, 反\}$，擲一公正骰子的點數字集合 $\Omega = \{1, 2, 3, 4, 5, 6\}$。

(4) 子集合（subset）：
集合 A 中每一個元素均爲集合 B 的元素，則稱 A 爲 B 的子集合。表示成 $A \subset B$（唸成「A 包含於 B」，或「B 包含 A」）。即「$\forall x \in A$，則 $x \in B$ 若且唯若 $A \subset B$」。

(5) 空集合（empty set）：
不含任何元素的集合稱爲空集合，以$\varnothing$表示。空集合爲任何集合的子集合。

4. 文氏圖：

在集合論中，常用平面上簡單封閉的區域來代表集合，此種圖形稱爲 Venn-Euler 圖，或文氏圖（Venn diagrams），以下集合的運算，將用文氏圖表示。

二、集合的運算：設 A、B、C 為集合，

1. 相等（equal）：若 $A \subseteq B$ 且 $B \subseteq A$ 若且唯若 $A = B$。
2. 聯集（Union）：$A \cup B = \{x \mid x \in A$ 或 $x \in B\}$，如圖 1-1。

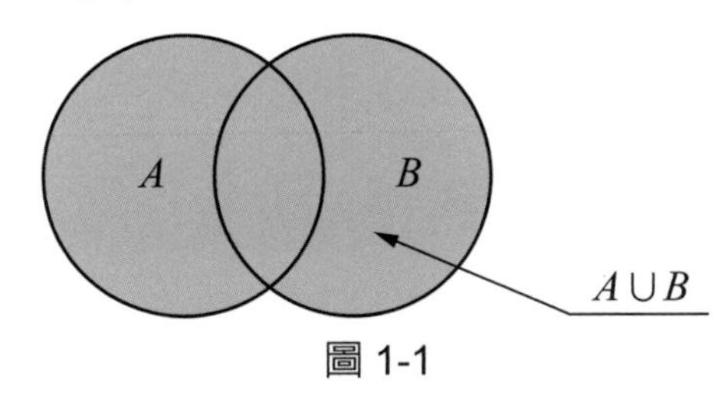

圖 1-1

(1) $x \in A \cup B$ 若且唯若 $x \in A$ 或 $x \in B$。
(2) $x \notin A \cup B$ 若且唯若 $x \notin A$ 且 $x \notin B$。

3. 交集（Intersection）：$A \cap B = \{x \mid x \in A$ 且 $x \in B\}$，如圖 1-2。

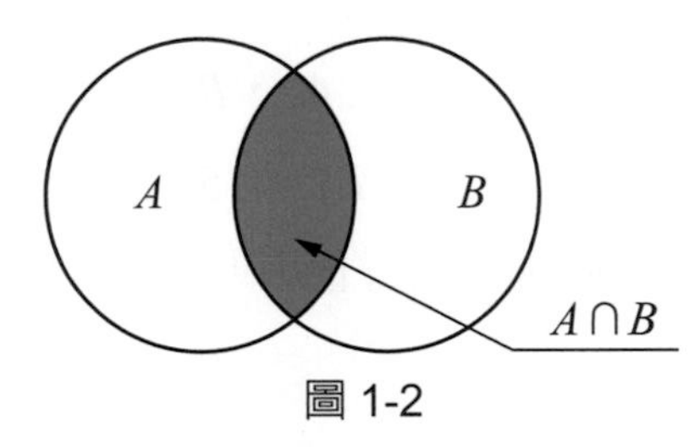

圖 1-2

(1) $x \in A \cap B$ 若且唯若 $x \in A$ 且 $x \in B$。
(2) $x \notin A \cap B$ 若且唯若 $x \notin A$ 或 $x \notin B$。
(3) $A \subseteq (A \cup B)$，$(A \cap B) \subseteq A$。
(4) $A \cap (A \cup B) = A$，$A \cup (A \cap B) = A$。

(5) $A \cup \varnothing = A$，$A \cap \varnothing = \varnothing$。

(6) $A \cup B = \varnothing$若且唯若 $A = B = \varnothing$。

4. 補集（Complements）：

設 Ω 爲宇集，且 $A \subset \Omega$，則 $A^c = \{x \mid x \notin A$ 且 $x \in \Omega\}$，稱爲 A 的補集（有時用 A'或 $\overline{A}$ 來表示），如圖 1-3。

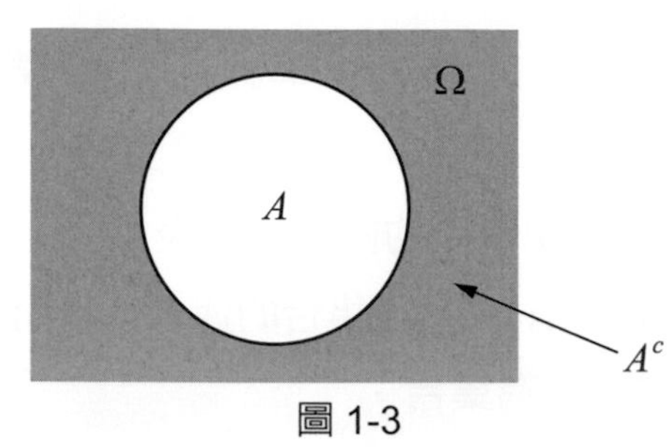

圖 1-3

以擲一公正骰子爲例，其點數之集合 $A = \{1, 2, 5\}$，則其補集合 $A^c = \{3, 4, 6\}$，依此可得下列性質：

(1) $A \cup A^c = \Omega$（宇集）。

(2) $(A^c)^c = A$。

(3) $A \cap A^c = \varnothing$（空集合）。

(4) De Morgan’s law：

① $(A \cup B)^c = (A^c \cap B^c)$，或 $\left(\bigcup_n A_n\right)^c = \left(\bigcap_n A_n^c\right)$。

② $(A \cap B)^c = (A^c \cup B^c)$，或 $\left(\bigcap_n A_n\right)^c = \left(\bigcup_n A_n^c\right)$。

同樣以擲一公正骰子爲例，若 $A = \{1, 2, 4\}$，$B = \{3, 4\}$，則$(A \cup B) = \{1, 2, 3, 4\}$，$A^c = \{3, 5, 6\}$，$B^c = \{1, 2, 5, 6\}$且$(A \cup B)^c = \{5, 6\}$，$A^c \cap B^c = \{5, 6\}$，所以 $(A \cup B)^c = A^c \cap B^c$ 說明了 De Morgan’s law。

5. 差集（difference）：

$$A - B = \{x \mid x \in A \text{ 且 } x \notin B\}$$

$$B - A = \{x \mid x \in B \text{ 且 } x \notin A\}$$

如圖 1-4。

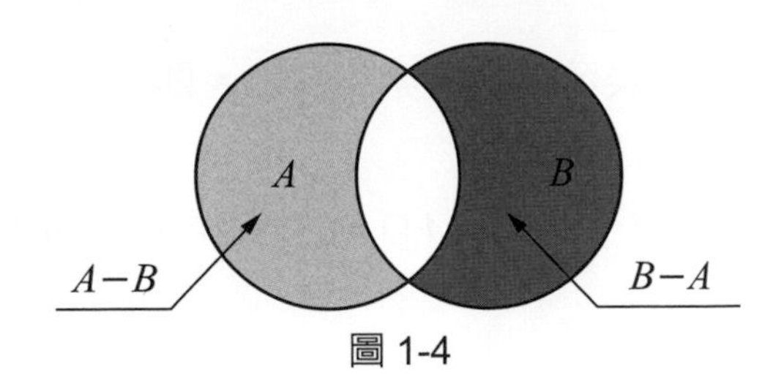

圖 1-4

(1) $A - B = A \cap B^c$。

(2) $(A - B) \cap (B - A) = \varnothing$。

範例 1

設宇集合 $\Omega = \{0, 1, 2, 3, \cdots\cdots, 8, 9\}$、$A = \{1, 2, 3\}$、$B = \{2, 4, 6, 8\}$、$C = \{3, 4, 5, 6\}$，求 A^c、$(A \cap C)^c$、$(A \cup B)^c$、$B - C$。

解

$A^c = \{0, 4, 5, 6, 7, 8, 9\}$，$(A \cap C)^c = \{0, 1, 2, 4, 5, 6, 7, 8, 9\}$，

$(A \cup B)^c = \{0, 5, 7, 9\}$，$B - C = \{2, 8\}$。

範例 2

請畫出下列各小題的文氏圖

(1) $\overline{(A \cup B)} \cap C$ (2) $(A \cup C) \cap B$。

解

(1)

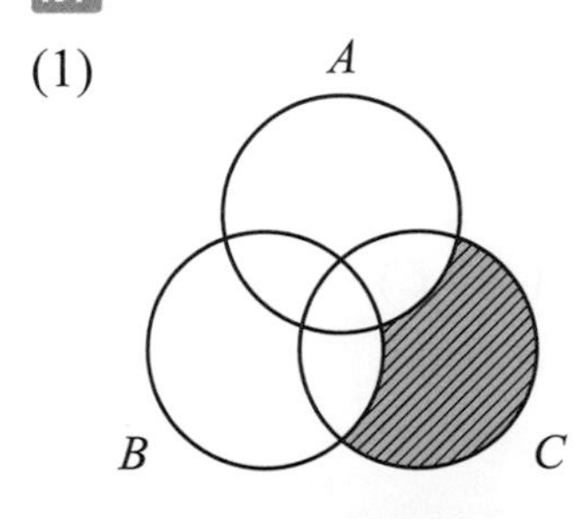

答案如斜線部分

(2)

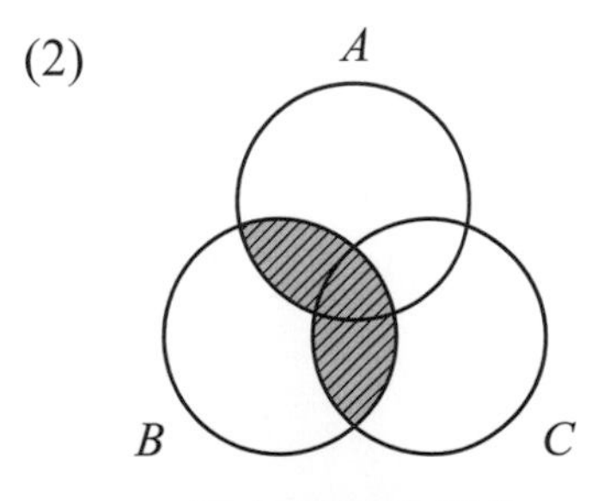

答案如斜線部分

6. 互斥集合（Disjoint sets）：若 $A \cap B = \varnothing$，則稱集合 A、B 爲互斥集合。
   例如：$A = \{1, 3, 5\}$、$B = \{2, 4, 6\}$，則 $A \cap B = \varnothing$，所以 A、B 爲互斥。

7. 集合中元素的個數：設$\#A$表示 A 中元素的個數，則
   (1) $\#(A \cup B) = \#A + \#B - \#(A \cap B)$。
   (2) $\#(A \cup B \cup C) = \#A + \#B + \#C - \#(A \cap B) - \#(B \cap C) - \#(A \cap C) + \#(A \cap B \cap C)$。

範例 3

某科系調查三位最受歡迎老師 A、B 與 C 之受歡迎情形，同學可以複選，亦可全不選，若喜歡 A 的有 22 人，喜歡 B 的有 25 人，喜歡 C 的有 39 人，喜歡 A 且 B 的有 9 人，喜歡 B 且 C 的有 15 人，喜歡 A 且 C 的有 17 人，同時三人都喜歡的有 6 人，同時三人都不喜歡的亦有 6 人，則只喜歡 A 的有多少人？

解

只喜歡 $A = \#(A) - \#(A \cap B) - \#(A \cap C) + \#(A \cap B \cap C)$

$= 22 - 9 - 17 + 6 = 2$。

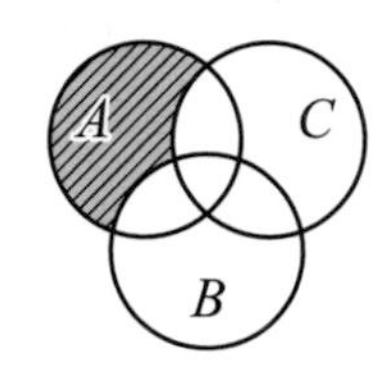

三、集合代數的定律：設 A、B、C 為集合

1. 冪等律（Idempotent laws）：
   $A \cup A = A$、$A \cap A = A$。
2. 結合律（Associative laws）：
   $A \cup (B \cup C) = (A \cup B) \cup C$、$A \cap (B \cap C) = (A \cap B) \cap C$。
3. 交換律（Commutative laws）：
   $A \cup B = B \cup A$、$A \cap B = B \cap A$。
4. 分配律（Distributive laws）：
   $A \cup (B \cap C) = (A \cup B) \cap (A \cup C)$、$A \cap (B \cup C) = (A \cap B) \cup (A \cap C)$。

範例 4

設集合 A 表示甲、乙兩種手機中，甲手機暢銷，乙手機滯銷，則集合 $\overline{A}$ (A^c) 表示意義爲何？

解

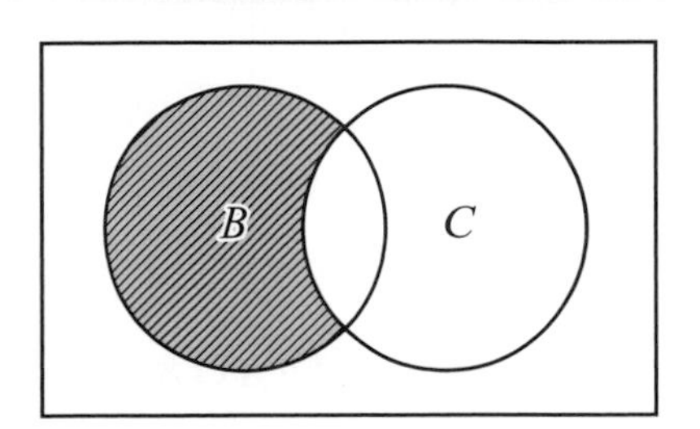

設右圖中斜線部分的文氏圖表示集合 A，

其中 B 集合表示甲手機暢銷，

C 集合表示乙手機暢銷，

即 $A = B - C = B \cap \overline{C}$ 或 $B \cap C^c$，

則 $\overline{A} = (B \cap C^c)^c = B^c \cup C$，即甲產品滯銷或乙產品暢銷。

習　題

一、基礎題：

1. 使用結構式描述集合 S，其由半徑爲 2 且圓心在原點之圓內第一個象限中所有的點組成。
2. 下列事件中，有哪些是相等的？

   (A) $A = \{1, 3\}$。

   (B) $B = \{\Omega \mid \Omega$ 是骰子上的數字$\}$。

   (C) $C = \{x \mid x^2 - 4x + 3 = 0\}$。

   (D) $D = \{x \mid x$ 是投擲四枚銅板時出現的正面數$\}$。
3. 某實驗爲投擲一個公正骰子，若骰子上的數字是偶數，則擲一枚公正硬幣一次。若骰子上的數字是奇數，則擲該硬幣兩次。以記號 2H 表示骰子出現的結果爲 2 然後硬幣爲正面的事件，5TH 表示骰子的結果出現 5 然後硬幣先擲出反面再擲出正面的事件。請列出該結果並建構樹狀圖以表示所有可能結果形成的集合 S。
4. 從 4 個同學（編號 1～4 號）中選出兩人當班上幹部。使用記號 S_1S_3 表示選出 1 號和 3 號的事件，請列出所有可能情形之集合Ω的 6 個元素。

5. 從機率學的修課學生中隨機選出四名學生。使用字母 M 表示男性，字母 F 表示女性，列出所有可能情形 S_1 的集合。若定義另一個集合 S_2，其所含元素表示選出四名學生中男性的數量，請列出 S_2。
6. 對於習題 3 的宇集合中，
   (1) 事件 A 爲骰子出現小於 3 的事件，列出其元素。
   (2) 事件 B 爲出現兩個反面的事件，列出其元素。
   (3) 列出事件 A^C 的元素。
   (4) 列出事件 $A^C \cap B$ 的元素。
   (5) 列出事件 $A \cup B$ 的元素。
7. 某生態學家判定在台灣的某些溪流戲水是否安全。一份樣本取自三條溪流。
   (1) 列出所有可能集合 S 的元素，使用母 F 表示安全，N 表示不安全。
   (2) 事件 E 爲至少兩條溪流可安全戲水的事件，列出其元素。
   (3) 某事件其元素如下，定義其對應事件：{FFF, NFF, FFN, NFN}。
8. 某電機系教職申請有兩位男性申請人與兩位女性申請人。有兩個教職空缺，第一個是助理教授職位，由四位申請人中隨機擇一填補。第二個職位爲副教授，由剩下的三個申請人中隨機擇一補入。例如，使用記號 M_2F_1 表示第一個職位是第二位男性申請人而第二個職位是第一位女性申請人的事件。
   (1) 列出所有可能情形形成集合 S 的元素。
   (2) 事件 A 爲助理教授職位是男性的事件，列出其元素。
   (3) 事件 B 爲兩個職位中之一正好是男性的事件，列出其元素。
   (4) 事件 C 爲兩個職位都不是男性的事件，列出其元素。
   (5) 列出事件 $A \cap B$ 的元素。
   (6) 列出事件 $A \cup C$ 的元素。
   (7) 繪出文氏圖，說明事件 A、B 及 C 的交集和聯集。
9. 一項研究探討運動和飲食可否替代降低血脂藥。使用三個運動組受試者來研究運動的效果。第 1 組久坐不動、第 2 組每天步行、第 3 組每天游泳 1 小時。以上三個運動組每組一半的人將進行清淡飲食。還有另外一組受試者不運動也不做清淡飲食，但將服用標準藥物。令 Z 爲久坐者、W 爲步行者、S 爲游泳者、Y 爲非清淡、N 爲清淡、M 爲用藥、以及 F 爲不用藥。

(1) 列出所有可能情形的所有元素。

(2) 若 A 是不用藥受試者的集合，B 是步行者的集合，列出 $A \cup B$ 的元素。

(3) 列出 $A \cap B$ 的元素。

10. 考慮宇集合 $S = \{A, B, C, D, E, F, G\}$ 及子集合 $X = \{A, B, G\}$、$Y = \{B, C, D\}$、$Z = \{F\}$。

列出以下集合的元素：

(1) Y^C。

(2) $Y \cup Z$。

(3) $(X \cap Y^C) \cup Z$。

(4) $X^C \cap Z$。

(5) $(X^C \cup Y^C) \cap (X^C \cap Z)$。

11. 若宇集 $S = \{x \mid 0 < x < 12\}$、子集合 $M = \{x \mid 1 < x < 8\}$ 及子集合 $N = \{x \mid 0 < x < 6\}$，求

(1) $M \cup N$。

(2) $M \cap N$。

(3) $M^C \cap N^C$。

12. 令 A、B 及 C 是宇集 S 的事件。以文氏圖用陰影區域表示以下的子集合：

(1) $(A \cap B)^C$。

(2) $(A \cup B)^C$。

(3) $(A \cap C) \cup B$。

13. 下列哪一對事件是互斥的？

(1) 一高爾夫球選手於 54 洞的比賽中在一 18 洞回合中打出最低桿並輸了比賽。

(2) 一名賭客在一手 5 張牌的牌面上同花（所有牌有相同花色）且 4 張同點。

(3) 一母親在同一天生下一男嬰和一對雙胞胎兒子。

(4) 一網球選手輸掉最後一盤並贏得比賽。

14. 假設一公司開慶功宴，P 是他們將遇到停車位問題的事件、Q 是他們將收到交通罰單的事件、R 是他們開到餐廳後沒有包廂的事件。參考下列的文氏圖，說出以下區域所代表的事件：

(1) 區域 5。

(2) 區域 3。

(3) 區域 1 和 2 全部。

(4) 區域 4 和 7 全部。

(5) 區域 3、6、7 及 8 全部。

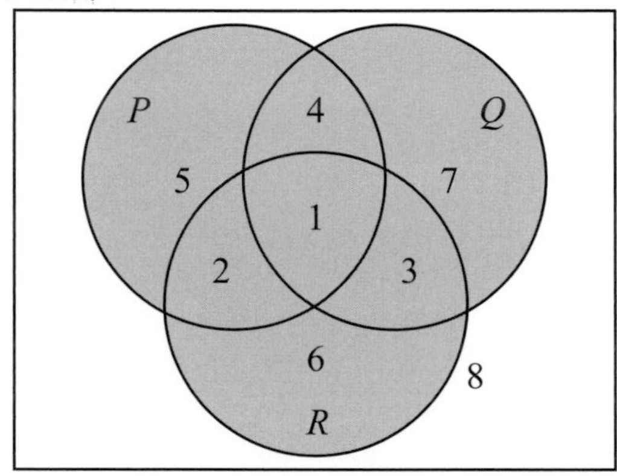

15. 參考上題和下方的文氏圖，列出代表以下事件的區域編號：

(1) 該公司將不會遇到停車位問題，也不會收到交通罰單，但抵達餐廳後沒有空包廂。

(2) 該公司將有停車位問題以及有在餐廳找空包廂的麻煩，但不會收到交通罰單。

(3) 該公司不是停車位問題就是抵達餐廳後沒有空包廂，但不會收到交通罰單。

(4) 該公司抵達餐廳後不會沒有包廂。

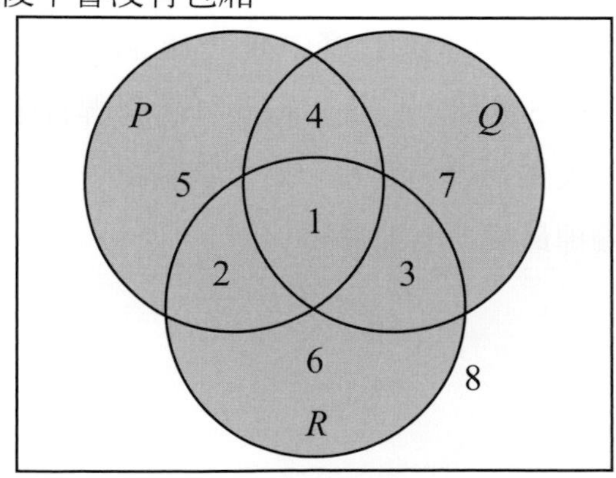

二、進階題：

1. 甲班有 32 人，在數學小考中，答對第一題的有 25 人，答對第二題的有 20 人，兩題都答對的有 15 人，則兩題都答錯的有多少人？

   (A)2 (B)3 (C)4 (D)5。

2. 某次考試，某一班的學生中有$\frac{2}{5}$數學不及格，其中$\frac{1}{4}$英文也不及格，全班學生中英文不及格者佔$\frac{1}{2}$，已知英文、數學皆及格者有 12 人，則數學及格但英文不及格的學生有多少人？

   (A)16 (B)18 (C)22 (D)24 人。

3. 某次考試，學生中數學不及格有 40%，英文不及格者有 50%，若數學不及格且英文亦不及格者，占數學不及格學生的$\frac{1}{4}$，若英文、數學都及格者有 24 人，求數學不及格但英文及格者有多少人？

   (A)12 (B)24 (C)36 (D)48。

4. 和和國小舉行月考，數學不及格的人數佔全班的$\frac{2}{5}$，英文不及格的佔全班人數的$\frac{1}{3}$，又已知兩科全不及格的佔全班的$\frac{1}{6}$，則兩科全及格的佔全班人數的幾分之幾？

5. 一間大型修車廠有 50 輛待修車，已知其中煞車系統有毛病的有 23 輛，排氣系統有毛病的有 34 輛，則下列敘述何者是錯誤的？

   (A)煞車及排氣系統均有毛病的至少有 7 輛

   (B)煞車及排氣系統均有毛病的至多有 23 輛

   (C)煞車及排氣系統均無毛病的車輛數介於 1~16 的範圍內

   (D)排氣系統有毛病但煞車系統無毛病的車輛數介於 11~27 的範圍內。

6. 設 $A=\{2,3\}$、$B=\{x\in R\mid x^2-x+a=0\}$，已知 $A-B=\{3\}$，則 $a=$？

   (A)2 (B)-2 (C)3 (D)-3。

7. 設 A、B 爲兩個集合，證明 $B-A$ 爲 A^c 之子集合。

8. 設 A、B 爲兩個集合，證明 $B-A^c=B\cap A$。

9. 設 A、B 為兩個集合，證明 $A-B=A\cap B^c$。

10. 利用集合表示下列文氏圖中斜線區域

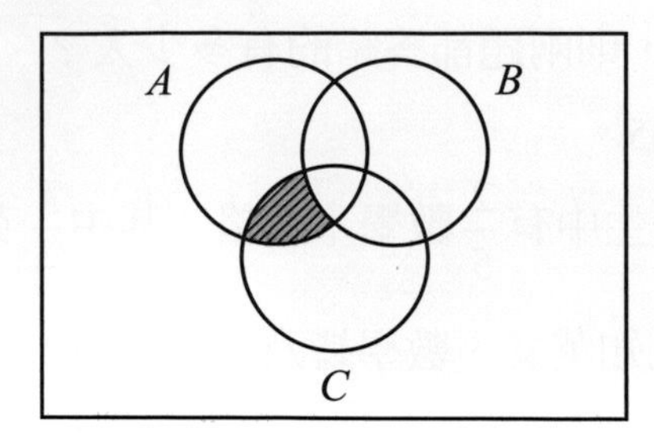

1-2 排列(Permutation)

排列的由來，一般都以 1772 年旺德蒙德（Vander mode）以[n]P 表示由 n 個不同的元素中，每次取 P 個的排列數開始進入有符號運算的排列計算，以下將複習各位在高中職常用的排列計算。

一、相異物直線排列：

1. n 個不同物做直線排列，其排列的方法有 $P_n^n=\dfrac{n!}{0!}=n!$種。
2. 從 n 個不同物中，任取 m（$m\le n$）個做直線排列，其排列的方法有 $P_m^n=\dfrac{n!}{(n-m)!}$種。
3. 定義 $0!=1$。

範例 5

(1) 5 個英文字母 a、b、c、d、e 任取 3 個排成一列，排法有幾種？

(2) 9 個同學排成一列，其中 A、B、C 三位同學之間必須有二個人，請問共有幾種排法？

解

(1) $P_3^5=\dfrac{5!}{(5-3)!}=60$ 種。

(2) 排法有 A□□B□□C□□、□□A□□B□□C、□A□□B□□C□，其中□為沒有限制的同學，故有 3 種排法，且 ABC 可互換故有 3!個方法，其他 6 個人可任意排列，因此有 6!種，所以共有 $3\times3!\times6!=12960$ 種排法。

二、限制位置的直線排列：

1. n 個相異物排成一列，A 物不排首位的排列數為 $n!-(n-1)!$。
2. n 個相異物排成一列，A 物不排首位且 B 物不排第二位的排列數為 $n!-2(n-1)!+(n-2)!$。
3. n 個相異物排成一列，A 物不排首位、B 物不排第二位、C 物不排第三位的排列數為 $n!-3(n-1)!+3(n-2)!-(n-3)!$。

範例 6

一班有 4 位男同學，5 位女同學，選取其中 4 位排成一列，請求下列各種排列數。

(1) 第一位必須爲男生。

(2) 第一位必須爲男生，最後一位必須爲女生。

(3) 第一位及最後一位都必須爲女生。

解

(1) 自 4 位男同學任取一位排在第一位有 4 種方法，剩下的 3 位可再由 8 位同學中任取 3 位，故所有的排列數爲 $4 \times P_3^8 = 4 \times 8 \times 7 \times 6 = 1344$。

(2) 自 4 位男同學任取一位排在第一位有 4 種方法，自 5 位女同學任取一位排在最後一位有 5 種方法，剩下的 2 位可再由 7 位同學中任取 2 位，故所有的排列數爲 $4 \times P_2^7 \times 5 = 4 \times 7 \times 6 \times 5 = 840$。

(3) 自 5 位女同學任取 2 位排在第一位及最後一位的方法有 P_2^5 種方法，剩下的 2 位可再由 7 位同學中任取 2 位，故所有的排列數爲 $P_2^5 \times P_2^7 = 5 \times 4 \times 7 \times 6 = 840$。

範例 7

一班有 4 位男同學 5 位女同學排成一列，請求第一位及最後一位至少有一位爲女生的排列數。

【提示】「至少一」位的排列均爲反求。

解

首末至少一位是女生 =（全部排列）−（首末均爲男生的排列）

$= 9! - P_2^4 \times 7! = 302400$。

三、重複排列：

從 n 種不同的物中（每種至少有 m 個），任取 m 個排成一列，相同物可重複取用，其排列數為 n^m。

範例 8

6 個不同玩具分給甲、乙、丙三位小朋友，其中甲至少得一件玩具之方法有幾種？

解

甲至少得一件 =（全部）–（甲一件未得）= $3^6 - 2^6 = 665$。

四、不盡相同物的直線排列（Permutation with repetitions）：

有 n 個物中，有 m 種不同種類，其中第 1 類有 k_1 個、第 2 類有 k_2 個、……、第 m 類有 k_m 個，將此 n 個物件排成一列，其排列總數為

$$\frac{n!}{k_1!k_2!\cdots k_m!}$$

一般以 $\begin{pmatrix} n \\ k_1, k_2, \cdots\cdots, k_m \end{pmatrix}$ 表示，其中 $n = k_1 + k_2 + \cdots\cdots + k_m$。

範例 9

請問 MISSISSIPPI 這個字裡的字母有多少種不同排列方式？

解

$\frac{11!}{4!4!2!1!} = 34650$。

習　題

一、基礎題：

1. 有一大型國際研討會爲註冊者在爲期 3 天的研討會中每一天提供 5 種城市旅遊行程。註冊者可安排多少種方式去參加這個研討會所規劃的城市旅遊行程？
2. 在某醫學研究中，根據不同八種血型以及他們的血糖是否低、正常、或高來分類患者。求分類方式的數量。
3. 若一實驗包括擲一公正硬幣，然後從英語字母表中隨機抽取一個字母，請問宇集中有多少點？
4. 台灣大學學生被分爲大一生、大二生、大三生、大四生，碩一生與碩二生，並依男性女性分類。求該大學之學生可能的分類總數。
5. 用於緩解胃食道逆流的藥物有液體、錠劑、或膠囊的形式，可以從 6 個不同的藥妝購買，這些都具有一般劑量及加強劑量兩種。醫生可爲胃食道逆流患者開出多少不同種的處方？
6. 在省油車競賽中，3 種賽車使用 6 種不同品牌的汽油在該國不同地區的 7 個測試點進行測試。若在研究中使用 2 個駕駛員，並且在每一種不同的條件組合下都要進行一次試跑，那麼需要多少次試跑？
7. 機率期中考試有 10 題是非題，則有多少種不同的答案？
8. 車禍的目擊證人告訴警察肇事者車牌號碼包含有字母 MLB 後面緊跟 4 位數字，其中第一個是 5。若目擊証人忘了後 3 個數字，但確定所有的 4 個數字都不相同，求警方可能必須要檢查的車牌號碼的最大數量。
9. (1) 單字 HERTYAU 的字母可有多少種不同的排列？
   (2) 這些排列有多少個是從字母 Y 開始？
10. 某設計公司希望設計出 8 間不同格調的房子。若台中市台灣大道靠近新光三越百貨公司的一側有 5 間空房，而另一側有 3 間空房，有多少方式可在此附近上設計這些空房？
11. 在一大胃王比賽中，8 名決賽選手包括 3 名男生和 5 名女生。針對在比賽結束時有可能的排名順序，求宇集 S 的元素數量：
    (1) 列出前 8 名。
    (2) 列出前 3 名。

12. 在一排球隊中有 9 名能打任何位置的球員，可排出幾種 6 人先發的隊伍？
13. 機率學這門課有 4 個單元，有 7 位老師授課，若每位教師最多被分配上一單元，有多少種上課的方式？
14. 從 20 張摸威力彩中抽出三張做爲特獎、一獎、和第二獎。若每人都只持有 1 張摸彩券的話，求得獎者之宇集中的元素個數。
15. 有多少種方式可把 6 個人圍成一圈做圓桌？
16. 9 輛 Toyota 車隊有多少種方式可排成一圈？
17. 單字 infinity 可以進行多少種不同的字母排列？
18. 若不區分同一類花的話，有多少種方法可以沿著一路條線排放 2 棵玫瑰、5 棵菊花、以及 3 棵茉莉？
19. 包含四個字母：P、Q、R、S 的一種原住民語言。在這種語言裡，你能形成多少三個字母的字？如果每個字母只出現在字裡一次，你能形成多少四個字母的字？

二、進階題：

1. (1) 一兔穴有進出口四處，問由不同一口進出的方法有幾種？
   (A)10 (B)12 (C)15 (D)18。
   (2) 甲班有 40 位同學，乙班有 45 位同學，丙班有 50 位同學，若各班推選 1 人參加文藝展覽會，共有幾種派法？
   (A)135 (B)60000 (C)90000 (D)以上皆非。
2. 班上有 3 位同學，輪流出場表演鋼琴演奏，若此種才藝共有冠軍、亞軍、季軍各一名，則 3 位同學的比賽結果共有幾種情形？
   (A)3 (B)6 (C)9 (D)27。
3. 試 $P(n, m)$ 表示由 n 個不同物品中，取 m 個作排列的排法數目。若 $P(x, 3) = 1716$，試求 $x =$？
4. 甲、乙等五人排成一列，則下列敘述何者不眞？
   (A)甲、乙兩人必相鄰，排法有 48 種
   (B)甲、乙兩人必不相鄰，排法有 72 種
   (C)甲不排首，乙不排尾，排法有 76 種
   (D)甲不排首，乙必排中，排法有 18 種。

5. 用 0、1、2、3、4、5、6 等七個數字作數字不同的三位數，則下列何者不眞？
   (A)全部三位數有 180 個 (B)偶數有 120 個
   (C)爲 5 的倍數者有 55 個 (D)大於 240 有 134 個。
6. 「庭院深深深幾許」這七個字若任意排列有 m 種方法，若三個「深」完全相鄰有 n 種方法，若三個「深」完全不相鄰有 ℓ 種方法，則 $m+n+\ell=$？
   (A)1080 (B)1200 (C)1440 (D)1620。
7. 由 1、2、3、4、5 等 5 個數字排成 4 位數，且數字不可重覆，其中大於 3200 者共有幾個？
   (A)60 (B)62 (C)64 (D)66。
8. 從台北火車站到台灣大學，A 客運公司有 3 種路線的公車可到達，B 客運公司有 4 種路線的公車可到達。從台灣大學到政治大學，A 客運公司有 4 種路線的公車可到達，B 客運公司有 2 種路線的公車可到達。某同學從台北火車站出發經台灣大學到政治大學，同一大學不經過兩次。
   (1) 該同學到政治大學的方法有幾種。
   (2) 若 A 客運公司及 B 客運公司的公車各坐一段，請問有幾種方法。
9. 用英文字母 $ABCDEFGH$ 及 $abcde$ 排成一列，求下列各排列數。
   (1) abc 必須排在一起。
   (2) 大、小寫字母必須排在一起。
   (3) 小寫字母不相鄰。
10. 有 4 位男生及 4 位女生排成一列，規定同性的不能相鄰，請問有多少種排列法。
11. 用英文字母 $ABCDEFGH$ 排成一列，若 A 不與 B、C 相鄰，求其排列數。

1-3 組合(Combination)

1830 年皮科克(Peacock, 1791～1858)引入符號 nCr 來表示由 n 個元素中每次取出 r 個元素的組合數，而後 1869 年劍橋大學的古德文以符號 nPr 來表示由 n 個元素中每次取 r 個元素的排列數，一直到 1880 年鮑茨以 nCr 及 nPr 分別由 n 個不同元素中，每次取出 r 個不重複之排列數與組合數，從此延用此符號與觀念至今，我們在前一節介紹了排列，接著介紹常見的組合。

一、定義：

從 n 個不同物件中，每次選取 m（$m \le n$）個物件爲一組的方法（同一組內的物件不計其順序），稱爲從 n 中取 m 的組合，且其組合總數爲

$$C_m^n = \binom{n}{m} = \frac{P_m^n}{m!} = \frac{n!}{m!(n-m)!}$$

範例 10

某批貨共有物品 8 件，其中 2 件物品有瑕疵：

(1) 若以 3 件作一組，請問共有幾種組合方式。

(2) 求算當中含有 1 件瑕疵品的組數。

(3) 求算當中含有 2 件瑕疵品的組數。

解

(1) $C_3^8 = \dfrac{8\times7\times6}{3!} = 56$。

(2) $C_1^2 \times C_2^6 = 2\times\dfrac{6\times5}{2!} = 30$。

(3) $C_2^2 \times C_1^6 = 6$。

二、分組的組合：

從 n 個相異物件，分成 m 組，每組含有 k_1、k_2、……、k_m 個物件，令

$$q = C_{k_1}^{n} \times C_{k_2}^{n-k_1} \times C_{k_3}^{n-k_1-k_2} \times \cdots\cdots \times C_{k_m}^{k_m}$$

1. 若 k_1、k_2、……、k_m 均為相異，則其分組方法有 q 種。
2. 若 m 組均有組別時，則其分組方法有 q 種。
3. 若 m 組無組別時，若有 s_1 組個數相同、另有 s_2 組個數相同、……、另有 s_j 組個數相同，則其分組方法有 $\dfrac{q}{s_1!s_2!\cdots\cdots s_j!}$ 種。

範例 11

舉行網球雙人賽時將 10 位男孩每 2 人分作一組，請問共有幾種不同分組？

解

$C_2^{10} \times C_2^8 \times C_2^6 \times C_2^4 \times C_2^2 \times \dfrac{1}{5!} = 945$。

三、重複組合：

從 n 種不同的物中（每種至少有 m 個），任取 m 個物件組合，相同物可重複取用，其組合數為 $H_m^n = C_m^{n+m-1}$ 。

範例 12

將 5 顆相同的珠子放進 5 個不同的盒子，請問共有幾種不同放法？

解

$H_5^5 = C_5^9 = \dfrac{9!}{4!5!} = 126$。

四、二項式定理：設 $n \in \mathbb{N}$，

$$(x+y)^n = C_0^n y^n + C_1^n xy^{n-1} + C_2^n x^2 y^{n-2} + \cdots\cdots + C_n^n x^n = \sum_{m=0}^{n} C_m^n x^m y^{n-m}$$

例如：

$$(x+y)^3 = C_0^3 y^3 + C_1^3 xy^2 + C_2^3 x^2 y + C_3^3 x^3 = x^3 + 3x^2 y + 3xy^2 + y^3$$

五、常用的公式：

1. $C_m^n = C_m^{n-1} + C_{m-1}^{n-1}$（Pascal's 定理）。
2. $C_{m+1}^n + 2C_m^n + C_{m-1}^n = C_{m+1}^{n+2}$ 。
3. $C_{n-2}^n = C_{n-2}^{n-1} + C_{n-3}^{n-2} + \cdots\cdots + C_1^2 + C_0^1$ 。
4. $C_0^n + C_1^n + \cdots\cdots + C_n^n = 2^n$ 。
5. $C_0^n + C_2^n + C_4^n + \cdots\cdots = C_1^n + C_3^n + C_5^n + \cdots\cdots = 2^{n-1}$ 。
6. $C_1^n + 2\times C_2^n + \cdots\cdots + n\times C_n^n = n\times 2^{n-1}$ 。
7. $C_1^n - 2\times C_2^n + \cdots\cdots + (-1)^{n-1} nC_n^n = 0$ 。

範例 13

一個由 n 個元素組合的集合總共有多少個子集合？

解

$C_0^n + C_1^n + C_2^n + \cdots\cdots + C_n^n = (1+1)^n = 2^n$ 。

範例 14

排列組合：

(1) 將 6 件不同的獎品發給 4 名學生，每人所得禮物數至少為 1 件，請問有多少種不同發給方式。

(2) $C_2^2 + C_2^3 + C_2^4 + \cdots\cdots + C_2^{25} = ?$

解

(1) ① 正面解法：不同物品分給人 ⇒ 先分物品，再分人，即

$(1, 1, 1, 3)$ 共有 $\dfrac{C_1^6 \times C_1^5 \times C_1^4 \times C_3^3}{3!} = 20$，

$(1, 1, 2, 2)$ 共有 $\dfrac{C_1^6 \times C_1^5 \times C_2^4 \times C_2^2}{2!2!} = 45$，

故分法共有$(20 + 45) \times 4! = 1560$。

② 反面解法：

全得 －（1 人不得）＋（2 人不得）－（3 人不得）＋（4 人不得）

即 $4^6 - C_1^4 \times 3^6 + C_2^4 \times 2^6 - C_3^4 \times 1^6 + C_4^4 \times 0^6 = 1560$。

(2) 由 Pascal's 定理可知

$$
\begin{aligned}
C_2^2 + C_2^3 + C_2^4 + \cdots + C_2^{25} &= C_3^3 + C_2^3 + C_2^4 + \cdots\cdots + C_2^{25} \\
&= C_3^4 + C_2^4 + \cdots\cdots + C_2^{25} \\
&\vdots \\
&= C_3^{26} = 2600
\end{aligned}
$$
。

習　題

一、基礎題：

1. 從 5 個白色、6 個紅色、和 7 個藍色撞球中任選 9 個，每種顏色各有 3 個有幾種選擇？
2. 12 台卡拉 OK 機的裝運中包含 3 台故障的卡拉 OK 機。好樂迪購買其中 5 台並至少有 2 台瑕疵品有多少方式？

3. 小明正在研究製作太陽餅的烹飪溫度、烹飪時間、以及烹飪用油的影響。使用三種不同的溫度、4 種不同的烹飪時間、以及 3 種不同的油。
   (1) 須研究的組合總數是多少？
   (2) 每一種油將使用多少組合？
4. 考慮在通訊傳輸系統中每個編碼字裡有 5 個位元（0 或 1）的二進制碼，其中一個例子是 10101。共有多少不同的編碼字？有多少編碼字剛好有三個 0？
5. 在一個中華聯盟棒球隊裡，有 15 個內外野手、10 個投手。總教練選出 8 個內外野手、1 個投手和一個指定打者爲先發陣容。先發陣容指定球員的防守位置，以及 8 位野手和指定打者的打擊順序。假如指定打者必須從所有的內外野手當中選出，會有幾種可能的先發陣容？
6. 假如在上題 5 中，指定打者可以從所有的球員當中選出，會有幾種可能的先發陣容？
7. 中華籃球隊有三個純中鋒、四個純前鋒、四個純後衛和一個自由球員。自由球員可兼打前鋒和後衛；純位置球員只能打指定的位置。如果教練要用一個中鋒、兩個前鋒、和兩個後衛開始先發陣容，教練可以有多少種可能的選擇？
8. 大學學測選擇測驗有 10 個問題，每一問題有 5 個選擇。該測驗有多少種可能的答案？
9. 大學生小強有 5 種不同的 T 恤和 3 件牛仔褲(「新買的」,「穿破的」,和「最愛的」)。
   (1) 在每天的 T 恤和牛仔褲組合不重複的情況下，該位學生可以撐上幾天？
   (2) 在每天的 T 恤和牛仔褲組合不重複的情況下，而且不能連續 2 天穿相同的 T 恤，該位學生可以撐上幾天？
10. 必勝客披薩店的披薩中，你可以從 15 種食材中選擇 4 種。假如食材可以被重複選擇，有多少可能的組合？假如食材不可以被重複選擇，有多少可能的組合？假設食材選擇的順序不重要。

二、進階題：

1. 小明家請客，請了許多的客人，包括小明全家共有 5 個男人和 8 個女人，他們相互一一握手問候，請問相同性別互相握手的次數共有幾次？
   (A)13　(B)25　(C)38　(D)40。
2. 阿珠去買冰七份，冰店有紅豆冰、綠豆冰、牛奶冰三種，問她買回來有幾種情形？
   (A)36　(B)72　(C)2187　(D)343。

3. 6 個蘋果分給 3 人，每人至少一個，分法有幾種？

   (A)54 (B)10 (C)38 (D)24 種。

4. 將 $(x+y+z+t)^{10}$ 展開、合併同類項後所得之 x、y、z、t 的多項數的項數爲？

   (A) $\frac{10!}{4\times 6!}$ (B)40 (C)410 (D)286。

5. $S=\{a,b,c,d,e,f\}$，令 S 的子集爲 A，滿足子集 A 的個數 $|A|=4$，問共有幾個不同的子集 A？

   (A) $C(6,0)$ (B) $C(6,1)$ (C) $C(6,2)$ (D) $C(6,3)$。

   註：符號 $C(n,m)$ 表示排列組合的 n 中取 m 的組合數。

6. 來福採用包牌方式向北銀投注站選購 210 注樂透彩（42 選 6），其各注之選號係由 1~10 等十個號碼中隨機選出 6 個所組成，共有 210 組不同的選號。假設該期開出的六個號碼爲 1、2、3、4、5、6 且特別號也恰好是 7。在此一福星高照的情況下，來福除了幸運地中了一注頭獎外，它還中了幾注貳獎（對中五個號碼+特別號）？幾注參獎（對中五個獎號）？幾注肆獎（對中四個獎號）？幾注普獎？（對中三個獎號）？

7. 三個裁判在一次歌唱比賽中，必須對三位演唱者列出第一、二、三名，其評比結果會出現兩位裁判一致，但另一位不同的情形，共有多少種？

   (A)30 (B)60 (C)90 (D)120。

8. 某次出貨 10 台電視機，已知裡面 3 台電視有瑕疵，若某旅館決定從中購買 5 台電視機，請問裡面買到至少 2 台有瑕疵電視的情況有幾種。

9. 一手撲克牌呈現下述情形的組合，請問各有幾種：

   (1) 同花（5 張牌花色相同）。

   (2) 4 個 A。

   (3) 4 張同數（例如：4 張 Jack）。

   (4) 一個對子（而且最好就是一個對子）。

   (5) 滿堂紅（例如：3 張 A，2 張 Jack）。

   (6) 兩個對子。

2

機率空間
(Probability Space)

關於機率的由來，一般的文獻都是以默勒（Chevalier de Mere, 1607～1684），請教巴斯卡（Blaise Pascal, 1623～1662）有關擲骰子的機率問題談起，接著巴斯卡則寫信請教費瑪(Piere de Fermat, 1601～1665)，而費瑪則於 1654 年 7 月 27 日回信予以回覆。由於巴斯卡與費瑪鍥而不捨的來回討論，使機率的理論有了完整的建立。而後拉普拉斯（Pierre de Laplace, 1749～1827）則加廣且加深機率的數學理論，不只在擲骰子或賭博問題而已，甚至用到天文學，此外他更利用在法國的人口抽樣調查中，使得機率論在數學上佔有一席之地。

2-1 概論(Concepts)

數學家使用試驗來描述產生一組數據資料的任意程序，其中最簡單的試驗就是擲硬幣，在這個試驗中只會產生正面（H）或反面（T），以下將介紹機率中常見的定義與性質。

一、定義：

1. 隨機試驗：

若有一試驗，滿足下列二個特性時，我們就稱其為隨機試驗（random experiment）。

(1) 試驗可在相同的條件下重複進行多次。

(2) 可預知每次試驗所有可能的結果（outcome），且每次試驗的結果僅有其中一種結果。

2. 樣本空間：

隨機試驗中所有可能的結果所構成的集合稱為樣本空間（sample space），一般以 Ω 來表示，樣本空間中的每一個元素稱為基本事件（event）或樣本點（sample point）。例如：擲一公正的骰子，其點數所形成的樣本空間 Ω。

$\Omega = \{1, 2, 3, 4, 5, 6\}$

若 A 集合表示出現偶數點的事件，則 $A = \{2, 4, 6\}$。

古典機率學一直沒有非常完整的公理化定義，整個機率論的公理化醞釀了約30年，從1900年到1933年，正值現代數學公理化思潮的高峰期。在1900年，數學家David Hilbert 在數學年會上問了石破天驚的提出23個問題。這23個問題中，其中第六個問題就跟「隨機」有關，其希望用數學的角度「給出物理跟機率的公理。」，此問題在1933年由俄國偉大數學家 Andrey Nikolaevich Kolmogorov（1903～1987年）完成機率論的公理化，其包含機率測度與機率空間，此概念普遍被數學家所接受，在這些簡單的假設下，開啓了機率論的豐富發展，其介紹如下：

3. 機率測度：

機率測度 $P[\cdot]$是一個函數，其將樣本空間 Ω 中的事件集合 $\mathscr{F}$ 映射到實數[0, 1]，定義爲

$$P:\mathscr{F} \to [0,1]$$

且滿足下面公理（axioms）

(1) $P(\Omega)=1$。

(2) $\forall A \in \mathscr{F}$，則 $P(A) \geq 0$。

(3) 若$\forall A_i \in \mathscr{F}$（$i \in \mathbb{N}$）爲互斥集合，則

$$P(A_1 \cup A_2 \cup A_3 \cup \cdots\cdots) = P(A_1) + P(A_2) + P(A_3) + \cdots\cdots$$

4. 機率空間：

由非空的集合 Ω（樣本空間）和 Ω 上的事件集合 $\mathscr{F}$，以及定義於 $\mathscr{F}$ 中之機率測度 P 所組成的空間，稱爲機率空間（probability space），一般表示成$(\Omega, \mathscr{F}, P)$。

範例 1

已知出生嬰兒爲男孩的機率爲 0.51，試定義嬰兒性別爲結果之機率空間。

解

$\Omega = \{M, W\}$，其中 M 表男孩，W 表女孩，故

$\mathscr{F} = \{\varnothing, \{M\}, \{W\}, \{M, W\}\}$

且 $P(M) = 0.51$，$P(W) = 0.49$，$P(M+W) = 1$，$P(\varnothing) = 0$。

範例 2

某個隨機實驗的樣本空間 $S = \{a, b, c\}$，假設 $P[\{a, c\}] = \frac{2}{3}$ 且 $P[\{b, c\}] = \frac{1}{2}$，請利用機率定理求算基本事件的出現機率。

解

由機率測度可知，

$P[\{a\}] + P[\{b\}] + P[\{c\}] = 1$，

令 $P[\{a\}] = x$、$P[\{b\}] = y$、$P[\{c\}] = 1 - x - y$，又

$$\begin{cases} P[\{a, c\}] = P[\{a\}] + P[\{c\}] = x + (1 - x - y) = \dfrac{2}{3} \\ P[\{b, c\}] = P[\{b\}] + P[\{c\}] = y + (1 - x - y) = \dfrac{1}{2} \end{cases},$$

可解得 $x = \frac{1}{2}$、$y = \frac{1}{3}$，故

$P[\{a\}] = \frac{1}{2}$、$P[\{b\}] = \frac{1}{3}$、$P[\{c\}] = 1 - \frac{1}{2} - \frac{1}{3} = \frac{1}{6}$。

5. 常見的機率事件：

設有一機率空間$(\Omega, \mathscr{F}, P)$，則$\mathscr{F}$中的元素稱爲事件（Event）。常見的機率事件有

(1) 確定事件（certain or sure event），一定發生的事件。

(2) 不可能發生事件（impossible or null event），如$\varnothing$。

(3) 和事件（sum event）：事件 A 發生或事件 B 發生的事件，以$(A \cup B)$表示。

(4) 積事件（product event）：事件 A 發生且事件 B 發生的事件，以$(A \cap B)$或 AB 表示。

(5) 餘事件（complement event）：事件 A 不發生的事件，以 A^c 或 A'來表示。

(6) 互斥事件（mutually exclusive events or disjoint event）：不能同時發生的兩事件 A、B，即$(A \cap B) = \varnothing$，稱爲互斥事件，換句話說，即事件 A 發生時，事件 B 必不發生，反之亦然。

6. 有限機率空間中機率的定義：

(1) 有限等機率空間（finite equiprobable spaces）：

設隨機試驗的樣本空間 Ω 有 n 個元素，且每一元素出現之機率相等，若 A 為 Ω 中的一隨機事件（即 A 為 Ω 的一子集），則事件 A 發生之機率為

$$P(A)=\frac{A\text{中元素的個數}}{\Omega\text{中元素的個數}}=\frac{\#A}{\#\Omega}$$

其中$\#\Omega$、$\#A$ 為 Ω、A 中元素的個數。或

$$P(A)=\frac{\text{事件}A\text{發生的方法}}{\text{樣本空間}\Omega\text{發生的方法}}$$

(2) 有限機率空間（finite probability spaces）：

設隨機試驗的樣本空間為

$$\Omega=\{\omega_1,\omega_2,\cdots\cdots,\omega_n\}$$

且 ω_i 發生之機率為 p_i（$i=1,2,\cdots\cdots,n$），其中

$$p_1+p_2+\cdots\cdots+p_n=1$$

則隨機事件

$$A=\{\omega_{k_1},\ \omega_{k_2},\ \cdots\cdots,\ \omega_{k_m}\}\ (m\leq n)$$

發生之機率為

$$P(A)=p_{k_1}+p_{k_2}+\cdots\cdots+p_{k_m}$$

範例 3

這裡有顆形狀特殊但質量均勻的骰子，上面只有 1、3 和 5 三個數字；設二次方程式 $x^2 + bx + c = 0$ 的係數需根據滾骰子所出現的數字來決定，並以第一次出現的數字爲 b，第二次出現的數字爲 c：

(1) 請寫出靠擲骰子所決定方程式的樣本空間。

(2) 以二次方程式有實數根做爲事件，請表達此等事件的樣本空間。

(3) 求算實數根方程式的出現機率。

解

(1) 樣本空間爲

$\Omega = \{(1, 1), (1, 3), (1, 5), (3, 1), (3, 3), (3, 5), (5, 1), (5, 3), (5, 5)\}$。

(2) 二次方程式 $x^2 + bx + c = 0$，要有實根必須 $b^2 - 4c \geq 0$，故滿足的事件有

$A = \{(3, 1), (5, 1), (5, 3), (5, 5)\}$。

(3) $P(A) = \dfrac{\#(A)}{\#(\Omega)} = \dfrac{4}{9}$。

範例 4

投擲兩顆骰子

(1) 請寫出投擲這兩顆骰子的所有可能結果及其樣本空間。

(2) 請寫出兩顆骰子所出現點數均相同的結果，及每種結果的出現機率。

解

(1) $S = \{(x, y) \mid x, y = 1, 2, 3, 4, 5, 6\}$。

(2) $A = \{(1, 1), (2, 2), (3, 3), (4, 4), (5, 5), (6, 6)\}$，故 $P(A) = \dfrac{6}{36} = \dfrac{1}{6}$。

7. 無限不可數機率空間中的機率定義

設 Ω 爲無限不可數樣本空間，且 Ω 中每一樣本點出現之機率相等，若 A 爲 Ω 中的一隨機事件（即 A 爲 Ω 的一子集），則事件 A 發生之機率爲

$$P(A) = \frac{m(A)}{m(\Omega)}$$

其中 $m(\Omega)$、$m(A)$表示 Ω、A 的幾何量度（如長度、面積或體積）。

範例 5

已知係數 b、c 互為獨立，且等機率分佈於[0, 1]，求 $x^2+2bx+c=0$ 有實根的機率。

解

$\Omega=\{(b,c)\mid 0\le b\le 1，0\le c\le 1\}$，則 $m(\Omega)=1$

且 $A=\{(b,c)\mid b^2-c\ge 0\}$，故

$m(A)=\int_0^1\int_0^{b^2} dc\times db=\dfrac{1}{3}$。

此機率即為圖中有顏色部分

面積與樣本空間之面積比

即 $P(A)=\dfrac{m(A)}{m(\Omega)}=\dfrac{\frac{1}{3}}{1}=\dfrac{1}{3}$。

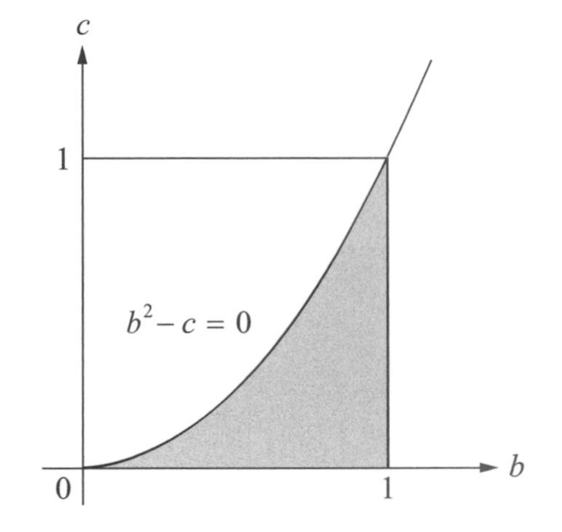

二、性質

1. 定理 1：

設$(\Omega,\mathscr{F},P)$為一機率空間，若 A、$B\in\mathscr{F}$，則

(1) $P(\varnothing)=0$。

(2) $P(A^c)=1-P(A)$。

(3) $P(A)=P(A\cap B)+P(A\cap B^c)$，如圖 2-1。

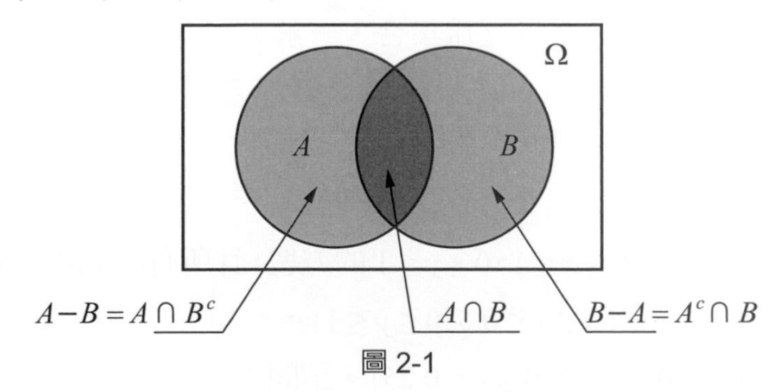

圖 2-1

範例 6

某火車與某路公車將在 9：00～10：00 之間以等機率方式隨機到達車站，並停留十分鐘，則火車與公車相遇的機率爲何？

解

設火車在 9：x 分進站，公車在 9：y 分進站，
直接計算相遇的機率不易求解，
所以可以用 1 –（不會相遇的機率）來求解，
故火車與公車相遇的機率爲

$$P = 1 - \frac{1}{60\times 60}\left(\frac{50\times 50}{2}\times 2\right) = \frac{11}{36}。$$

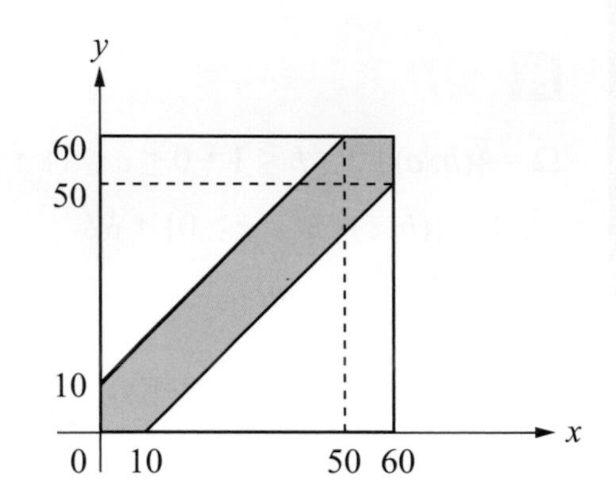

2. **定理 2**：加法定理（addition theorem）

設$(\Omega, \mathscr{F}, P)$爲一機率空間，

(1) 若 A、$B \in \mathscr{F}$，則

① $P(A\cup B) = P(A) + P(B) - P(A\cap B)$。

② $P(A\cup B) = P(A\cap B^c) + P(A^c\cap B) + P(A\cap B)$。

③ 若 A、B 爲互斥事件，即$(A\cap B) = \varnothing$，則 $P(A\cup B) = P(A) + P(B)$。

(2) 若 A、B、$C \in \mathscr{F}$，則

$$P(A\cup B\cup C) = P(A) + P(B) + P(C) - P(A\cap B) - P(B\cap C) - P(C\cap A) + P(A\cap B\cap C)。$$

(3) 若 $A\cap B = \varnothing$，即 A、B 爲互斥集合，一般亦可用+來表示聯集，即 $A + B = A\cup B$，但 $A\cap B \neq \varnothing$時，$A + B$ 就無意義了。

範例 7

設樣本空間 S 爲平面上 $0\le x\le 1$、$0\le y\le 1$ 的方塊，且所有(x, y)都一致的機率密度；又設 A 事件爲 $A = \{(x, y): 0\le x\le 0.5, 0\le y\le 1\}$，
B 事件爲 $B = \{(x, y): 0\le x\le 1, 0\le y\le 0.25\}$，請問：

(1) A 與 B 是否爲互斥事件？

(2) A 與 B 是否互爲獨立事件？請證明你的答案。

解

(1) 因
$A\cap B=\{(x,y)：0\le x\le 0.5，0\le y\le 0.25\}\ne\varnothing$，
故 A、B 不爲互斥事件。

(2) 由幾何機率定義可知
$P(A)=\dfrac{0.5\times 1}{1\times 1}=0.5$，
$P(B)=\dfrac{1\times 0.25}{1\times 1}=0.25$，
$P(A\cap B)=\dfrac{0.5\times 0.25}{1\times 1}=0.125=P(A)P(B)$，
故 A、B 爲獨立事件。

範例 8

設 W、X 及 Y 各爲某個隨機實驗中的事件，請問下列事件的出現機率如何表達：

(1) 僅出現這三種事件中的任一種。

(2) 出現這三種事件中的至少一種。

解

(1) 因 $(X\cap Y^c\cap W^c)$ 爲僅 X 事件發生，$(X^c\cap Y\cap W^c)$ 爲僅 Y 事件發生，
因 $(X^c\cap Y^c\cap W)$ 爲僅 W 事件發生，故三事件中僅有一事件發生的機率爲
$P\{(X\cap Y^c\cap W^c)\cup(X^c\cap Y\cap W^c)\cup(X^c\cap Y^c\cap W)\}$。

(2) 三事件有一件以上發生的機率爲
$$P(X\cup Y\cup W)=P(X)+P(Y)+P(W)-P(X\cap Y)-P(Y\cap W)-P(W\cap X)+P(X\cap Y\cap W)$$。

習 題

一、基礎題：

1. 投擲白色和紅色的一對公正骰子，並記錄出現的數字。若 x 等於白色骰子上的點數，y 爲紅色骰子上的點數，樣本空間爲 S，假設 S 其所有的元素有相同的可能性發生，事件 A 爲總和大於 8 的事件，事件 C 爲白色骰子出現大於 4 的事件，求
   (1) 事件 A 的機率。
   (2) 事件 C 的機率。
   (3) 事件 $A \cap C$ 的機率。
2. 假設在 500 位大學生中，發現 210 位吸煙、258 位喝酒、216 位有吃宵夜、122 位吸煙且喝酒、83 位有吃宵夜且喝酒、97 位吸煙且有吃宵夜、以及有 52 位這三種習慣都有。若大學生是被隨機挑選擇的，求以下學生的機率：
   (1) 吸煙但不喝酒。
   (2) 有吃宵夜並喝酒但不吸煙。
   (3) 不抽煙也沒有吃宵夜。
3. 台灣企業在大陸建廠的機率爲 0.6、在越南建廠的機率爲 0.4、在大陸或越南或兩地皆建廠的機率爲 0.9。以下情況建廠的機率爲是多少？
   (1) 在這兩個國家都建廠。
   (2) 在這兩個國家都不建廠。
4. 一名財經分析師認爲在目前的經濟情況下，客戶會投資於債券的機率爲 0.6、投資基金的機率爲 0.3、同時會投資於債券以及基金的機率爲 0.2。求出客戶用以下投資策略的機率：
   (1) 不是債券就是基金。
   (2) 既不投資債券也不投資基金。
5. 若機率課本中每個章節項目以 2 個不同的字母開始，後面跟著 3 個不同的非零數字，隨機選擇這些章節項目中之一，求第一個字母爲母音且最後一個數字爲偶數的機率。

6. 一家電動機車製造商關心可能召回其暢銷車種的情況。若眞的召回的話，煞車系統有問題的機率爲 0.25、傳動系統有問題的機率爲 0.18、電池系統有問題的機率爲 0.17、其他方面系統有問題的機率爲 0.40。
   (1) 若煞車系統及電池系統同時出現問題的機率爲 0.15 的話，那麼煞車系統或電池系統有問題的機率是多少？
   (2) 煞車系統及電池系統都沒有問題的機率是多少？
7. 若從英文字母表中隨機選擇一個字母，求以下情況的機率：
   (1) 除了 C 之外的母音。
   (2) 位於字母 J 之前。
   (3) 位於字母 G 之後。
8. 投擲一對公正骰子。求以下的機率：
   (1) 總和爲 9。
   (2) 總和小於等於 3。
9. 若從包含 5 本漫畫書、3 本散文和一本畫冊的書架中隨機挑選 3 本，求出以下的機率：
   (1) 畫冊有被選出。
   (2) 選出 2 本漫畫和 1 本散文。
10. 在 100 名大一新生中，54 名修微積分、69 名修英文、35 名同時修微積分和英文。若隨機選擇這些學生中之一位，求出以下的機率：
   (1) 學生修微積分或英文。
   (2) 學生沒有修這兩個科目。
   (3) 學生修英文但不修微積分。
11. 某太陽餅公司在銷售任何新產品之前，使用口味測試與資料統計分析。考慮一種涉及三種口味（少糖、正常糖、多糖）以及三種烤法（低火、中火、及大火）的研究。
   (1) 有多少種口味和烤法的組合？
   (2) 第一次品嘗時拿到一低火及少糖的機率是多少？

12. 某無線電話在某家中的所在位置的可能性如下：
    父母臥室：0.03，
    小孩臥室：0.15，
    其他臥室：0.14，
    廚房或書房：0.40，
    其他房間：0.28，
    (1) 無線電話在臥室中的機率是多少？
    (2) 無線電話不在臥室裡的機率是多少？
    (3) 假設從具有無線電話的家庭隨機選擇一個家庭，你預期會在哪一個房間中找到無線電話？
13. 假設手機電池壽命超過 6000 小時的機率爲 0.42。並假設此手機電池壽命不超過 4000 小時的機率爲 0.04。
    (1) 此手機電池壽命小於或等於 6000 小時的機率是多少？
    (2) 此手機電池壽命大於 4000 小時的機率是多少？
14. 假設針對某測試，A 是某元件故障的事件且 B 是該元件尙可但實際上不算故障的事件。事件 A 以機率 0.20 發生，事件 B 以機率 0.35 發生。
    (1) 此元件在測試中不爲故障的機率是多少？
    (2) 此元件在測試中表現良好的機率是多少（即既尙可也不爲故障）？
    (3) 此元件在測試中不是故障就是尙可的機率是多少？
15. 顧客在某燈具公司購買燈具的行爲。它可能美術燈或檯燈。考慮六個不同顧客戶所做出的決定。
    (1) 假設最多 2 人購買檯燈的機率爲 0.40。至少有三人購買檯燈的機率是多少？
    (2) 假設已知所有 6 人都購買檯燈的機率是 0.007，而所有 6 人都購買美術燈的機率是 0.104。則每種類型至少購買一種的機率是多少？

16. 在許多產業界中，使用加壓機來充填產品是很常見的。這常見於罐頭以及飲料的領域中，例如可口可樂汽水。這些設備一般不是很理想的，他們可能：A 完全合格、B 裝太少、和 C 裝太滿。一般來說，希望避免裝太少的狀況。令 $P(B)=0.001$、$P(A)=0.990$。
    (1) 求 $P(C)$。
    (2) 沒有裝太少的機率是多少？
    (3) 設備不是裝太多就是裝太少的機率是多少？

二、進階題：

1. 投擲一公正銅板連續出現 10 次正面後，試問第 11 次是正面的機率？
   (A)0　(B)1　(C)$\frac{1}{2}$　(D)$(\frac{1}{2})^{11}$。
2. 一年 12 個月份中，隨機選出一個月份，試求此月份有 31 天的機率爲何？
   (A)$\frac{1}{4}$　(B)$\frac{1}{3}$　(C)$\frac{5}{12}$　(D)$\frac{7}{12}$。
3. (1) 擲兩個公正的骰子一次，所擲兩個骰子點數和小於 5 的機率是多少？
   (2) 同時投擲三粒公正的正方體骰子，出現的點數和恰爲 10 之機率是多少？
4. 投擲一公正的骰子三次，其中兩次出現相同點數但與另一次不相同的機率爲多少？
   (A)$\frac{5}{72}$　(B)$\frac{5}{18}$　(C)$\frac{5}{36}$　(D)$\frac{5}{12}$。
5. 將標有 1 號、2 號、3 號、……、240 號的籤置於籤筒中，今任取 2 籤，其號碼具有公因數 6 的機率？
6. 從數字 1 至 90 隨機取出兩個數，其和爲 56 之機率爲何？
   (A)$\frac{3}{445}$　(B)$\frac{14}{2025}$　(C)$\frac{1}{150}$　(D)$\frac{11}{1620}$。
7. 自 1 到 100 的自然數中，任取一數，則取出的數爲 3 或 5 的倍數的機率爲何？
   (A)$\frac{17}{100}$　(B)$\frac{27}{100}$　(C)$\frac{37}{100}$　(D)$\frac{47}{100}$。
8. 甲、乙、丙、丁、戊 5 人排成一列，則甲、乙兩人分離的機率爲何？
   (A)$\frac{1}{5}$　(B)$\frac{3}{5}$　(C)$\frac{2}{5}$　(D)$\frac{3}{10}$。

9. 設一袋裝有黑球 5 個、紅球 3 個、白球 2 個，自袋中任取 3 球，問取出 2 黑 1 紅的機率為何？

(A)$\frac{1}{3}$ (B)$\frac{1}{4}$ (C)$\frac{1}{5}$ (D)$\frac{1}{6}$。

10. 設 A，B 二事件，$P(A)=0.3$，$P(A\cup B)=0.5$，且 $P(B)=x$，則

(1) 若 A、B 為互斥事件時，$x=$？

(A)0.7 (B)0.1 (C)0.5 (D)0.2。

(2) 若 A、B 為獨立事件時，$x=$？

(A)$\frac{1}{3}$ (B)$\frac{2}{7}$ (C)$\frac{1}{5}$ (D)$\frac{1}{6}$。

11. 有甲、乙兩個袋子，甲袋共有 1000 顆一樣的球，其中 300 顆黑色、700 顆白色；乙袋共有 20 顆一樣的球，其中 6 顆黑色、14 顆白色。從甲袋和乙袋各隨機抽取一顆球出來，下列敘述何者正確？

(A)甲袋抽到黑球的機率大於乙袋抽到黑球的機率

(B)甲袋抽到黑球的機率等於乙袋抽到黑球的機率

(C)甲袋抽到黑球的機率小於乙袋抽到黑球的機率

(D)因為兩個袋子球數不同，所以無法比較機率。

12. 已知全世界有 10 億人吃牛肉，只發現 100 個狂牛症病例。如有人說：吃美國牛肉得狂牛症的機率小於中樂透彩(38 個號碼中 6 個)。此句話是否正確？為什麼？

13. 從 20 位同學中抽出 2 個同學打掃教室。20 支籤中只有 2 支「中獎」。甲同學是第一位上前抽，而乙同學是第二位。甲、乙中獎的機率為各 a、b，下列敘述何者正確？

(A)$a>b$ (B)$a=b$ (C)$a<b$ (D)無法決定。

14. 一副撲克牌有 52 張，分成紅心、方塊、黑桃、梅花四種花色，每一種花色有 A（代表 1）、2、3、……、10、$J(11)$、$Q(12)$、$K(13)$等 13 種點數。從一副撲克牌中抽出一張，抽到 3 的倍數的機率是多少？以最簡分數表示

(A)$\frac{1}{13}$ (B)$\frac{2}{13}$ (C)$\frac{3}{13}$ (D)$\frac{4}{13}$。

15. 從電話簿中隨機選取 10 個電話號碼，再把每個號碼的最後一個數字記下來，請計算從 0 到 9 整數都各只出現一次的機率？

16. 設某建築物在 1 年當中只因地震事件而受損的機率是 0.015，只因颶風事件而受損的機率是 0.025，因既發生地震又遭遇颶風以至於受損的機率是 0.0073，請問該建築物在新的 1 年當中，因發生地震或遭遇颶風不至於受損的機率爲何？
17. 拿台灣樂透彩來說，從 42 個號碼（1, 2,⋯ ,42）中任意跳出 6 個號碼，若您選取的號碼組中，有 3 個號碼正好出現在這 6 個跳出的號碼當中，那麼您可獲得普獎新台幣 200 元；您每買一張彩券需花費新台幣 50 元，但可自行組合由上列 6 個號碼所構成的號碼組一組，請問您贏得普獎的機率是多少？請以下列形式列出您的答案：$P\,(\text{機率}) = \dfrac{x}{1000}$。
18. 玩撲克牌時，請問出現滿堂紅（3 張同花配 2 張同花）的機率是多少？
19. 一袋中有 3 個紅球、2 個白球及 2 個黑球。隨機抽取 3 個球，其中紅球的個數爲 X，白球的個數爲 Y。試求所抽出的 3 個球中，紅球個數不少於白球個數的機率 $P(X \geq Y)$爲何？

2-2 條件機率(Conditional Probability)

在機率論中，條件機率是非常重要且常用的概念，以電子產品代工而言，如 iphone 手機的代工組裝可能來自不同的臺灣廠商，其代工品質與良率亦不同，如果要研究某一件不良品是來自某一家代工廠的機率時，就會用到條件機率，本節將介紹條件機率、全機率定理與貝氏定理如下：

一、定義

設$(\Omega, \mathscr{F}, P)$爲一機率空間，若 A、$B \in \mathscr{F}$ 爲兩事件，且 $P(A) > 0$，則

$$P(B \mid A) = \frac{P(B \cap A)}{P(A)}$$

稱爲在發生事件 A 的情況下，事件 B 發生的條件機率。

範例 9

在此作某實驗如下：從$\{1, 2, 3, 4, 5, 6\}$隨機選取一個整數 N_1，再從$\{1,\cdots, N_1\}$隨機選取一個整數 N_2，然後再從$\{1,\cdots, N_2\}$隨機選取一個整數 N_3：

(1) 若設$\{N_2 = 4\}$，請計算事件$\{N_1 = 5\}$的發生機率。

(2) 若設$\{N_1 = 5\}$，請計算事件$\{N_3 = 2\}$的發生機率。

解

(1) 因

$$P\{N_2 = 4\} = P\{N_1 = 6，N_2 = 4\} + P\{N_1 = 5，N_2 = 4\} + P\{N_1 = 4，N_2 = 4\}$$
$$= \frac{1}{6}\times\frac{1}{6} + \frac{1}{6}\times\frac{1}{5} + \frac{1}{6}\times\frac{1}{4}，$$

故

$$P\{N_1 = 5 \mid N_2 = 4\} = \frac{P\{N_1 = 5，N_2 = 4\}}{P\{N_2 = 4\}}$$
$$= \frac{\frac{1}{6}\times\frac{1}{5}}{\frac{1}{6}\times\frac{1}{6} + \frac{1}{6}\times\frac{1}{5} + \frac{1}{6}\times\frac{1}{4}} = \frac{12}{37}。$$

(2) 因

$$P\{N_1=5，N_3=2\}=P\{N_1=5，N_2=5，N_3=2\}+P\{N_1=5，N_2=4，N_3=2\}$$
$$+P\{N_1=5，N_2=3，N_3=2\}+P\{N_1=5，N_2=2，N_3=2\}$$
$$=\frac{1}{6}\times\frac{1}{5}\times\frac{1}{5}+\frac{1}{6}\times\frac{1}{5}\times\frac{1}{4}+\frac{1}{6}\times\frac{1}{5}\times\frac{1}{3}+\frac{1}{6}\times\frac{1}{5}\times\frac{1}{2}$$

故

$$P\{N_3=2\mid N_1=5\}=\frac{P\{N_1=5，N_3=2\}}{P\{N_1=5\}}$$
$$=\frac{\frac{1}{6}\times\frac{1}{5}\times\frac{1}{5}+\frac{1}{6}\times\frac{1}{5}\times\frac{1}{4}+\frac{1}{6}\times\frac{1}{5}\times\frac{1}{3}+\frac{1}{6}\times\frac{1}{5}\times\frac{1}{2}}{\frac{1}{6}}$$
$$=\frac{77}{300}\text{。}$$

二、性質

1. 定理 1

設$(\Omega,\mathscr{F},P)$爲一機率空間，若 A、B、$C\in\mathscr{F}$，且 $P(A)>0$，則

(1) $P(\varnothing\mid A)=0$、$P(A\mid A)=1$。

(2) $P(B^c\mid A)=1-P(B\mid A)$。

(3) $P(B\cup C\mid A)=P(B\mid A)+P(C\mid A)-P(B\cap C\mid A)$。

(4) $P(A\cap B)=P(B\mid A)\times P(A)=P(A\mid B)\times P(B)$。

範例 10

設某工廠生產 20 件產品，其中 5 個產品有瑕疵，若連續由該工廠任意買走 2 件產品並且買走不再退回，則兩件均爲瑕疵的機率爲何？

解

若 A 表示買走第一件爲瑕疵品，B 表示買走第二件爲瑕疵品，則

$$P(A\cap B)=P(A)\times P(B\mid A)=\frac{5}{20}\times\frac{4}{19}=\frac{1}{19}\text{。}$$

2. **定理 2：**乘法定理（multiplicative theorem）

設$(\Omega, \mathscr{F}, P)$為一機率空間，若有事件 $A_1, A_2, \cdots\cdots, A_n \in \mathscr{F}$，且

$P(A_1 \cap A_2 \cap \cdots\cdots \cap A_n) > 0$，則

$$P(A_1 \cap A_2 \cap \cdots\cdots \cap A_n) = P(A_1) \times P(A_2 \mid A_1) \times P(A_3 \mid A_1 \cap A_2) \times \cdots\cdots \times P(A_n \mid A_1 \cap A_2 \cap \cdots\cdots \cap A_{n-1})$$

NOTE：設$(\Omega, \mathscr{F}, P)$為一機率空間，若 A、B、$C \in \mathscr{F}$，且 $P(A \cap B \cap C) > 0$，則

$P(A \cap B \cap C) = P(A) \times P(B \mid A) \times P(C \mid A \cap B) = P(A \cap B) \times P(C \mid A \cap B)$。

3. **全機率定理（Total probability theorem）：**

當一個試驗的樣本空間可完整無遺漏的表示為一群互斥集合的聯集時，則分別計算所求事件與這一群互斥集合各個同時發生的機率總和，即為所求事件發生的機率，此概念即為全機率定理，詳述如下：

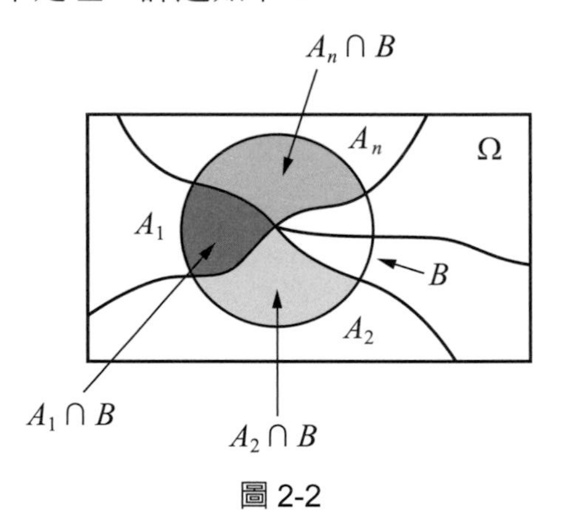

圖 2-2

設$(\Omega, \mathscr{F}, P)$為一機率空間，若 $B \in \mathscr{F}$ 且 A_1、A_2、……、A_n 為互斥事件，如圖 2-2，滿足

$$\Omega = A_1 \cup A_2 \cup \cdots\cdots \cup A_n$$

即

$$P(A_1) + P(A_2) + \cdots\cdots + P(A_n) = 1$$

且 $P(A_k) > 0$（$\forall k = 1, 2, \cdots\cdots, n$），則

$$P(B) = P(B \mid A_1)P(A_1) + P(B \mid A_2)P(A_2) + \cdots\cdots + P(B \mid A_n)P(A_n)$$

範例 11

第一個袋子裡有白球 4 個和黑球 3 個，第二個袋子裡有白球 3 個和黑球 5 個，現在從第一個袋子取出一球放入第二個袋子，過程中完全不讓人看見球；最後再從第二個袋子中抽取一球，請問此球為黑球的機率為何？

解

令 B_i 爲從第 i 個袋子取出黑球的事件，W_i 爲從第 i 個袋子取出白球的事件，由全機率定理（Total probability theorem）可知，從第二個袋子取出黑球的機率爲

$$P(B_2) = P(B_2 \mid B_1)P(B_1) + P(B_2 \mid W_1)P(W_1)$$
$$= \frac{6}{9} \times \frac{3}{7} + \frac{5}{9} \times \frac{4}{7} = \frac{38}{63} \text{。}$$

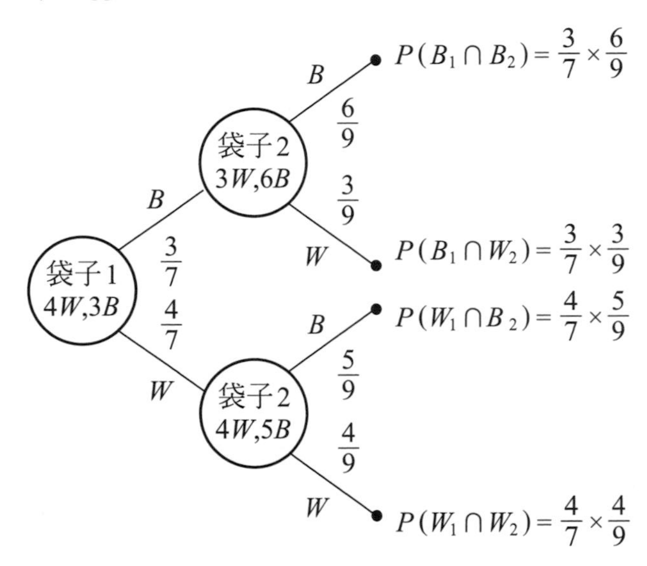

4. Bayes 定理

由條件機率可知 $P(A \mid B) = \dfrac{P(A \cap B)}{P(B)}$，$P(B \mid A) = \dfrac{P(A \cap B)}{P(A)}$，其中 $P(A) \neq 0$，$P(B) \neq 0$，則 $P(A \mid B) = \dfrac{P(B \mid A) \times P(A)}{P(B)}$，此概念即爲貝氏定理的由來，而貝氏定理一般會結合全機率定理描述如下：

設$(\Omega, \mathscr{F}, P)$爲一機率空間，若 $B \in \mathscr{F}$ 且 $A_1, A_2, \cdots\cdots, A_n$ 爲互斥事件，滿足

$$\Omega = A_1 \cup A_2 \cup \cdots\cdots \cup A_n$$

即 $P(A_1) + P(A_2) + \cdots\cdots + P(A_n) = 1$

且 $P(A_k) > 0$ $(\forall k = 1, 2, \cdots\cdots, n)$、$P(B) > 0$，則$\forall k = 1, 2, \cdots\cdots, n$

$$P(A_k \mid B) = \frac{P(A_k \cap B)}{P(B)}$$

$$= \frac{P(B \mid A_k)P(A_k)}{P(B \mid A_1)P(A_1) + P(B \mid A_2)P(A_2) + \cdots\cdots + P(B \mid A_n)P(A_n)}$$

其中

$$P(B) = P(B \mid A_1)P(A_1) + P(B \mid A_2)P(A_2) + \cdots\cdots + P(B \mid A_n)P(A_n)$$

範例 12

某台電阻器的可能製造商有 A、B、C 三家，若改以機率表達，則來自這三家廠商的機率各爲 $P_A = 0.25$、$P_B = 0.50$ and $P_C = 0.25$，而這三家廠商製造電阻器出現瑕疵的機率分別是 0.01、0.02 和 0.04：

(1) 現在隨機選取一台電阻器，請問該電阻器爲瑕疵品的機率是多少？

(2) 若不巧選到的正是瑕疵品，請問該電阻器出自製造商 B 之手的機率是多少？

解

(1) 由全機率定理可知，

$$P(\text{瑕疵品}) = P(\text{瑕疵品} \mid A)P(A) + P(\text{瑕疵品} \mid B)P(B) + P(\text{瑕疵品} \mid C)P(C)$$
$$= 0.01 \times 0.25 + 0.02 \times 0.5 + 0.04 \times 0.25$$
$$= 0.0225 \text{。}$$

A 0.25 — 0.01 瑕疵品
B 0.5 — 0.02 瑕疵品
C 0.25 — 0.04 瑕疵品

(2) 由 Bayes's 定理可知，

$$P(B \mid \text{瑕疵品}) = \frac{P(\text{瑕疵品} \mid B)P(B)}{P(\text{瑕疵品})} = \frac{0.02 \times 0.5}{0.0225} = \frac{4}{9} \text{。}$$

範例 13

某種癌症被發現每 100 人就會有 1 人有罹患；而罹患這種癌症的人有 99%都會出現 Z 型症候；但即使是沒罹患這種癌症的人也還是有 10%會出現 Z 型症候；請問當一個人身上出現 Z 型症候時，他可能罹患這種癌症的機率有多少，如此機率算是高還是低？

解

由 Bayes's 定理可知，

$$P(\text{癌症} \mid \text{有徵兆}) = \frac{0.01 \times 0.99}{0.01 \times 0.99 + 0.99 \times 0.1} = \frac{1}{11} \text{，}$$

機率低。

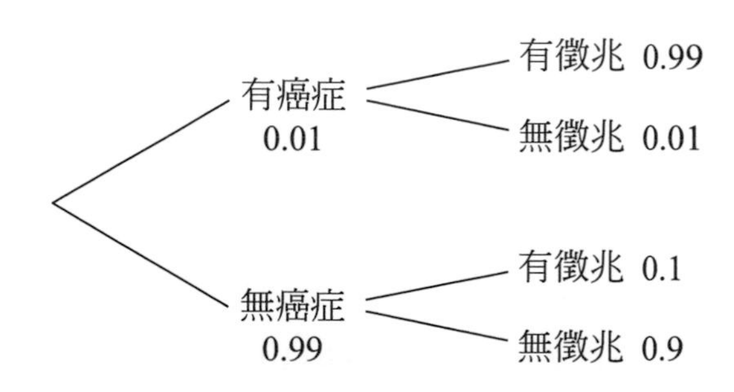

範例 14

某人利用通訊頻道傳送二位元（0 與 1）訊息，但由於頻道內雜音太多，以至於訊號明明是 0，接收時卻被誤認為 1 的機率是 0.2，反之訊號明明是 1，接收時卻被誤認為 0 的機率是 0.1。

(1) 假設通訊源頭傳送 0 的機率是 0.6，傳送 1 的機率是 0.4，因此若你看到傳來的訊號是 0，請問通訊源頭傳送的果真是 0 的機率有多少？

(2) 假設每個訊號傳送時出錯的事情係各自獨立，若那個人傳送一串四個訊號 0010，請問其中至少有一個訊號傳送出錯的機率是多少？

解

設 T_0 為發射信號為 0 的事件，T_1 為發射信號為 1 的事件，R_0 為收到信號為 0 的事件，R_1 為收到信號為 1 的事件，故由題意知

T_0 0.6 — R_0 0.8, R_1 0.2
T_1 0.4 — R_0 0.1, R_1 0.9

$P(T_0) = 0.6$，$P(T_1) = 0.4$

及

$P(R_1 \mid T_0) = 0.2$，$P(R_0 \mid T_0) = 1 - P(R_1 \mid T_0) = 0.8$

$P(R_0 \mid T_1) = 0.1$，$P(R_1 \mid T_1) = 1 - P(R_0 \mid T_1) = 0.9$

(1) 由 Bayes's 定理可知

$$P(T_0 \mid R_0) = \frac{P(R_0 \mid T_0)P(T_0)}{P(R_0)}$$

$$= \frac{P(R_0 \mid T_0)P(T_0)}{P(R_0 \mid T_0)P(T_0) + P(R_0 \mid T_1)P(T_1)}$$

$$= \frac{0.8 \times 0.6}{0.8 \times 0.6 + 0.1 \times 0.4}$$

$$= \frac{12}{13}\ 。$$

(2) 信號 0010 收到全部為正確的機率為$(0.8)^3(0.9)$，故至少收到一個不正確符號的機率為 $1-(0.8)^3(0.9)$。

習　題

一、基礎題：

1. 若 A 是一名恐怖分子犯下武裝搶劫的事件，B 是該恐怖分子販賣毒品的事件，請描述下列機率的意思：
   (1) $P(A \mid B)$。
   (2) $P(B^C \mid A)$。
   (3) $P(A^C \mid B^C)$。

2. 在研究肺病和吸煙習慣關係的實驗中，收集了 180 個人以下的資料：

	不吸煙者	適度吸煙者	重度吸煙者
有肺病	21	36	30
沒肺病	48	26	19

   若從這些個體中隨機選擇一人，求以下的機率：
   (1) 已知此人是重度吸煙者，此人有肺病的機率。
   (2) 已知此人沒有肺病，此人不吸煙的機率。

3. 今日中國大陸七夕情人節晚上，網路公司調查在男女晚上睡覺期間喜歡伴侶穿睡衣種類的機率如下：

	男	女	總計
內衣	0.220	0.024	0.244
睡袍	0.002	0.180	0.182
不穿	0.160	0.018	0.178
睡衣	0.102	0.073	0.175
T 恤	0.046	0.088	0.134
其他	0.084	0.003	0.087

   (1) 喜歡伴侶是裸睡女性的機率是多少？
   (2) 喜歡伴侶是男性的機率是多少？
   (3) 已知伴侶是男性，則他穿睡衣睡覺的機率是多少？
   (4) 已知伴侶穿睡衣或 T 恤睡覺，該伴侶是男性的機率是多少？

4. 一輛電動機車每年需要換電池的機率為 0.25；它需要一個新充電裝置的機率是 0.40；電池和充電裝置都需要更換的機率為 0.2。
   (1) 若必須要更換電池，需要新充電裝置的機率是多少？
   (2) 若必須要換充電裝置，需要更換電池的機率是多少？

5. 針對台灣年底縣市長選舉，某民調公司調查已婚夫妻，丈夫會去投票的機率是 0.2，太太會去投票的機率是 0.28，丈夫及太太都會去投票的機率是 0.15。求以下的機率：
   (1) 一對已婚夫妻中至少有一人會去投票的機率。
   (2) 已知先生會去投票的情況下，他的太太會去投票的機率。
   (3) 已知太太不投票的情況下，她的先生會去投票的機率。
6. 進入德國的車輛中有奧地利車牌的機率爲 0.12；其爲露營車的機率爲 0.28；其爲掛奧地利車牌之露營車的機率是 0.09。求以下的機率：
   (1) 進入德國的露營車有奧地利車牌的機率。
   (2) 掛奧地利車牌進入德國車是露營車的機率。
   (3) 進入德國的車輛沒有奧地利車牌或不是露營車的機率。
7. 當電話推銷代表打電話時你在家的機率是 0.4。當你在家時，購買該推銷商品的機率是 0.3。求你在家並購買該商品的機率。
8. 在 1970 年，11%的台灣人讀完四年的大學，其中 43%是女性。在 1990 年，22%的台灣人讀完了四年的大學，其中 53%是女性。
   (1) 已知一個人在 1970 年讀完了四年的大學，那個人女性的機率是多少？
   (2) 1990 年女性讀完四年大學的機率是多少？
   (3) 一位男性在 1990 年沒有讀完大學的機率是多少？
9. 冰箱中有 20 罐草莓醬其中 5 罐已過期，求出隨機選出 3 瓶沒過期草莓醬的機率。
10. 假設餅乾工廠的四名檢查員 A、B、C、D 應在裝配線末端的每一包餅乾上貼上有效日期。A 負責 20%的包裝，他每 200 個包裝上會少蓋一個有效日期；B 負責 60%的包裝，他每 100 個包裝上會少蓋一個有效日期；C 負責 15%的包裝，他每 90 個包裝上會少蓋一個有效日期；以及 D 負責 5%的包裝，他每 200 個包裝上會少蓋一個有效日期。若客戶抱怨她的餅乾包裝上沒有顯示有效日期，該由 A 負責的可能性是多少？

11. 某電力公司在不同地點設置三個相同的充電站。在一年期間，每一個站台報告的故障數量和原因如下所示。

充電站	A	B	C	Total
供電問題	2	1	1	4
電腦故障	4	3	2	9
充電設備故障	5	4	2	11
其他人爲錯誤	7	7	5	19
Total	18	15	10	

假設有一個故障是由其他人爲錯誤所引起的，請問該故障來自 C 站的機率是多少？

12. 某油漆店生產和銷售平光漆和奈米漆。基於長期銷售的紀錄得知，客戶購買平光漆的機率是 0.75。在那些購買平光漆的客戶中，60%也會購買了刷子。但買奈米漆的客戶中，只有 30%也會買了刷子。某一位隨機選出的客戶買了一刷子和一罐油漆，他買的平光漆的機率是多少？

13. 加油站在某小時內爲 0、10、20、30、40 或大於等於 50 輛機車加油的機率分別爲 0.03、0.18、0.24、0.28、0.10 以及 0.17。求在 30 分鐘內以下事件的機率：
(1) 爲超過 20 輛機車加油的機率；
(2) 爲最多 40 輛機車加油的機率；
(3) 爲 40 輛或更多輛機加油的機率。

14. 一家大型公司使用三家當地的汽車旅館爲其客戶提供隔夜住宿。從過去的經驗知道，20%的客戶分配在 A 酒店、50%在 B 酒店、30%在 C 旅館。若 A 酒店 5%的客房、B 酒店 4%的客房、以及 C 旅館 8%的客房有故障，那麼，
(1) 客戶將被分配到有故障房間的機率？
(2) 有一客戶被被分配到有故障的房間，該客戶是被分配到 C 旅館的機率？

15. 在台北看守所中，$\frac{2}{3}$的犯人是 25 歲以下。還知道$\frac{3}{5}$的犯人是男性，$\frac{5}{8}$的犯人是女性或年紀大於等於 25。從這個看守所中隨機選擇一犯人，是女性而且至少 25 歲的機率是多少？

16. 台灣某政黨僱用三個民調公司（A、B、及 C）的機率分別為 0.4、0.35、以及 0.25。從過去的經驗可知費用超支的機率分別為 0.05、0.03、以及 0.15。假設此機構遇到了費用超支問題。
    (1) 僱用的民調公司是 C 公司的機率是多少？
    (2) 僱用的民調公司是 A 公司的機率是多少？
17. 已知在 60 歲以上的婦女中發現有子宮頸癌的機率為 0.06。有種血液檢查可檢測此癌症的存在，但該測試不是一定正確的。事實上，已知有 10%的機率測試給出假陰性（因錯誤該測試給出陰性的結果），並且有 5%的機率測試給出假陽性（因錯誤該測試給出陽性的結果）。若一位 60 歲以上的婦女參加了測試並有好的結果（即陰性），則她有該種癌症的機率是多少？
18. 某種手機晶片的生產商向供應商以 20 個晶片為一批，一批一批地出售。假設這些批次中 60%不含有瑕疵晶片、30%含有一個瑕疵晶片、以及 10%含有兩個瑕疵晶片。若隨機選出一批，並隨機測試來自該批的兩個晶片，發現兩個都是良品。
    (1) 該批沒有瑕疵品的機率是多少？
    (2) 該批有一個瑕疵品的機率是多少？
    (3) 該批有兩個瑕疵品的機率是多少？
19. 根據統計過動症的得病率為每 500 人有 1 人得病。可對該疾病作測試，但不是絕對的可靠。95%的機率測出正確的陽性結果（患者實際上患有該疾病），而 1%的機率測出假陽性結果（患者實際上沒有該疾病）。若測試隨機選擇的一個人而且結果是陽性，那麼此人患有該疾病的機率是多少？
20. 職訓中心培訓在生產線上執行某些操作的作業員。受過訓練的作業員能夠完成 90%的生產要求。沒受過培訓的作業員只能夠完成 65%的生產要求。新進作業員有 40%參加了培訓課程。假設一位新的作業員完成他的生產配額，請問他有參加該培訓課程的機率為何？
21. 調查某特定矩陣運算軟體的使用者指出有 10%的人不滿意。不滿意者有一半的人是購自軟體商甲。同時已知受調查者有 20%購自軟體商甲。若該軟體是從軟體商甲購買的，則該特定用戶不滿意的機率是多少？

22. 亞洲金融風暴時，勞工被解僱，並經常被機器所取代。研究因科技進步而失業之 100 名勞工的狀況。對於這些人的每一個，調查他是否在同一企業內被給予另一個工作、是否在另一企業在同一領域中的工作、是否在一新的領域中工作、或已經失業 1 年。此外，記錄每個勞工有無加入工會。下表總結了調查結果：

	工會會員	非工會會員
同一公司	40	15
新公司(同領域)	13	10
新領域	4	11
失業	2	5

(1) 若有位勞工一位在新公司的找到同領域的工作，那麼該勞工是工會會員的機率是多少？

(2) 若該勞工是工會會員，該勞工失業一年的可能性是多少？

二、進階題：

1. 由 0 到 9 的 10 個數字中任取 2 個，且取過的數字不再取，在其和為偶數的條件下，求二者互質的機率為多少？
(A)$\frac{7}{13}$ (B)$\frac{4}{20}$ (C)$\frac{7}{20}$ (D)$\frac{9}{20}$ 。

2. 從一副撲克牌的 52 張紙牌中隨意抽出一張後放回，再抽一張，如此反覆進行，請問先抽出 ace(A)牌，然後才抽出人頭牌（J、Q、K）的機率為何？

3. 某家保險公司將旗下兩家營業處的車子租給客戶使用，其中第一家營業處車子的出租率為 35%，第二家營業處車子的出租率為 65%，假設第一家營業處的車子有 8%會在租車期間發生故障，第二家營業處的車子有 5%會在租車期間發生故障，請問就這家保險公司而言，其所出租車子發生故障的機率是多少？

4. 某次調查中發現，某家畫廊所展出的油畫有 30%並非原始正版。某位畫作收藏家判斷油畫是眞品抑或是贗品時，判斷錯誤的比率有 15%；請問她買下一幅她認為是眞品的油畫，但那幅油畫其實根本是贗品的機率有多少？

5. 某工廠使用 A、B 兩部機器製造某產品，A 機器生產全部產品之 70%，不良率為 3%；B 產品生產全部產品之 30%，不良率為 2%。試求：
   (1) 由全部產品中任意抽出一個，其為不良品的機率 $P(D)$為何？
   (2) 由全部產品中任意抽出一個，發現其為不良品，則該產品來自 A 機器的機率 $P(A \mid D)$為何？

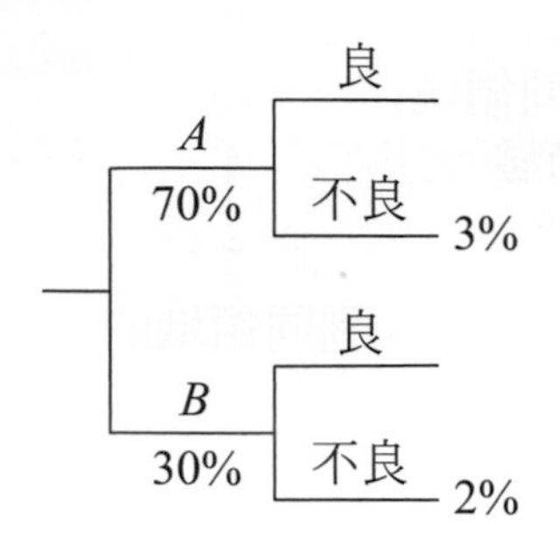

6. 某電視工廠之映像管是兩家供應商所提供，A 供應商負責 75%，而 B 供應商負責 25%。A 產製映像管之不良率為 10%，而 B 之不良率僅為 2%，若隨機抽取一個映像管，請計算由 A 生產之機率：
   (1) 如果映像管是不良品？
   (2) 如果映像管是良品？

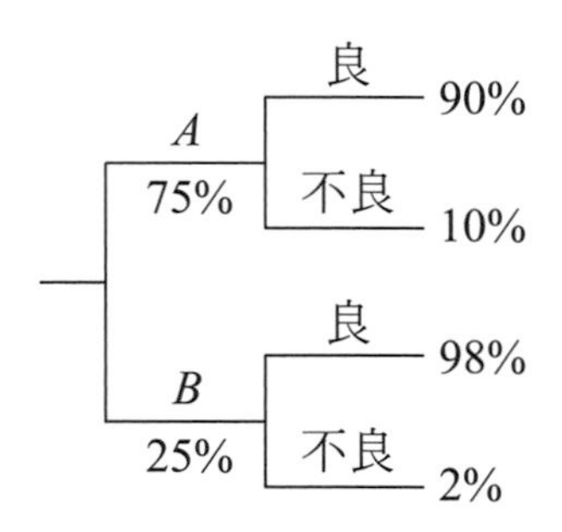

7. 某家公司銷售能產生 10W、25W和 50W 音效功率的身歷聲揚聲器，該公司庫存的 100 組 10W 音效功率揚聲器中，有 15%存有瑕疵，70 組 25W 音效功率揚聲器中，10%有瑕疵，30 組 50W 音效功率揚聲器中，10%有瑕疵。
   (1) 若有顧客前來購買 10W 揚聲器一組，請問買到瑕疵品的機率是多少？
   (2) 若有顧客前來購買揚聲器一組，而且說無論多少瓦數都沒關係，店員只管隨機挑選一台就行，請問挑選到 50W 有瑕疵之產品的機率是多少？
   (3) 店員隨機挑選一台揚聲器賣給客戶，結果選到瑕疵品的機率是多少？

8. 有某項血液檢驗方法，它的優點是只要受檢者確有罹患某疾病，那麼檢驗結果90%都會呈現陽性反應，但缺點是即使受檢者身體健康，仍會有 20%檢驗結果呈現陽性反應。假設某地區有 30%人口都罹患該項疾病，當局於是只要看到血液檢驗呈現陽性反應，就會把藥品發給受檢者要求按時服用以治病。
   (1) 這種藥品服用後大約有 25%的人身上會長出某種特殊疹子，若此地區有某個人身上突然長出這種疹子，那麼請問，他恐怕已染上這種疾病的機率是多少？
   (2) 請問該地區任何人有患該疾病卻沒被發給該藥的機率是多少？
9. 制式入學測驗分別在三處考場舉行，其中 A 考場有 1,000 名學生參加考試，B 考場有 600 名學生參加考試，C 考場有 400 名學生參加。這三處考場中，A 考場通過入學測驗的學生比率爲 70%，B 考場爲 68%，C 考場爲 77%，現在從參加入學測驗的學生當中隨機抽取一名，若抽出後發現這名學生通過測驗已被錄取，那麼請問這名學生是在 B 考場應試的機率是多少？
10. 兩枚硬幣隨機拿取一枚投擲，設第一枚硬幣正面朝上的機率是 p_1，第二枚硬幣正面朝上的機率是 p_2：
   (1) 請問這個投擲動作得出正面朝上之結果的機率是多少？
   (2) 請問拿到第一枚硬幣並且投擲出正面朝上之結果的機率是多少？
11. 投擲一枚骰子，將所得點數寫成 N_1，然後從$\{1, 2, \cdots\cdots, N_1\}$中隨機取一個整數 N_2：
   (1) 求算事件$\{N_2 = 3\}$的發生機率。
   (2) 設$\{N_2 = 5\}$時，求算事件$\{N_1 = 4\}$的發生機率。
12. 1 號盒裡裝有 100 顆燈泡，其中 10%有瑕疵；2 號盒裡也裝有 100 顆燈泡，其中5%有瑕疵；現在隨機從一個盒子裡取出 2 顆燈泡：
   (1) 請問拿到 2 顆有瑕疵燈泡的機率是多少。
   (2) 請問這 2 顆有瑕疵燈泡同是來自 1 號盒的機率是多少。
13. 潛艇在太平洋中失蹤。將太平洋區分成 4 個海域，潛艇在任一個海域的可能性相同，若潛艇確實在第 1 個海域但搜尋不到的機率爲$\frac{1}{8}$。
   (1) 求在第 1 個海域搜尋不到的情況下，潛艇確實在第 1 個海域的機率。
   (2) 求在第 1 個海域搜尋不到的情況下，潛艇確實在第 2 個海域的機率。

14. 某架飛機失事墜毀，當局研判可能的墜落地點有三處，而且三處爲實際墜落地點的可能性均相等；設 $1-b_i$ 代表當局派搜救隊前往第 i 處搜救時，果然發現墜機的機率，$i=1, 2, 3$（該 b_i 是指錯失機率，也就是墜機殘骸確實散落在該地，但由於天候情況不佳或地貌環境惡劣以至於救難人員沒能找到飛機殘骸的機率）；請問在派遣搜救隊前往 1 號地點搜救卻一無所獲的前提下，該機殘骸實際是散落在第 i 處地點的條件機率爲何，$i=1, 2$？

2-3 獨立性(Independence)

前面我們介紹了條件機率 $P(A \mid B)$，其表示兩事件 A、B 中，在 B 事件發生的條件下，A 事件發生的機率，若是 A 事件的發生不受 B 事件發生的影響，即 $P(A \mid B) = P(A)$，則 A、B 兩事件爲獨立事件，就如同兩個同學參加高考考試，若要問在 B 同學考上的條件下 A 同學考上的機率，由於兩位同學是獨立的個體，所以 A 同學考上與否跟 B 同學無關，故兩者爲獨立事件。本節將介紹獨立事件的定義、性質及其應用。

一、定義

獨立事件：設$(\Omega, \mathscr{F}, P)$爲一機率空間，A、$B \in \mathscr{F}$，事件 A、B 稱爲獨立（independent），若且唯若 $P(A \cap B) = P(A)P(B)$。並記爲 $A \perp\!\!\!\perp B$，若不滿足上述條件，則稱爲相依事件（dependent events）。即事件 A 發生的機率不受事件 B 發生與否的影響，換句話說 $P(A) = P(A \mid B)$。

範例 15

擲一公正硬幣 n 次，其中事件 A 表示至少出現兩正面，B 事件表示出現一個或兩個反面，求證當 $n = 3$ 時，A 與 B 獨立，但是 $n = 4$ 時，A 與 B 不是獨立事件。

解

(1) $n = 3$，$P(A) = C_2^3(\frac{1}{2})^3 + C_3^3(\frac{1}{2})^3 = \frac{4}{8}$，$P(B) = C_1^3(\frac{1}{2})^3 + C_2^3(\frac{1}{2})^3 = \frac{6}{8}$，

$P(A \cap B) = C_2^3(\frac{1}{2})^3 = \frac{3}{8} \Rightarrow P(A \cap B) = \frac{3}{8} = P(A) \times P(B) = \frac{4}{8} \times \frac{6}{8}$

$\Rightarrow$ 故 A、B 獨立。

(2) $n = 4$，$P(A) = C_2^4(\frac{1}{2})^4 + C_3^4(\frac{1}{2})^4 + C_4^4(\frac{1}{2})^4 = \frac{11}{16}$，$P(B) = C_1^4(\frac{1}{2})^4 + C_2^4(\frac{1}{2})^4 = \frac{10}{16}$，

$P(A \cap B) = C_2^4(\frac{1}{2})^4 = \frac{6}{16} \Rightarrow P(A \cap B) = \frac{6}{16} \neq P(A) \times P(B) = \frac{11}{16} \times \frac{10}{16}$

$\Rightarrow$ 故 A、B 不是獨立。

二、性質

1. **完全獨立：**設$(\Omega, \mathscr{F}, P)$爲一機率空間，若 A、B、$C \in \mathscr{F}$，事件 A、B、C 爲完全獨立（mutually independent），若且唯若

$$P(A \cap B) = P(A)P(B) \qquad P(B \cap C) = P(B)P(C)$$

$$P(A \cap C) = P(A)P(C) \qquad P(A \cap B \cap C) = P(A)P(B)P(C)$$

2. 若事件 A 與 B 為獨立，則 A 與 B^c、A^c 與 B^c、A^c 與 B 均為獨立。

範例 16

3 個人各自朝某個標靶射擊一顆子彈，設 A_i 代表第 i 人射中標靶的事件，$i = 1, 2, 3$；假設 A_1,、A_2,和 A_3 互為獨立事件，且 $P(A_1) = 0.7$、$P(A_2) = 0.9$、$P(A_3) = 0.8$，請計算其中僅 2 人射中標靶的機率（也就是說，另一個人沒射中）。

解

$$\begin{aligned} P(\text{恰兩人命中}) &= P(A_1 \cap A_2 \cap A_3^c) + P(A_1 \cap A_2^c \cap A_3) + P(A_1^c \cap A_2 \cap A_3) \\ &= 0.7 \times 0.9 \times (1 - 0.8) + 0.7 \times (1 - 0.9) \times 0.8 + (1 - 0.7) \times 0.9 \times 0.8 \\ &= 0.398 \text{。} \end{aligned}$$

範例 17

電路圖如圖所示，假設每個電門打開或關上係各自獨立，互不影響，且打開和關上的機率分別為 p 及 $1-p$；現在有個信號進入饋入點，請問該信號最後終能傳送到輸出點的機率為何？

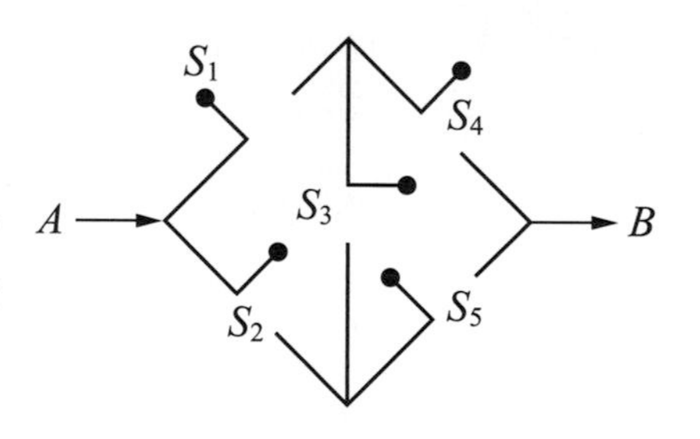

解

$P(S_i) = p$，$P(S_i^c) = 1 - p$，

且 $P(S_1 \cup S_2) = P(S_1) + P(S_2) - P(S_1 \cap S_2) = p + p - p^2 = 2p - p^2$，

同理 $P(S_4 \cup S_5) = 2p - p^2$，故

$$\begin{aligned} P(A \to B) &= P(S_3 \text{ 且 } A \to B) + P(S_3^c \text{ 且 } A \to B) \\ &= P[(S_1 \cup S_2) \cap (S_4 \cup S_5)] + P[(S_1 \cap S_4) \cup (S_2 \cap S_5)] \\ &= P(S_1 \cup S_2) \times P(S_4 \cup S_5) + P[(S_1 \cap S_4) \cup (S_2 \cap S_5)] \\ &= (2p - p^2) \times (2p - p^2) + (p^2 + p^2 - p^4) \\ &= 6p^2 - 4p^3 \text{。} \end{aligned}$$

習　題

一、基礎題：

1. 出版社送給老師某教學軟體光碟之前，每第四張光碟（CD）都要進行正確測試。測試程序包括執行四個獨立的程序並檢查結果。四個測試程序的不通過率分別爲 0.01、0.03、0.02 和 0.01。
   (1) 一 CD 被測試且未通過任何測試的機率是多少？
   (2) 一 CD 被測試，它未通過程序 2 或 3 的機率是多少？
   (3) 在 100 片 CD 中，你預計會拒絕多少張 CD？
   (4) 已知一張 CD 有瑕疵，它被測試的機率是多少？
2. 一個城鎮有兩輛獨立的救護車。設救護車在需要時可用的機率是 0.96。
   (1) 在需要時，兩輛都沒空的機率是多少？
   (2) 在需要時有一輛救護車可用的機率是多少？
3. 一位生醫系的女研究生聲稱她測試的患者中 50%對某些食物過敏。求下列的機率：
   (1) 她接下來的 4 個測試者中有 3 個對該食物過敏。
   (2) 她接下來的 4 個測試者中沒有一個對該食物過敏。
4. 每年五月都要申報綜合所得稅，若一個人在申報時產生錯誤的機率爲 0.1，求下列的機率：
   (1) 四個完全無關的人都出錯。
   (2) A 先生和 B 女士都出錯，但 C 先生和 D 女士沒出錯。
5. 某箱子中共有 9 個球包含 6 個黑球和 3 個綠球，若從中連續地抽取 3 個球，但每個球在下一次抽取之前會被放到箱子中。求以下機率：
   (1) 3 個球具相同的顏色。
   (2) 每一種顏色都有。
6. 在工具機精度控制領域中，通常用統計的方式判定工件加工製程是否失控。假設該製程確實失控，10%的產品是有瑕疵的。
   (1) 若該製程連續生產三個產品，那麼三個產品都有瑕疵的機率爲何？
   (2) 若該製程連續生產四個產品，那麼其中有三個產品有瑕疵的機率爲何？

7. 在一樣本空間中，若 A 和 B 爲互斥事件，且機率爲 $P(A)=\frac{1}{4}$ 和 $P(B)=\frac{1}{8}$。

(1) 求 $P(A\cap B)$、$P(A\cup B)$、$P(A\cap B^C)$和 $P(A\cup B^C)$。

(2) A 和 B 是否爲獨立？

8. 在一個隨機實驗中，C 和 D 爲獨立事件，其機率爲 $P(C)=\frac{5}{8}$ 和 $P(D)=\frac{3}{8}$。

(1) 求下列機率 $P(C\cap D)$、$P(C\cap D^C)$和 $P(C^C\cap D^C)$。

(2) C^C 和 D^C 是否獨立？

9. 在一個隨機實驗中，A 和 B 爲互斥事件，其機率爲 $P(A)=\frac{3}{8}$ 且 $P(A\cup B)=\frac{5}{8}$。

(1) 求 $P(B)$、$P(A\cap B^C)$和 $P(A\cup B^C)$。

(2) A 和 B 是否獨立。

10. 在一個隨機實驗中，C 和 D 爲獨立事件，其機率爲 $P(C\cap D)=\frac{1}{3}$ 且 $P(C)=\frac{1}{2}$。

(1) 求 $P(D)$、$P(C\cap D^C)$和 $P(C^C\cap D^C)$。

(2) 求 $P(C\cup D)$和 $P(C\cup D^C)$。

(3) C 和 D^C 是否獨立？

11. 通訊系統中，訊號以編碼方式傳遞，且假設在每個編碼字裡有 5 個位元（0 或 1）的二進制碼，其中一個例子是 10101。在每個編碼字裡一個位元是 0 的機率爲 0.8，與其他任何字元無關。

(1) 00111 這個編碼字的機率是多少？

(2) 一個編碼字剛好有三個 1 的機率是多少？

12. A 球隊 50 年來約贏得 16 場 MLB 冠軍；因此假設在某一年，A 球隊贏得冠軍頭銜的機率爲 $p=\frac{16}{50}=0.32$，與任何其他年度無關，似乎是個合理的假設。在這個模型底下，A 球隊自 1959 年起八連冠的機率是多少？又 A 球隊自 1959 年起十一年內贏得十次冠軍頭銜的機率是多少？

二、進階題：

1. 甲、乙、丙三位考生參加考試，被錄取的機率分別爲$\frac{1}{2}$、$\frac{1}{4}$、$\frac{1}{5}$，則至少有一人錄取的機率爲何？
(A)$\frac{3}{5}$ (B)$\frac{7}{10}$ (C)$\frac{3}{10}$ (D)$\frac{2}{5}$。

2. 某人投籃平均 3 球進 2 球，今投籃五次，
(1) 已知前四次皆進籃，則第五次進籃機率爲多少？
(A)$\frac{2}{3}$ (B)$\frac{16}{243}$ (C)$\frac{160}{243}$ (D)$\frac{11}{64}$。
(2) 投進 3 球機率爲多少？
(A)$\frac{80}{243}$ (B)$\frac{160}{243}$ (C)$\frac{8}{243}$ (D)$\frac{17}{81}$。

3. 某人投籃命中率爲$\frac{3}{5}$，欲使其在 n 次投籃中至少命中一次之機率大於 0.999，則 n 之最小值爲何？（log2＝0.301 且 log5＝0.699）
(A)6 (B)8 (C)10 (D)12。

4. 老王投籃的命中率是$\frac{5}{9}$，現在他有投三球的機會，試問他恰好投進二球的機率爲多少？ (A)$\frac{47}{81}$ (B)$\frac{100}{243}$ (C)$\frac{112}{243}$ (D)$\frac{64}{81}$。

5. 已知 A、B 兩事件的機率如下：$P(A\cap B)=0.18$、$P(A\cap B^c)=0.12$、$P(A^c\cap B)=0.42$，求：
(1) $P(A\cup B)$。
(2) $P(A^c\cup B^c)$。
(3) $P(A^c\cap B^c)$。
(4) A、B 是否爲互斥事件，爲什麼？
(5) A、B 是否爲獨立事件，爲什麼？
註：A^c 表示 A 的餘事件（complement event）。

6. 某枚硬幣每投擲一次出現人頭的機率是 $P\{H\}=p=1-q$，現欲投擲該枚硬幣 n 次：
(1) 請計算該枚硬幣一直投擲到第 n 次才終於出現 k 次人頭的機率爲何。
(2) 請證明出現人頭數爲偶數的機率是 $0.5[1+(q-p)^n]$。

7. 某場競賽有 A、B、C 三名參賽者，他們需依序回答每個所被問到的問題，任一名參賽者只要對所被問的問題答錯，就會被宣判出局，然後由剩下兩名參賽者繼續接受考問，直到其中又一名參賽者被判出局；屆時仍留在台上的參賽者就是優勝者。假設任一名參賽者不受另兩名影響，自己知道某題答案的機率是 p，又設 ABC 所代表的事件是 A 先出局，然後 B 出局，結果 C 獲勝，請計算事件 $\{ABC\}$ 的發生機率。
8. 欲將一串 n 個符號組成資訊包，利用一條雜訊吵雜的頻道往外傳送，假設當中每個符號都有 $p = 0.0001$ 的獨立出錯機率（指與其他符號是否出錯無關）；請問若想讓傳輸出錯（意指至少有一個符號出錯）的機率不超過 0.001，那麼 n 最多只能是多少？
9. 兩名賭徒玩擲銅板遊戲，雙方規定若銅板掉下來正面朝上，那麼 A 賭徒將贏 B 賭徒 1 塊錢，反之若銅板掉下來反面朝上，那麼 B 賭徒將贏 A 賭徒 1 塊錢，假設賭局開始時，A 賭徒口袋中有 a 個 1 塊錢，賭徒口袋中有 b 個 1 塊錢。
   (1) 若賭局完全公平，雙方也一直把銅板擲個不停，請問 A 最後輸光口袋中所有 1 塊錢的機率是多少？
   (2) 若賭局並非公平，且每擲一次銅板 A 贏 B 一元的機率是 p，$p \neq \frac{1}{2}$，$0 < p < 1$，請問 A 最後輸光口袋中所有一元硬幣的機率是多少？
10. 經過一段很長時間的觀察後得知，某位試槍手試槍時，一槍就能打中靶心的機率是 0.8、若這位試槍手對著射靶依序射出四發子彈，請問至少一發射中靶心的機率是多少？
11. 人們在電路中常常利用繼電線來控制電流走向，假設 P_i 代表電路中第 i 根繼電線被連上的機率，且 $i = 1, 2, 3, 4, 5$ 若每根繼電線各自發揮功能，互不干擾，那麼在以下兩組電路中，電流從 A 點流到 B 點的機率各為何？

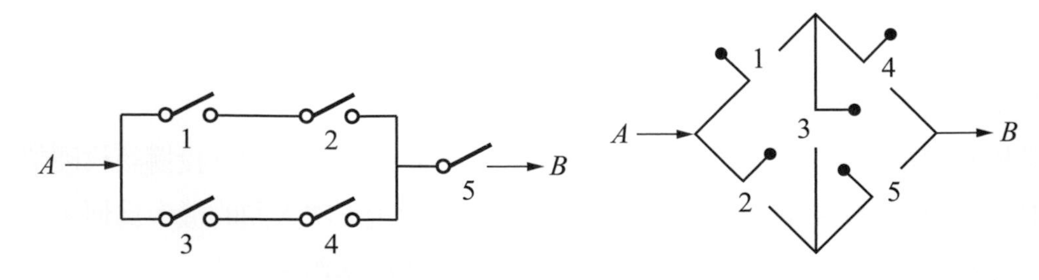

12. 假定為解決台海問題，聯合國分別邀請中華民國政府與中華人民共和國政府各派一名不怕死的神槍手進行決鬥以決定獨立或被統一，中華民國政府派出的神槍手 A，每回合射死對方的機會是 P_1，中華人民共和國政府派出的神槍手 B，每回合射死對方的機率是 P_2，假定每回合決鬥是獨立的（受傷並不影響決鬥）並且命中率都保持同樣水準，比賽將繼續直到至少一方被射死為止，而且有可能兩人同時被對方射死。
   (1) 決鬥將進行剛好 5 回合之機率是多少？
   (2) 決鬥將進行剛好 5 回合並且中華民國政府的神射手 A 是存活之機率是多少？
   (3) 不管決鬥將進行多少回合，中華民國政府的神射手 A 會存活之機率是多少？
   (4) 假定比賽進行了 5 回合還分不出勝負，聯合國裁判問說還要進行剛好 5 回合才分出勝負之機率是多少？
13. 假設有一枚銅板，每擲一次出現正面向上的機率為 p，$0 < p < 1$，若將這枚銅板作連續投擲（設每一次投擲都互為獨立），則：
   (1) 請問在第 x 次（$x \geq 2$）投擲時，第二度出現正面向上的機率為何；換句話說，在前面 $x-1$ 次投擲中，正面向上的情形僅出現一次。
   (2) 若定 $x = 10$，請問能夠將(1)之機率放大到極大的 p 值為何？
   (3) 請問投擲不超過 r（$r \geq 2$）次就能第二度出現正面向上的機率為何？
14. 有一副壓力控制裝置，裡面有 1000 根電子管，只要其中有任一根電子管發生作用，這副裝置就可持續運轉；假設任一根電子管在固定單位時間內發生故障的機率是 0.004：
   (1) 請問這副裝置將可持續運轉的機率為何？
   (2) 若將該裝置與某根相似電子管串連，請問該裝置可持續運轉的機率為何？
15. 如圖所示，某系統上共裝有四組開關；設：

   A_1 代表 C_1 打開之事件；
   A_2 代表 C_2 打開之事件；
   A_3 代表 C_3 打開之事件；
   A_4 代表 C_4 打開之事件；

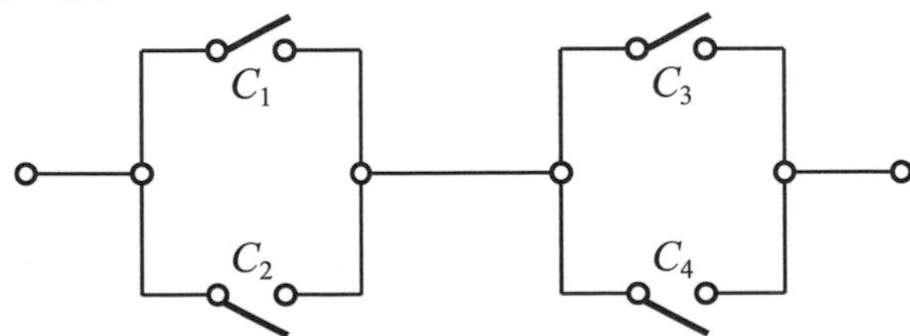

   若 A_1、A_2、A_3、A_4 互為獨立事件，且 $P(A_1) = 0.1$、$P(A_2) = 0.2$、$P(A_3) = 0.3$、$P(A_4) = 0.4$，請計算電流可順利通過該系統的機率。

16. 有位教授寫了 n 封信，然後漫不經心的把信全給裝進一個個空白信封裡，接著才將 n 個地址隨機寫在這些信封上面：

 (1) 請問他至少寫對一個信封地址的機率有多少？

 (2) 又若 $n \to \infty$，則請問他至少寫對一個信封地址的機率有多少？

17. (1) 質量均勻的骰子投擲 5 次，請問至少出現兩次「5 點」的機率是多少？

 (2) 質量均勻的骰子兩粒，請問出現點數和大於 3 但不大於 6 的機率是多少？

 (3) 質量均勻的骰子五粒，請問出現兩個「1 點」和三個「6 點」的機率是多少？

3

隨機變數 (Random Variable)

前面章節的古典機率問題是利用計數的觀念做計算，其方便性有限，本單元將引入隨機變數的觀念，此觀念可以將函數映射的概念引入古典機率中，此概念將這個「事件可能性的集合」一對一映射到一個實數軸，就是隨機變數－吃了一個事件之後，隨機變數可以吐出一個機率值。而後隨著此概念的引入，我們將可以用更多的數學方法來求解機率問題。

3-1 隨機變數的概念

隨機變數（random variable, R.V 或 r.v.）是一種由樣本空間對應到實數域的函數；例如投擲一公正的骰子出現的點數，我們可以給一個規則，此一種規則即爲一種隨機變數，此時定義域爲樣本空間中的數 $\omega_i = i$，$i = 1, 2, \cdots\cdots, 6$，即樣本空間 $\Omega = \{\omega_1, \omega_2, \cdots\cdots, \omega_6\}$，隨機變數 X 爲一函數，由 $\Omega \to \mathbb{R}$ (實數)，若隨機變數表示出現奇數，則 $X(\omega_1) = X(\omega_3) = X(\omega_5) = 1$，

$X(\omega_2) = X(\omega_4) = X(\omega_6) = 0$，即隨機變數 X 可形成一個映射表如下：

i	1	2	3	4	5	6
$X(\omega_i)$	1	0	1	0	1	0

以下將說明其詳細定義與性質。

定義

1. 隨機變數：

設$(\Omega, \mathscr{F}, P)$爲一機率空間，且 $I \subseteq \mathbb{R}$ 爲可測的集合，若函數

$$X : \Omega \to \mathbb{R}$$

則稱 X 爲 Ω 上的隨機變數（random variable），簡寫 r.v. X，且隨機變數爲一種函數的對應，如圖 3-1。

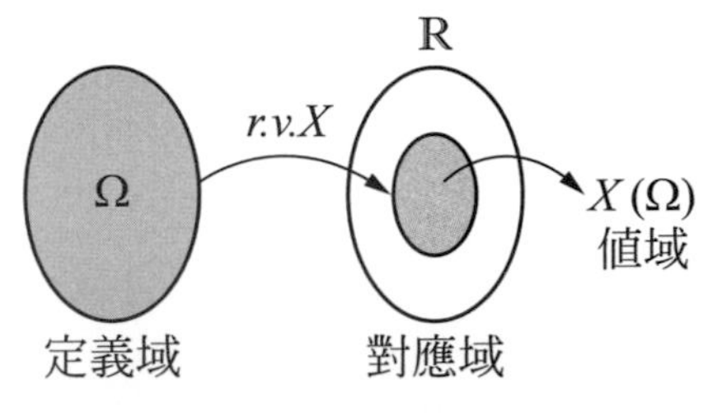

圖 3-1

例如：

投擲一枚公正硬幣兩次，則 $\Omega = \{(正, 正), (正, 反), (反, 正), (反, 反)\}$，

若令 r.v. X 表示出現正面的次數，則 $X(\Omega) = 0, 1, 2$，如圖 3-2，即

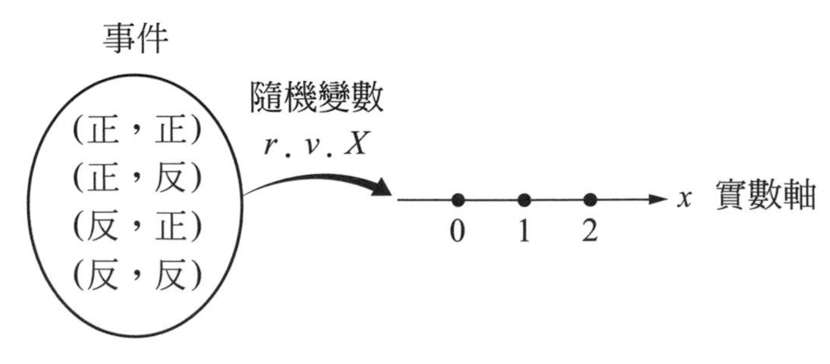

圖 3-2

2. 常見符號：

設 X、Y 爲 Ω 上的隨機變數，且 a、$b \in \mathbb{R}$，習慣上常見的符號其代表的意義如下：

(1) $\{X \le a，Y \le b\} = \{X \le a\} \cap \{Y \le b\}$。

(2) $P(X = a) = P(\{\omega \mid X(\omega) = a，\forall \omega \in \Omega\})$。

(3) $P(X \le a) = P(\{\omega \mid X(\omega) \le a，\forall \omega \in \Omega\})$。

(4) $P(a \le X \le b) = P(\{\omega \mid a \le X(\omega) \le b，\forall \omega \in \Omega\})$。

3. 離散隨機變數：

設 X 爲$(\Omega, \mathscr{F}, P)$上的隨機變數，若 X 的值域 $X(\Omega)$爲**有限或無限可數集合** $\mathscr{A}$（$\mathscr{A} \in \mathbb{R}$），如圖 3-3 且函數

$$f_X(x) = \begin{cases} P(X = x), & x \in \mathscr{A} \\ 0, & x \in \mathbb{R} \setminus \mathscr{A} \end{cases}$$

滿足

(1) $f_X(x) \ge 0$（$\forall x \in \mathbb{R}$）。

(2) $\sum_{x \in \mathscr{A}} f_X(x) = 1$。

(3) $P(a \le X \le b) = \sum_{x=a}^{b} f_X(x)$。

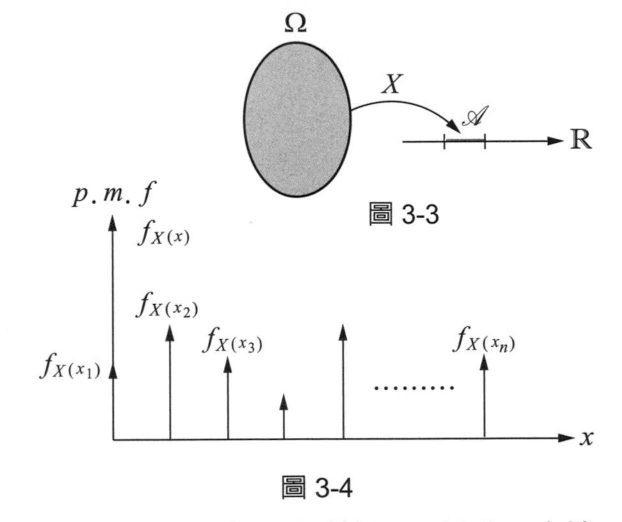

圖 3-3

圖 3-4

則稱 X 爲離散型的隨機變數（Discrete random variables）。而函數 $f_X(x)$稱爲 X 之機率質量函數或機率密度函數（probability mass function or probability density function），簡稱爲 p.m.f.或 p.d.f.，如圖 3-4。

範例 1

隨機變數 X 的機率質量函數爲 $f_X(x)=\begin{cases}\frac{c}{x}, & x=1,2,3\\ 0, & 其他\end{cases}$，求常數 $c=?$

解

如圖所示，

由 $\sum_{x=1}^{3} f_X(x)=1 \Rightarrow \frac{c}{1}+\frac{c}{2}+\frac{c}{3}=1 \Rightarrow c=\frac{6}{11}$。

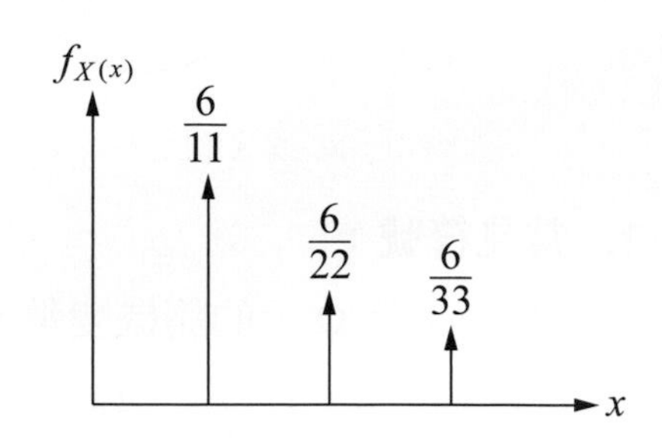

範例 2

從一副完整 52 張的撲克牌中，連續抽取 3 次，每次抽取 1 張，設隨機變數 X 爲出現紅心（heart）的總數，

(1) 每次抽取的牌放回。

(2) 每次抽取的牌不放回。

求上述兩種情況 X 的機率密度函數。

解

樣本空間爲

$\Omega=\{TTT, HTT, THT, TTH, HHT, HTH, THH, HHH\}$，

其中 H 爲紅心（heart）而 T 爲其他花色的牌（other）。

(1) 因

$X(TTT)=0$，

$X(HTT)=X(THT)=X(TTH)=1$，

$X(HHT)=X(HTH)=X(THH)=2$，

$X(HHH)=3$，

即

$X^{-1}(0) = \{TTT\}$，

$X^{-1}(1) = \{HTT, THT, TTH\}$，

$X^{-1}(2) = \{HHT, HTH, THH\}$，

$X^{-1}(3) = \{HHH\}$，

故 X 的值域 $X(\Omega) = \{0, 1, 2, 3\}$，且

$P(0) = P(X=0) = P\{X^{-1}(0)\} = P\{TTT\} = \frac{3}{4}\times\frac{3}{4}\times\frac{3}{4} = \frac{27}{64}$，

$$P(1) = P(X=1) = P\{X^{-1}(1)\} = P\{HTT, THT, TTH\}$$
$$= \frac{1}{4}\times\frac{3}{4}\times\frac{3}{4} + \frac{3}{4}\times\frac{1}{4}\times\frac{3}{4} + \frac{3}{4}\times\frac{3}{4}\times\frac{1}{4} = \frac{27}{64}，$$

$$P(2) = P(X=2) = P\{X^{-1}(2)\} = P\{HHT, HTH, THH\}$$
$$= \frac{1}{4}\times\frac{1}{4}\times\frac{3}{4} + \frac{1}{4}\times\frac{3}{4}\times\frac{1}{4} + \frac{3}{4}\times\frac{1}{4}\times\frac{1}{4} = \frac{9}{64}，$$

$P(3) = P(X=3) = P\{X^{-1}(3)\} = P\{HHH\} = \frac{1}{4}\times\frac{1}{4}\times\frac{1}{4} = \frac{1}{64}$。

(2) 抽取的牌不放回時

$P(0) = P(X=0) = \dfrac{\binom{39}{3}}{\binom{52}{3}} = \dfrac{703}{1700}$，$P(1) = P(X=1) = \dfrac{\binom{13}{1}\binom{39}{2}}{\binom{52}{3}} = \dfrac{741}{1700}$。

$P(2) = P(X=2) = \dfrac{\binom{13}{2}\binom{39}{1}}{\binom{52}{3}} = \dfrac{117}{850}$，$P(3) = P(X=3) = \dfrac{\binom{13}{3}}{\binom{52}{3}} = \dfrac{11}{850}$。

範例 3

若 K 為下列機率質量函數的非連續隨機變數：

$$P\{K=k\}=\begin{cases} c\times C_k^4 & ,k=0,1,2,3,4 \\ 0 & ,\text{其他} \end{cases}$$

請求算常數 c 之值。

解

因

k	0	1	2	3	4
$P\{K=k\}$	c	$4c$	$6c$	$4c$	c

由 $\sum_{k=0}^{4} P\{K=k\}=16c=1$，故 $c=\dfrac{1}{16}$。

範例 4

有一袋子中裝有編號分別為 1、2、3、4，大小相等均質的 4 顆球，以取後不放回（without replacement）的方式，任意連續取兩顆，

(1) 求樣本空間，及每一個樣本點的機率。

(2) 設隨機變數 X 定義成取出的兩顆球編號的總和，求 X 的樣本空間（值域），及機率密度函數。

(3) 設隨機變數 Y 定義成取出的兩顆球編號最大者的球號，求 Y 的樣本空間（值域），及機率密度函數。

解

(1) 樣本空間為

$$\Omega=\{(1,2),(1,3),(1,4),(2,1),(2,3),(2,4),(3,1),(3,2),(3,4),(4,1),(4,2),(4,3)\}$$

且 $P\{(1,2)\}=P\{(1,3)\}=\cdots\cdots=P\{(4,3)\}=\dfrac{1}{4}\times\dfrac{1}{3}=\dfrac{1}{12}$。

(2) X 值域爲

$X(\Omega) = \{3, 4, 5, 6, 7\}$

且

$X^{-1}(3) = \{(1, 2), (2, 1)\}$，

$X^{-1}(4) = \{(1, 3), (3, 1)\}$，

$X^{-1}(5) = \{(1, 4), (2, 3), (3, 2), (4, 1)\}$，

$X^{-1}(6) = \{(2, 4), (4, 2)\}$，

$X^{-1}(7) = \{(3, 4), (4, 3)\}$，

故

$P_X(3) = P(X = 3) = \frac{1}{12} + \frac{1}{12} = \frac{1}{6}$，

$P_X(4) = P(X = 4) = \frac{1}{12} + \frac{1}{12} = \frac{1}{6}$，

$P_X(5) = P(X = 5) = \frac{1}{12} + \frac{1}{12} + \frac{1}{12} + \frac{1}{12} = \frac{1}{3}$，

$P_X(6) = P(X = 6) = \frac{1}{12} + \frac{1}{12} = \frac{1}{6}$，

$P_X(7) = P(X = 7) = \frac{1}{12} + \frac{1}{12} = \frac{1}{6}$，

則

X	3	4	5	6	7
P_X	$\frac{1}{6}$	$\frac{1}{6}$	$\frac{1}{3}$	$\frac{1}{6}$	$\frac{1}{6}$

(3) Y 值域爲 $Y(\Omega) = \{2, 3, 4\}$

且

$Y^{-1}(2) = \{(1, 2), (2, 1)\}$，

$Y^{-1}(3) = \{(1, 3), (2, 3), (3, 1), (3, 2)\}$，

$Y^{-1}(4) = \{(1, 4), (2, 4), (3, 4), (4, 1), (4, 2), (4, 3)\}$，

故

$P_Y(2) = P(Y = 2) = 2 \times \frac{1}{12} = \frac{1}{6}$，

$P_Y(3) = P(Y = 3) = 4 \times \frac{1}{12} = \frac{1}{3}$，

$P_Y(4)=P(Y=4)=6\times\frac{1}{12}=\frac{1}{2}$，

則

Y	2	3	4
P_Y	$\frac{1}{6}$	$\frac{1}{3}$	$\frac{1}{2}$

4. 連續隨機變數：

設 X 爲 $(\Omega, \mathscr{F}, P)$ 上的隨機變數，若 X 的值域 $X(\Omega)$ 爲一**無限不可數的集合**，且在 $\mathbb{R}$ 中存在一可積函數 $f_X(x)$ 滿足

(1) $f_X(x)\ge 0$（$\forall x\in\mathbb{R}$）。

(2) $\int_{-\infty}^{\infty} f_X(x)\,dx=1$。

(3) $P(a<X\le b)=\int_a^b f_X(x)\,dx$（$\forall a, b\in\mathbb{R}$）。

則稱 X 爲連續型的隨機變數（continuous random variable）。而函數 $f_X(x)$ 稱爲 X 之機率密度函數。

5. 性質：

設 X 爲 $(\Omega, \mathscr{F}, P)$ 上連續型的隨機變數，則 $P(X=a)=0$（$\forall a\in\mathbb{R}$）。

例如：

r.v. X 的 $f_X(x)=\begin{cases} e^{(1-x)} & , x\ge 1 \\ 0 & , x<1 \end{cases}$，

則 $\int_{-\infty}^{\infty} f_X(x)dx=\int_1^{\infty} e^{(1-x)}dx=1$，如圖 3-5。

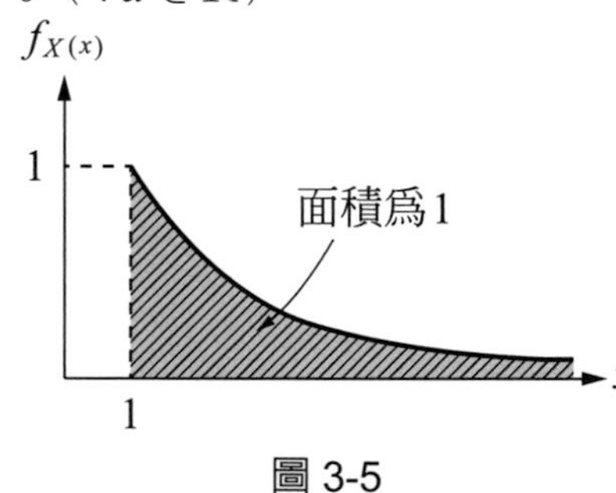

圖 3-5

範例 5

隨機變數 X 的機率密度函數爲 $f_X(x)=\begin{cases} cxe^{-\frac{x}{2}}, & x>0 \\ 0 & ,其他 \end{cases}$，求常數 c。

解

$\int_0^{\infty} f_X(x)dx=1 \Rightarrow \int_0^{\infty} c\times x\times e^{-\frac{x}{2}}dx = c(-2xe^{-\frac{1}{2}x}-4e^{-\frac{1}{2}x})\Big|_0^{\infty}=1$，

$\therefore c(0+4)=1 \Rightarrow c=\frac{1}{4}$。

範例 6

隨機變數 X 的機率密度函數爲下式：

$$f_X(x)=\begin{cases} cx(1-x), & 0\le x\le 1 \\ 0 & ,其他 \end{cases}$$

(1) 請問 c 之值 (2) 請計算 $P(\frac{1}{2}\le X\le \frac{3}{4})$。

解

(1) 由 $\int_{\mathrm{R}} f_X(x)\,dx = \int_0^1 cx(1-x)\,dx = \frac{c}{6}=1$，可知 $c=6$。

(2) $P(\frac{1}{2}\le X\le\frac{3}{4}) = \int_{x=\frac{1}{2}}^{x=\frac{3}{4}} f_X(x)\,dx = \int_{x=\frac{1}{2}}^{x=\frac{3}{4}} 6x(1-x)\,dx = \frac{11}{32}$。

習　題

一、基礎題：

1. 台灣賓士代理商進口 5 輛賓士汽車，其中 2 輛有輕微的烤漆瑕疵。如果一汽車銷售公司隨機接收這些汽車中的兩輛，請分別使用字母 B 和 N 代表有瑕疵和無瑕疵來列出樣本空間 S 的元素。然後，爲每一個樣本點指派一隨機變數 X 的 x 值，其表示該公司買到具有烤漆瑕疵汽車的數量。
2. 擲一枚硬幣直到連續出現兩次正面爲止。請列出少於或等於 6 次拋擲次數之樣本空間的元素。

3. 某食品的保存期限（天）是隨機變數，其具有以下的機率密度函數

$$f_x = \begin{cases} \dfrac{k}{(x+100)^3} & ,x > 0 \\ 0 & ,\text{其他} \end{cases}$$

   (1) 求常數 k。
   (2) 求這種食品有以下有效期限（天）的機率：
      ① 至少 200 天。
      ② 80 至 120 天。

4. X 為一隨機變數，表示投擲一硬幣三次之正面次數減去反面次數，假設該硬幣不公正使得正面機率是反面機率的兩倍。求隨機變數 X 的機率分配。

5. 令隨機變數 X 代表從編號 0 到 9 的撞球中隨機抽出一個撞球的數字結果。求其機率分配的公式且畫其分佈圖。

6. 假設連續隨機變數 X 在 $x = 2$ 至 $x = 5$ 間的可能值具有由 $f(x)= k(1+x)$所給出的機率密度函數。求
   (1) $k =$？
   (2) $P(X < 4)$。
   (3) $P(3 \le X < 4)$。

7. 小明以不放回的方式從一副撲克牌中連續抽取兩張牌。設 X 表示兩次抽牌中的黑桃數量，求小明取出黑桃數量的機率分配。

8. 從一個有 3 個黑球和 2 個綠球的盒子中，連續抽取 3 個球，每一個球在下一次抽取球之前會放回到盒子中。令 X 表示綠球的個數求綠色球數的機率分配，並畫出其分佈圖。

9. 鮮奶製造商知道在盒子中產品的重量在盒子與盒子之間略有不同。且從相當多的歷史資料可得知描述重量（克）結構的機率密度函數呈現 $f_X(x)$。其中 X 是重量的隨機變數，以公克為單位，其機率密度函數可被描述為

$$f_X(x) = \begin{cases} k & ,23.75 \le x \le 26.25 \\ 0 & ,\text{其他} \end{cases}$$

   (1) 求 $k =$？
   (2) 求出重量小於 24 克的機率。
   (3) 公司希望超過 26 克的重量是極少出現的。這種罕見事件的發生機率是多少？

10. 某類公司需要把一定比例的預算分配給環境保護，而此比例正在受到審查。由一資料收集計畫可知這些比例的分佈爲

$$f(y)=\begin{cases}5(1-y)^4 & ,0\le y\le 1\\ 0 & ,\text{其他}\end{cases}$$

(1) 驗證這是一個有效的機率密度函數。

(2) 隨機選擇一家公司，該公司在環境保護預算的分配比例小於 10%的機率是多少？

(3) 隨機選擇一家公司，該公司在環境保護預算的分配比例大於 50%的機率是多少？

11. 耳機線是在自動裝配線上生產，會定期使用抽樣計畫來評估耳機線長度的品質。這種測量有其不確定性，一般認爲隨機抽出的耳機線滿足長度規格的機率爲 0.99。使用一種抽樣計畫來測量 5 個隨機抽出的耳機線的長度。

(1) 5 品項中滿足長度規格的數量爲 Y。請證明 Y 的機率函數是由以下的離散機率函數來給出：

$$f_Y(y)=\frac{5!}{y!(5-y)!}(0.99)^y(0.01)^{5-y}$$ ，對於 $y=0, 1, 2, 3, 4, 5$。

(2) 假設隨機選擇出的品項中有 3 個不滿足長度規格。求其機率爲何？

12. 某實驗結果 X 的機率密度函數爲

$$f_X(x)=\begin{cases}2(1-x) & ,0<x<1\\ 0 & ,\text{其他}\end{cases}$$

(1) 求 $P(X<0.5)$。

(2) X 大於 0.4 的機率爲何？

(3) 已知 X 大於等於 0.5，則 X 小於 0.7 的機率爲何？

13. 桃園機場將乘客疏運列爲機場的一項服務課題，故在機場設有自動駕駛車以減少擁塞。使用該車，從主航空站到機場大廳所花費的分鐘數 X 具有密度函數

$$f(x)=\begin{cases}\dfrac{1}{20} & ,0<x<20\\ 0 & ,\text{其他}\end{cases}$$

(1) 證明上述是有效的機率密度函數。

(2) 求乘客從主航空站到機場大廳所花費的時間不超過 7 分鐘的機率。

14. 某晶片供貨系統收到進貨通知之間的分鐘間隔是 Z，具有機率密度函數如下：

$$f_Z(z)=\begin{cases}\dfrac{1}{10}e^{-\frac{z}{10}} & ,0<z<\infty \\ 0 & ,\text{其他}\end{cases}$$

(1) 在 20 分鐘時間區間內沒有進貨通知的機率是多少？

(2) 在 10 分鐘的空檔內有第一次進貨通知的機率是多少？

二、進階題：

1. 何謂隨機變數？何以說想要瞭解機率理論，首先得有良好的隨機變數觀念？
2. 有一台發射器和一台接收器；若發射器每次向接收器傳送信息時，都必須先將「請求」信號送達接收器後，才可開始，但由於傳訊環境雜訊太多，所以此「請求」信號成功送達接收器之事並非必然，而是只有 ρ 的成功機率。而且即使接收器收到這個信號，還是得向發射器送出個「OK」信號以資確認，不過好在這個信號總能立時完好送達發射器，絕無耽誤。所以發射器只要沒收到接收器發來的「OK」信號，就表示接收器確實沒收到那個「請求」信號，於是得再發「請求」信號看能否有「OK」信號傳來，如此一次又一次嘗試，直到試過 n 次始終收不到「OK」信號時，那就只好放棄。
   (1) 設隨機變數 X 代表發射器在最後還沒放棄前，向接收器發射「請求」信號的次數，請問 X 的分配函數（即機率質量函數 PMF）爲何？
   (2) 發射器試到最後終於放棄的機率爲何？
3. 假設一個盒子裡有 r 個球，編號依序是 1, 2, ……, r，以抽出不放回的方式從盒裡隨機抽取 n 個球爲一組樣本，設 Y 爲所抽出的最大號數，Z 爲所抽出的最小號數：
   (1) 請計算 $P(Y=y)$。
   (2) 請計算 $P(Z=z)$。
4. 有 n 張卡片，編號依序是 1, 2, ……, n，以抽出後放回的方式從中隨機抽取 m 張卡片，設 X 爲所抽到的最大號數，請計算機率值 $P(X=k), k=1, 2, \cdots\cdots, n$。
5. 某硬幣每擲一次出現正面向上的機率是 p，且 $0<p<1$。現在開始對這個硬幣作連續投擲，且每次投擲都是獨立試驗；假設投擲到第 x 次時終於出現第三次的反面向上，請計算 $r>x$ 的機率（$r>3$ 且爲整數，請用 r 來表達 p 值）。

3-2 累積分佈函數(c.d.f)

在許多實際問題的應用上，我們常常會計算到隨機變數 X 的機率值必須小於或等於一個值 a，因此我們必須用到隨機變數 X 的累積分佈函數，其相關定義與性質介紹如下。

一、定義

1. 離散型累積分佈函數

設 $f_X(x)$為$(\Omega, \mathscr{F}, P)$上的離散型的隨機變數 X 的機率質量函數，則實變函數 F_X：$\mathbb{R} \to [0, 1]$，定義成

$$F_X(x) = P(X \leq x) = \sum_{\text{all } x_i \leq x} f_X(x_i) = \sum_{\text{all } x_i \leq x} P(x_i) u(x - x_i)$$

稱為 X 的累積分配函數（cumulative distribution function）簡為 c.d.f.；其中 $u(x - x_i)$ 為單位步階函數。

例如：擲一個公正硬幣三次，其出現正面的次數定義為隨機變數 X，如圖 3-6，則 X 的機率質量函數

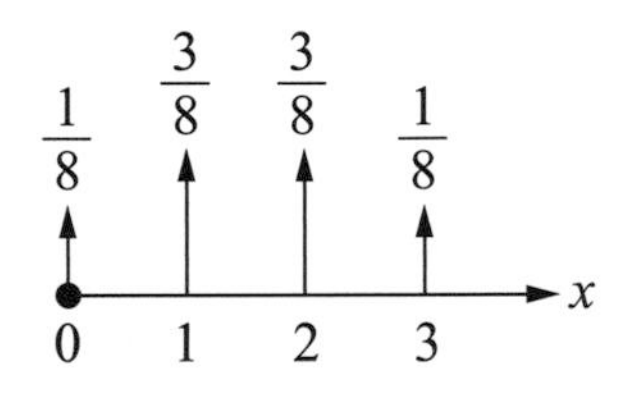

圖 3-6

x	0	1	2	3
$P_X(x)$	$\frac{1}{8}$	$\frac{3}{8}$	$\frac{3}{8}$	$\frac{1}{8}$

則其累積分佈函數 c.d.f 爲

$F_X(x)=\frac{1}{8}\times u(x)+\frac{3}{8}\times u(x-1)+\frac{3}{8}\times u(x-2)+\frac{1}{8}\times u(x-3)$；其中 $u(x)$爲單位步階函數，如圖 3-7。

NOTE：單位步階函數$u(x-a)=\begin{cases}1 & ,x\geq a\\ 0 & ,x<a\end{cases}$，如圖 3-8。

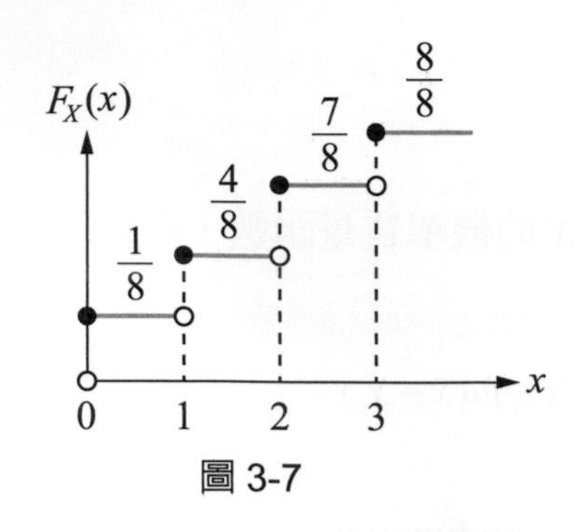

圖 3-7

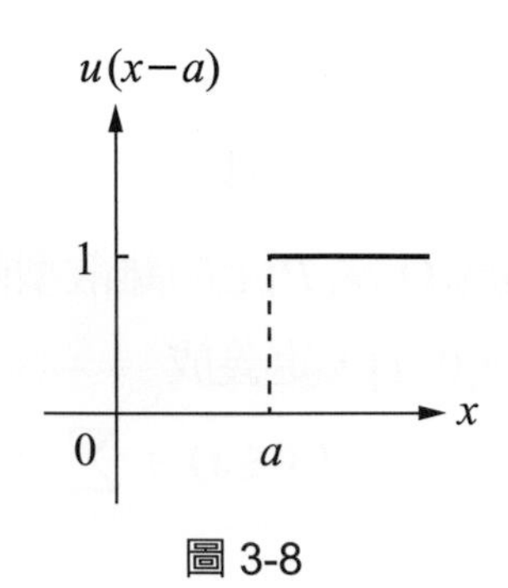

圖 3-8

2. 連續型累積分佈函數

設 $f_X(x)$爲$(\Omega,\mathscr{F},P)$上連續型隨機變數 X 的機率密度函數，則 X 的累積分配函數爲

$$F_X(x)=P(X\leq x)=\int_{-\infty}^{x}f_X(t)\,dt\quad(x\in\mathbb{R})$$

例如：在範例 6 中，其累積分佈函數

$$F_X(x)=P(X<x)=\int_0^x 6t(1-t)dt=3x^2-2x^3\text{，}(0\leq x\leq 1)$$

故 $F_X(x)=\begin{cases}0 & ,x<0\\ 3x^2-2x^3 & ,0\leq x<1\\ 1 & ,x\geq 1\end{cases}$，如圖 3-10。

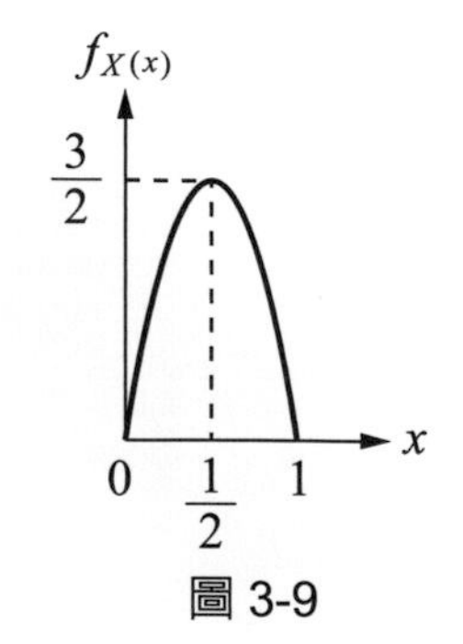

圖 3-9

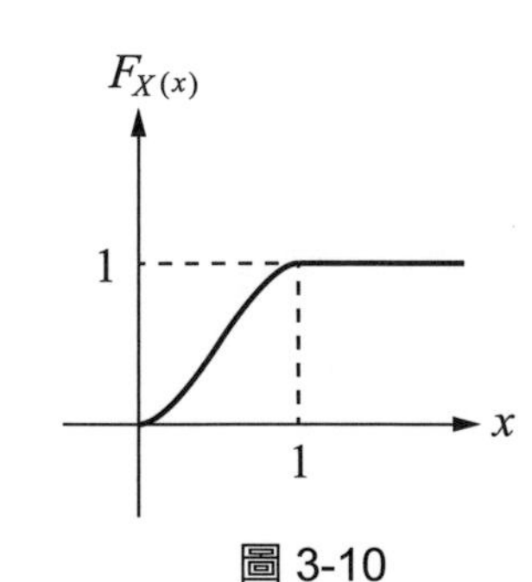

圖 3-10

二、性質

1. 定理 1：

設 $F_X(x)$為$(\Omega, \mathscr{F}, P)$上的離散型的隨機變數 X 之累積分配函數，則

(1) $F_X(x)$為不減的右連續函數（不一定為左連續函數）。

(2) $\lim_{x\to-\infty} F_X(x)=0$，$\lim_{x\to+\infty} F_X(x)=1$。

(3) 若 $a\in\mathbb{R}$，則 $P(X=a)=F_X(a)-F_X(a^-)$。

(4) 若 a、$b\in\mathbb{R}$ 且 $a<b$，則 $P(a<X\le b)=F_X(b)-F_X(a)$。

(5) 若 $a\in\mathbb{R}$，則 $P(X>a)=1-P(X\le a)=1-F_X(a)$。

例如：擲一公正硬幣三次，其出現正面次數定義為隨機變數 X，且令

$$A=\{1<X\le 2\} \text{、} B=\{0.5\le X<2.5\} \text{、} C=\{1\le X<2\}$$

則

$$P(A)=F_X(2)-F_X(1)=\frac{7}{8}-\frac{4}{8}=\frac{3}{8}，$$

$$P(B)=F_X(2.5)-F_X(0.5)=\frac{7}{8}-\frac{1}{8}=\frac{6}{8}，$$

$$P(C)=F_X(2)-F_X(1^-)-P(X=2)=F_X(2^-)-F_X(1^-)=\frac{4}{8}-\frac{1}{8}=\frac{3}{8} 。$$

範例 7

設隨機變數 X 爲投一公正的錢幣三次，所出現的人頭數，求 X 的機率密度函數及累積分佈函數。

解

樣本空間爲 $\Omega = \{TTT, HTT, THT, TTH, HHT, HTH, THH, HHH\}$，

其中 H 爲人頭（head）而 T 爲背面（tail），則

$X(TTT) = 0$，

$X(HTT) = X(THT) = X(TTH) = 1$，

$X(HHT) = X(HTH) = X(THH) = 2$，

$X(HHH) = 3$，

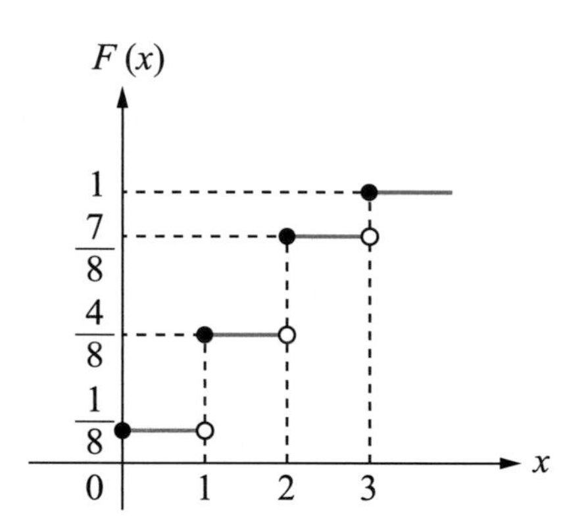

即 $X^{-1}(0) = \{TTT\}$，

$X^{-1}(1) = \{HTT, THT, TTH\}$，

$X^{-1}(2) = \{HHT, HTH, THH\}$，

$X^{-1}(3) = \{HHH\}$，

故 X 的値域 $X(\Omega) = \{0, 1, 2, 3\}$，且

$P(0) = P(X = 0) = P\{X^{-1}(0)\} = P\{TTT\} = \dfrac{1}{8}$，

$P(1) = P(X = 1) = P\{X^{-1}(1)\} = P\{HTT, THT, TTH\} = \dfrac{3}{8}$，

$P(2) = P(X = 2) = P\{X^{-1}(2)\} = P\{HHT, HTH, THH\} = \dfrac{3}{8}$，

$P(3) = P(X = 3) = P\{X^{-1}(3)\} = P\{HHH\} = \dfrac{1}{8}$，

則隨機變數 X 的累積分佈函數如圖所示。

範例 8

隨機變數 X 的累積分配函數爲下式，

$$F_X(x)=\sum_{n=1}^{12}\frac{n^2}{650}u(x-n)$$

請計算以下機率：

(1) $P\{-\infty<X\leq 6.5\}$。

(2) $P\{X>4\}$。

(3) $P\{6<X\leq 9\}$。

解

(1) $$P\{-\infty<X\leq 6.5\}=F_X(6.5)=\sum_{n=1}^{12}\frac{n^2}{650}u(6.5-n)$$
$$=\frac{1^2}{650}+\frac{2^2}{650}+\frac{3^2}{650}+\frac{4^2}{650}+\frac{5^2}{650}+\frac{6^2}{650}=\frac{7}{50}$$ 。

(2) $$P\{X>4\}=1-F_X(4)$$
$$=1-\sum_{n=1}^{12}\frac{n^2}{650}u(4-n)$$
$$=1-\left(\frac{1^2}{650}+\frac{2^2}{650}+\frac{3^2}{650}+\frac{4^2}{650}\right)=1-\frac{3}{65}=\frac{62}{65}$$ 。

(3) $$P\{6<X\leq 9\}=F_X(9)-F_X(6)$$
$$=\sum_{n=1}^{12}\frac{n^2}{650}u(9-n)-\sum_{n=1}^{12}\frac{n^2}{650}u(6-n)$$
$$=\frac{7^2}{650}+\frac{8^2}{650}+\frac{9^2}{650}=\frac{97}{325}$$ 。

2. 定理 2：

設 $F_X(x)$爲$(\Omega, \mathscr{F}, P)$上連續型隨機變數 X 之累積分配函數，則

(1) $0 \le F_X(x) \le 1$。

(2) $\lim_{x\to-\infty} F_X(x) = 0$，$\lim_{x\to+\infty} F_X(x) = 1$。

(3) 若 $a \le b$，則 $F_X(a) \le F_X(b)$，即 $F_X(x)$爲非負遞增連續函數。

(4) 若 $P(a < X \le b) = P(a < X < b) = F_X(b) - F_X(a) = \int_a^b f_X(x)\,dx$。

(5) 若 $F'_X(x)$ 在 $x \in \mathscr{A}$ ($\mathscr{A} \subseteq \mathbb{R}$)中存在，則 X 的機率密度函數爲

$$f_X(x) = \begin{cases} F'_X(x), & x \in \mathscr{A} \\ 0, & x \notin \mathscr{A} \end{cases}$$

例如：有一個通訊系統中訊息的傳遞時間爲一隨機變數 X，且 $P[X > x] = e^{-\lambda x}$，$x > 0$ 爲指數分佈型態，則其

$$\text{c.d.f} \quad F_X(x) = 1 - P[x > x] = \begin{cases} 0 & , x < 0 \\ 1 - e^{-\lambda x} & , x \ge 0 \end{cases}$$

且

$$\text{p.d.f} \quad P_X(x) = f_X(x) = F'_X(x) = \begin{cases} 0 & , x < 0 \\ \lambda \cdot e^{-\lambda x} & , x \ge 0 \end{cases}$$

範例 9

隨機變數 X 的機率密度函數爲下式：

$$f_X(x)=\begin{cases} w(1-x^4), & -1\le x\le 1 \\ 0 & ,\text{他處} \end{cases}$$

(1) 請問 w 之值。

(2) 請問 X 的累積分配函數爲何？

(3) 請計算 $P\{|X|<\frac{1}{3}\}$。

解

(1) 由

$$\int_{-\infty}^{\infty} f_X(x)\,dx=\int_{-1}^{1} w(1-x^4)\,dx = w(x-\frac{1}{5}x^5)\Big|_{-1}^{1}=\frac{8w}{5}=1，$$

故 $w=\frac{5}{8}$ 。

(2) $F_X(x)=\int_{-\infty}^{x} f_X(t)\,dt=\int_{-1}^{x}\frac{5}{8}(1-t^4)\,dt \qquad (-1\le x\le 1)$

$$=\frac{5}{8}(t-\frac{1}{5}t^5)\Big|_{-1}^{x}$$

$$=\frac{5}{8}(x-\frac{x^5}{5}+\frac{4}{5})，$$

故 $F_X(x)=\begin{cases} 0 & ,x<-1 \\ \frac{5}{8}(x-\frac{x^5}{5}+\frac{4}{5}) & ,-1\le x<1 \\ 1 & ,x\ge 1 \end{cases}$ 。

(3) $P\{|X|<\frac{1}{3}\}=\int_{-\frac{1}{3}}^{\frac{1}{3}} f_X(x)\,dx=\int_{-\frac{1}{3}}^{\frac{1}{3}}\frac{5}{8}(1-x^4)\,dx=\frac{101}{243}$ 。

範例 10

隨機變數 X 的累積分配函數為下式，請計算以下機率：

(1) $P(X>\frac{1}{2})$。(2) $P(2<X\leq 4)$。(3) $P(X=1)$。(4) $P(X<3)$。

$$F(x)=\begin{cases}0 & ,x<0\\ \frac{x}{2} & ,0\leq x<1\\ \frac{2}{3} & ,1\leq x<2\\ \frac{11}{12} & ,2\leq x<3\\ 1 & ,x\geq 3\end{cases}$$

解

(1) $P(X>\frac{1}{2})=1-F(\frac{1}{2})=1-\frac{1}{4}=\frac{3}{4}$。

(2) $P(2<X<4)=F(4)-F(2)=1-\frac{11}{12}=\frac{1}{12}$。

(3) $P(X=1)=F(1)-F(1^{-})=\frac{2}{3}-\frac{1}{2}=\frac{1}{6}$。

(4) $P(X<3)=F(3^{-})=\frac{11}{12}$。

範例 11

設 X 爲連續隨機變數，且其累積分配函數 F_X 爲下式：

$$F_X(x) = 0.5 + \frac{x}{2(|x|+1)} \qquad (-\infty < x < \infty)$$

(1) 請計算 $P(1 \le |x| \le 2)$。

(2) 請寫出 X 的機率密度函數。

解

(1) $$\begin{aligned} P(1 \le |x| \le 2) &= P(-2 \le x \le -1) + P(1 \le x \le 2) \\ &= F(-1) - F(-2) + F(2) - F(1) \\ &= \frac{1}{4} - \frac{1}{6} + \frac{5}{6} - \frac{3}{4} \\ &= \frac{1}{6} \text{。} \end{aligned}$$

(2) 因

$$F_X(x) = 0.5 + \frac{x}{2(|x|+1)} = \begin{cases} 0.5 + \dfrac{x}{2(-x+1)} & , -\infty < x < 0 \\ 0.5 + \dfrac{x}{2(x+1)} & , 0 \le x < \infty \end{cases},$$

故 X 的機率密度函數 $f_X(x)$ 爲

$$f_X(x) = F'_X(x) = \begin{cases} \dfrac{1}{2(-x+1)^2} & , -\infty < x < 0 \\ \dfrac{1}{2(x+1)^2} & , 0 \le x < \infty \end{cases}$$

$$= \frac{1}{2(|x|+1)^2} \quad (-\infty < x < \infty) \text{。}$$

習 題

一、基礎題：

1. 某公司向其客戶提供各種不同使用期限的晶片。假設 T 代表一隨機選出晶片的到期年限，其累積分佈函數為

$$F_T(t)=\begin{cases}0 & ,t<1\\ \frac{1}{4} & ,1\le t<3\\ \frac{1}{2} & ,3\le t<5\\ \frac{3}{4} & ,5\le t<7\\ 1 & ,t\ge 7\end{cases}$$

(1) $P(T=5)$。

(2) $P(T>3)$。

(3) $P(1.4<T<6)$。

(4) $P(T\le 5\mid T\ge 2)$。

2. 由一汽車超速測速偵測到兩次連續超速之間以小時為單位的等待時間是一個連續隨機變數 X，其具有累積分佈函數如下：

$$F_X(x)=\begin{cases}0 & ,x<0\\ 1-e^{-4x} & ,x\ge 0\end{cases}$$

求偵測到兩次連續超速之間等待時間少於 12 分鐘的機率，以下列兩種方法計算

(1) 使用 X 的累積分佈函數；

(2) 使用 X 的機率密度函數。

3. 一批有七台 ipad 平板電腦的箱子中包含 2 台有瑕疵的平板電腦，若是某直營店從中拿取三台平板電腦來賣，如果隨機變數 X 表示瑕疵品數量，請繪出累積分佈函數 $F(x)$的圖形，並由此計算三台中至少有一台故障的機率。

4. 假設連續隨機變數 X 在 $x=2$ 至 $x=5$ 間的可能值具有由 $f_X(x)=\dfrac{2(1+x)}{27}$ 所給出的機率密度函數，求 $F_X(x)$，並使用它來估算 $P(3\le X<4)$。

5. X 為一隨機變數，表示投擲一硬幣三次之正面次數減去反面次數，假設該硬幣不公正使得正面機率是反面機率的兩倍。求(1)隨機變數 X 的累積分佈函數。(2)使用 $F_X(x)$，求

① $P(X>0)$。

② $P(-1 \le X < 3)$。

6. 假設某一物理量的量測誤差 X 是由密度函數來決定

$$f(x)=\begin{cases} k(3-x^2) & ,-1 \le x \le 1 \\ 0 & ,其他 \end{cases}$$

(1) 求出使 $f(x)$成爲有效機率密度函數的 k。

(2) 求其累積分配函數 $F(x)$

(3) 利用 $F(x)$求量測中的隨機誤差小於 $\frac{1}{2}$ 的機率。

(4) 對於此種特定的測量，如果誤差的大小（即$|x|$）超過 0.8 是不希望發生的。利用 $F(x)$求發生這種情況的機率是多少？

7. 若某量測儀器正常運作，某量測的誤差結果 X 的機率密度函數爲

$$f(x)=\begin{cases} 2(1-x) & ,0 < x < 1 \\ 0 & ,其他 \end{cases}$$

(1) 求累積分配函數 $F(x)$。

(2) 利用 $F(x)$求 X 大於 0.4 的機率爲何？

8. 某人壽公司向保單持有人提供多種不同的人壽保費付款方式。對於一隨機選擇的被保險人，令 X 是兩次連續支付之間的月數。X 的累積分佈函數爲

$$F(x)=\begin{cases} 0 & ,x<1 \\ 0.4 & ,1 \le x < 3 \\ 0.6 & ,3 \le x < 5 \\ 0.8 & ,5 \le x < 7 \\ 1.0 & ,x \ge 7 \end{cases}$$

(1) X 的機率質量函數爲何？

(2) 計算 $P(4 < X \le 7)$。

9. 某工廠生產衣服。衣服由 10 位編號 1 至 10 號的一組檢查人員來隨機地核查。某人買了一件衣服，假設其由 X 號檢查員所檢查。

(1) 求 X 的機率質量函數。

(2) 繪出 X 的累積分佈函數圖。

10. 其實驗結果爲隨機變 X，且隨機變數 X 的累積分布函數爲

$$F_X(x)=\begin{cases}0 & ,x<-1\\ \dfrac{x+1}{2} & ,-1\le x<1\\ 1 & ,x\ge 0\end{cases}$$

(1) $P(X>\frac{1}{2})$是多少？

(2) $P(-\frac{1}{2}<X\le\frac{3}{4})$是多少？

(3) $P(|X|\le\frac{1}{2})$是多少？

(4) 使 $P(X\le a)=0.8$ 成立的 a 是多少？

11. 連續隨機變數 X 的累積分配函數爲

$$F_X(x)=\begin{cases}0 & ,x<-5\\ c(x+5)^2 & ,-5\le x<7\\ 1 & ,x\ge 7\end{cases}$$

(1) c 是多少？

(2) $P(X>4)$是多少？

(3) $P(-3<X\le 0)$是多少？

(4) 使 $P(X>a)=\frac{2}{3}$ 成立的 a 是多少？

12. 隨機變數 W 的累積分配函數爲

$$F_X(x)=\begin{cases}0 & ,x<-5\\ \dfrac{x+5}{8} & ,-5\le x<-3\\ \dfrac{1}{4} & ,-3\le x<3\\ \dfrac{1}{4}+\dfrac{3(x-3)}{8} & ,3\le x<5\\ 1 & ,x\ge 5\end{cases}$$

(1) $P(X\le 4)$是多少？

(2) $P(-2<X\le 2)$是多少？

(3) $P(X>0)$是多少？

(4) 使 $P(X\le a)=\frac{1}{2}$ 成立的 a 是多少？

13. 隨機變數 X 的機率密度函數爲

$$f_X(x)=\begin{cases} cx & ,0\le x<2 \\ 0 & ,\text{其他} \end{cases}$$

求

(1) 常數 c，使得此機率密度函數有意義。

(2) $P(0\le X\le 1)$。

(3) $P(-\frac{1}{2}\le X\le \frac{1}{2})$。

(4) 累積分配函數 $F_X(x)$。

14. 隨機變數 X 的累積分配函數爲

$$F_X(x)=\begin{cases} 0 & ,x<-1 \\ \dfrac{x+1}{2} & ,-1\le x<1 \\ 1 & ,x\ge 1 \end{cases}$$

求 X 的機率密度函數爲何？

15. 一個隨機變數 X 的機率密度函數爲

$$f_X(x)=\begin{cases} a^2xe^{-\frac{a^2}{2}x^2} & ,x>0 \\ 0 & ,\text{其他} \end{cases} \quad ;a>0，$$

則 X 的累積分配函數爲何？

二、進階題：

1. 設分配函數爲：

$$F(x)=\begin{cases} 0 & ,\text{若 } x<0 \\ x^2+0.2 & ,\text{若 } 0\le x<0.5 \\ x & ,\text{若 } 0.5\le x<1 \\ 1 & ,\text{若 } x\ge 1 \end{cases}$$

(1) 請改以 $aF^c(x)+bF^d(x)$ 的形式來表達 $F(x)$，其中 $F^c(x)$ 與 $F^d(x)$ 分別代表連續及不連續分配函數。

(2) 請計算 $P(0.2\le x\le 0.75)$。

3-3 期望值(Expected Value)與變異數(Variance)

期望值可以進一步解釋為「預期值」，以擲一公正的骰子為例，其期望值為 $1\times\frac{1}{6}+2\times\frac{1}{6}+3\times\frac{1}{6}+4\times\frac{1}{6}+5\times\frac{1}{6}+6\times\frac{1}{6}=\frac{1+2+3+4+5+6}{6}=3.5$，表示每次投擲之預期點數為 3.5 點，就其數學式而言，期望值有「平均值（均數）」的意義在，若令隨機變數 X 表示點數，且其機率函數 $f_X(x)=\frac{1}{6}$（$x=1, 2, 3, 4, 5, 6$），則期望值為隨機變數之值與其對應之機率值乘積的和，以下將介紹離散隨機系統與連續隨機系統之期望值。此外，在本節中，也將討論所有資料到平均值（期望值）的平均距離，用以討論資料之變異情形。

定義

1. 離散隨機變數期望值：

設 $f_X(x)$為$(\Omega, \mathscr{F}, P)$上離散型的隨機變數 X 的機率質量函數，即存在一個有限或無限可數集合$\mathscr{A}$（$\mathscr{A}\in\mathbb{R}$），使得 $\sum_{x\in\mathscr{A}} f_X(x)=1$，則 X 的期望值（expected value）或平均值（均數）（mean），定義成

$$\mu=E[X]=\sum_{x\in\mathscr{A}} xf_X(x)$$

若 $y=h(x)$為實值可測的函數，則隨機變數 $Y=h(X)$的期望值為

$$E[Y]=E[h(X)]=\sum_{x\in\mathscr{A}} h(x)f_X(x)$$

範例 12

連續投擲一顆均勻骰子（出現 1, 2, 3, 4, 5, 6 點的機率各是$\frac{1}{6}$），直到出現 3 爲止，設 X 爲實際投擲的次數，請問 $E[X]$是多少？

解

由題意可知，擲到 3 時，則成功，故成功的機率爲 $p=\frac{1}{6}$，則 X 的機率密度函數爲

$$f(x)=\begin{cases}(\frac{1}{6})(\frac{5}{6})^{x-1}, & x=1,\ 2,3,\cdots\\ 0 & \text{, otherwise}\end{cases}$$

故

$$E[X]=\sum_{x=1}^{\infty}xf(x)=\sum_{x=1}^{\infty}x(\frac{1}{6})(\frac{5}{6})^{x-1}=\frac{1}{6}\times\frac{1}{(1-\frac{5}{6})^2}=6\text{。}$$

範例 13

執行獨立試驗，直到首次出現成功結果爲止，設每次試驗的成功機率皆爲 p：

(1) 請且出所需試驗次數的機率質量函數。

(2) 請寫出所需試驗次數的期望值。

解

(1) 隨機變數 X 的機率質量函數爲

$$f(x)=\begin{cases}p(1-p)^{x-1}, & x=1,2,3,\cdots\\ 0 & \text{, otherwise}\end{cases}\text{。}$$

(2) $$E[X]=\sum_{x=1}^{\infty}xf(x)=\sum_{x=1}^{\infty}xp(1-p)^{x-1}$$

$$=p\sum_{x=1}^{\infty}x(1-p)^{x-1}\quad（因\sum_{n=1}^{\infty}ny^{n-1}=\frac{1}{(1-y)^2}）$$

$$=p\frac{1}{[1-(1-p)]^2}=\frac{1}{p}\text{。}$$

2. 連續隨機變數期望值：

設$f_X(x)$爲$(\Omega,\mathscr{F},P)$上連續型隨機變數X的機率密度函數，則X的期望值（expected value）或平均值（mean），定義成

$$\mu = E[X] = \int_{\mathrm{R}} x f_X(x)\,dx = \int_{-\infty}^{\infty} x f_X(x)\,dx$$

若$y=h(x)$爲實值可測的函數，則隨機變數$Y=h(X)$的期望值爲

$$E[Y] = E[h(X)] = \int_{\mathrm{R}} h(x) f_X(x)\,dx = \int_{-\infty}^{\infty} h(x) f_X(x)\,dx$$

範例 14

設隨機變數X在$0<x<3$時之機率密度函數爲$\frac{x}{3}$，求 r.v. X的期望值。

解

$E[X] = \int_0^3 x\times\frac{x}{3}\,dx = \frac{1}{9}x^3\Big|_0^3 = 3$。

3. 動差（Moment）：

設X爲$(\Omega,\mathscr{F},P)$上離散型或連續型的隨機變數，

(1) $m_n = E[X^n]$（$\forall n\in\mathbb{N}$）稱爲X的n階動差（n-th moment）。

(2) $\mu_n = E[(X-E[X])^n]$（$\forall n\in\mathbb{N}$）稱爲X之n階中央動差（n-th central moment）。

(3) $E[(X-E[X])^2]$稱爲X之變異數（variance），表成$\mathrm{Var}(X)$或σ_X^2，即

$$\mathrm{Var}(X) = \sigma_X^2 = E[(X-E[X])^2]$$

變異數之開方根σ_X又稱爲X之標準差（standard deviation）。

Note：

(1) $m_1 = E[X] = \mu$ 爲平均數，$m_2 = E[X^2]$稱爲均方值。

(2) $\mu_1 = 0$，$\mu_2 = m_2 - \mu^2 = \sigma^2$ 爲變異數。

(3) μ_3 表示分佈曲線的偏態量，μ_4 爲峰態量，若令 $r_1 = \frac{\mu_3}{\sigma^3}$，$r_2 = \frac{\mu_4}{\sigma^4}$，則其相關圖形如下所示：

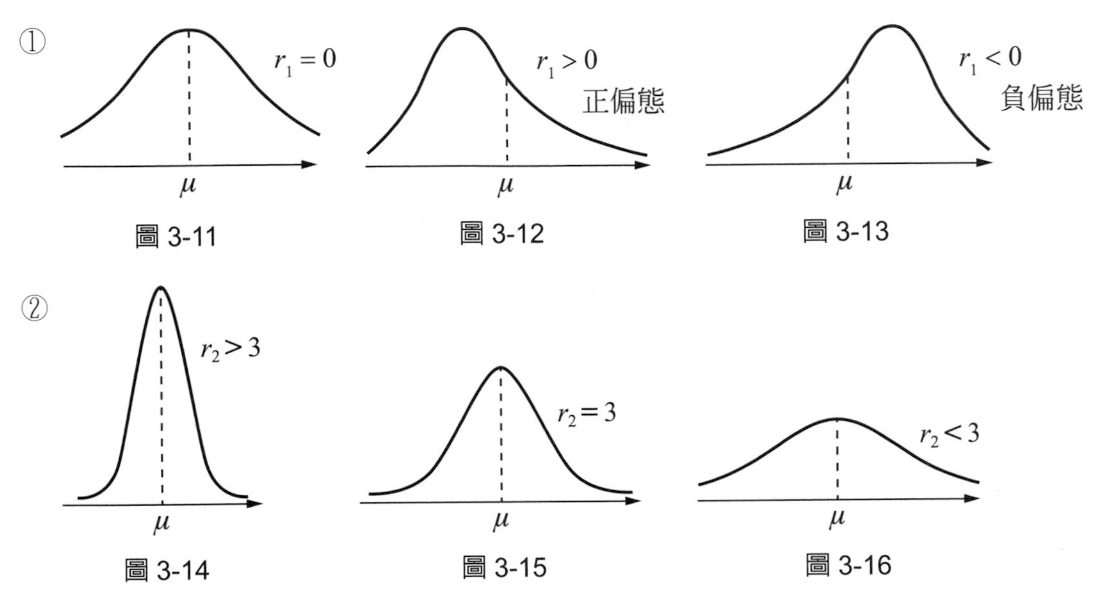

圖 3-11 圖 3-12 圖 3-13

圖 3-14 圖 3-15 圖 3-16

範例 15

隨機變數 X 爲擲均勻銅板一枚正面向上的次數，它的可能數值有 $X = 0$ 和 $X = 1$ 兩種，出現機率分別爲 $P(X = 0) = \frac{1}{2}$ 和 $P(X = 1) = \frac{1}{2}$，請問 X 的平均值和變異數各爲何。

解

$E[X] = \sum_{x=0}^{1} xP\{X = x\} = 0 \times \frac{1}{2} + 1 \times \frac{1}{2} = \frac{1}{2}$，

$E[X^2] = \sum_{x=0}^{1} x^2 P\{X = x\} = 0^2 \times \frac{1}{2} + 1^2 \times \frac{1}{2} = \frac{1}{2}$，

$\text{Var}(X) = E[X^2] - E[X]^2 = \frac{1}{2} - \frac{1}{4} = \frac{1}{4}$。

範例 16

連續隨機變數 X 的機率密度函數（p.d.f）$0 < x < 3$ 時爲 $\frac{2x}{9}$，其他情況時 0：

(1) 請計算 X 期望值 $E[X]$。

(2) 請計算 X 變異數 $\mathrm{Var}(X)$。

(3) 請計算機率 $P\{|X-1| \le 1.5\}$為何。

解

(1) $E[X] = \int_0^3 x\frac{2x}{9}\,dx = \left.\frac{2x^3}{27}\right|_0^3 = 2$。

(2) $E[X^2] = \int_0^3 x^2\frac{2x}{9}\,dx = \left.\frac{x^4}{18}\right|_0^3 = \frac{9}{2}$，

$\mathrm{Var}(X) = E[X^2] - E[X]^2 = \frac{9}{2} - 2^2 = \frac{1}{2}$。

(3) $P\{|X-1| \le 1.5\} = P\{-0.5 < X < 2.5\}$

$= \int_0^{2.5} \frac{2x}{9}\,dx = \left.\frac{x^2}{9}\right|_0^{2.5} = \frac{25}{36}$。

4. 期望值的性質：

設 X 爲$(\Omega, \mathscr{F}, P)$上離散型或連續型的隨機變數，a、b、$c \in \mathbb{R}$ 且爲常數，則

$$E[aX^2 + bX + c] = aE[X^2] + bE[X] + c$$

範例 17

隨機變數 X 的可能數值爲-4、-1、2、3、4，每個數值的機率各是$\frac{1}{5}$，請寫出它的：

(1) 機率密度函數。

(2) 平均值。

(3) $Y = 3X^3$ 的隨機變異數。

解

(1) 機率密度函數為

X	-4	-1	2	3	4
P_X	$\frac{1}{5}$	$\frac{1}{5}$	$\frac{1}{5}$	$\frac{1}{5}$	$\frac{1}{5}$

(2) $E[X]=(-4)\times\frac{1}{5}+(-1)\times\frac{1}{5}+2\times\frac{1}{5}+3\times\frac{1}{5}+4\times\frac{1}{5}=\frac{4}{5}$。

(3) $E[Y]=E[3X^3]=[3(-4)^3+3(-1)^3+3(2)^3+3(3)^3+3(4)^3]\times\frac{1}{5}=\frac{102}{5}$，

$E[Y^2]=E[9X^6]=[9(-4)^6+9(-1)^6+9(2)^6+9(3)^6+9(4)^6]\times\frac{1}{5}=\frac{80874}{5}$，

故 $\mathrm{Var}(Y)=E[Y^2]-(E[Y])^2=\frac{80874}{5}-(\frac{102}{5})^2=\frac{393966}{25}$。

5. 變異數的性質

設 X 為$(\Omega,\mathscr{F},P)$上離散型或連續型的隨機變數，a、$b\in\mathbb{R}$ 且為常數，則

(1) 若 $X=b$，則 $\mathrm{Var}(X)=0$。

(2) $\mathrm{Var}(aX+b)=a^2\mathrm{Var}(X)$。

(3) 若 $\mathrm{Var}(X)<\infty$，則 $\mathrm{Var}(X)=E[X^2]-(E[X])^2$。

範例 18

假設 $E[X+4]=10$ 及 $E[(X+4)^2]=116$，請問 X 的標準差是多少？

解

因 $E[X+4]=E[X]+4=10$，

故 $E[X]=10-4=6$，

再由 $E[(X+4)^2]=E[X^2+8X+16]=E[X^2]+8E[X]+16=116$，

可得 $E[X^2]=116-8E[X]-16=52$，

因此 $\mathrm{Var}(X)=E[X^2]-E[X]^2=52-6^2=16$，

故標準差（standard deviation） $\sigma_X=\sqrt{\mathrm{Var}(X)}=4$。

範例 19

某台 1 千歐姆精準電阻器的標準差依規格最多只能是±10 歐姆。這種機器的三個製程階段都會製造偏差，假設第一製程階段的標準差是 5 歐姆，第二階段爲 7 歐姆，現在想要確保機器通過最終規格標準，那麼第三製程階段的標準差最多只能大到何種程度？

解

設隨機變數 X_1、X_2、X_3 爲電阻製程的三個獨立的步驟，則

$\mathrm{Var}(X_1 + X_2 + X_3) = \mathrm{Var}(X_1) + \mathrm{Var}(X_2) + \mathrm{Var}(X_3) \leq (10)^2$，

即 $5^2 + 7^2 + \mathrm{Var}(X_3) \leq 100$，

故 $\mathrm{Var}(X_3) \leq 26$，因此第三個步驟的標準差不超過 $\sqrt{26}$ 。

習　題

一、基礎題：

1. 台灣電力公司的電線每十公尺的瑕疵數量爲 X，且 X 的機率分配爲

X	0	1	2	3	4
$f_X(x)$	0.41	0.37	0.16	0.05	0.01

求每 10 公尺此種電線的平均瑕疵數。

2. 有一盒子內含四枚一角美元硬幣與兩枚五分美元硬幣，以取後不放回的方式選取三枚，設隨機變數 X 代表三枚硬幣的總金額，求 X 的平均值。

3. 清潔公司清潔員是按照飯店清潔房間的數量來敘薪的。假設在任一晴朗的星期五下午 4 點到 5 點清潔員收到 7 歐元、9 歐元、11 歐元、13 歐元、15 歐元或 17 歐元的機率分別爲 $\frac{1}{12}$ 、$\frac{1}{12}$ 、$\frac{1}{4}$ 、$\frac{1}{4}$ 、$\frac{1}{6}$ 和 $\frac{1}{6}$ 。求此特定時段清潔員的期望收入爲多少歐元。

4. 透過投資蘋果公司的股票，一個人可以在一年內有 4000 美元利潤的機率爲 0.3，損失 1000 美元的機率爲 0.7。這個人的期望收益是多少？
5. 假設某二手珠寶經銷商對購買二手金飾感興趣，假設其將能夠獲利 250 美元、獲利 150 美元、盈虧平衡、或虧損 150 美元的機率分別爲 0.2、0.3、0.4 和 0.1。他期望的收益是多少？
6. 如果某手機經銷商在某品牌手機上以 5000 元爲一單位的利潤爲具有以下機率密度函數的隨機變數 X

   $$f_X(x)=\begin{cases}2(1-x) & ,0<x<1\\ 0 & ,\text{其他}\end{cases}$$

   求每隻新手機的平均利潤。
7. 某家庭一年內以 100 小時爲單位使用洗衣機的總小時數爲連續隨機變數 X，其機率密度函數給出如下：

   $$f_X(x)=\begin{cases}x & ,0<x<1\\ 2-x & ,1\le x<2\\ 0 & ,\text{其他}\end{cases}$$

   求此家庭每年使用洗衣機的平均小時數。
8. 台灣民眾對某電話行銷推銷會做出回應的比例爲 X，其機率密度函數爲

   $$f_X(x)=\begin{cases}\dfrac{2(x+2)}{5} & ,0<x<1\\ 0 & ,\text{其他}\end{cases}$$

   台灣民眾會對某電話行銷會做出回應的期望比例爲何？
9. 令 X 是具有以下機率分配的隨機變數：

X	-3	6	9
$f_X(x)$	$\frac{1}{6}$	$\frac{1}{2}$	$\frac{1}{3}$

   若 $g(X)=(2X+1)^2$，求 $\mu(g(X))=$？

10. 一所大學會在每學年底購買新的電腦，具體數量取決於上一年的維修次數。假設每學年購買的電腦數量 X 具有以下機率分配：

X	0	1	2	3
$f_X(x)$	$\frac{1}{10}$	$\frac{3}{10}$	$\frac{2}{5}$	$\frac{1}{5}$

如果想要的型號成本是每台 1200 美元，並且在學年底會有 $50X^2$ 美元的回饋金退款，該大學在今年學年結束前期望會在新的電腦上花多少錢？

11. 如果某汽車經銷商在某新車上以 5000 美元為一單位的利潤為具有以下機率密度函數的隨機變數 X

$$f_X(x)=\begin{cases}2(1-x) & ,0<x<1\\ 0 & ,\text{其他}\end{cases}$$

如果每輛汽車的收益為 $g(X)=X^2$，則每個汽車的經銷商平均盈利是多少？

12. 治療某種肝病後，患者的住院天數為隨機變數 $Y=X+5$，其中 X 具有機率密度函數

$$f_X(x)=\begin{cases}\dfrac{32}{(x+4)^3} & ,x>0\\ 0 & ,\text{其他}\end{cases}$$

求一個人在治療這種肝病之後平均住院天數。

13. 設某廠牌罐頭產品的公克重量 X 為一機率密度函數如下，

$$f_X(x)=\begin{cases}\dfrac{2}{5} & ,23.75\le x\le 26.25\\ 0 & ,\text{其他}\end{cases}$$

計算公克重的期望值。

14. 各縣市環保局需要把一比例的預算分配給空氣污染控制，而此比例正在受到各縣市議會審查。由一資料收集計畫可知這些比例的分佈為

$$f_Y(y)=\begin{cases}5(1-y)^4 & ,0\le y\le 1\\ 0 & ,\text{其他}\end{cases}$$

(1) 分配給空氣污染控制預算的平均比例是多少？

(2) 隨機選擇一縣市，該縣市分配給空氣污染控制預算超過(1)中所給出母體平均值的機率爲何？

15. 透過投資台積電的股票，一個人可以在一年內有 4000 美元利潤的機率爲 0.3，損失 1000 美元的機率爲 0.7。求隨機變數 X 的變異數。

16. 隨機變數 X 代表每 100 行 C 程式中的錯誤數，具其具有以下的機率分配：

X	2	3	4	5	6
$f_X(x)$	0.01	0.25	0.4	0.3	0.04

求 X 的變異數。

17. 如果某經銷商在某新車上以 5000 美元爲一單位的利潤爲具有以下機率密度函數的隨機變數 X

$$f_X(x)=\begin{cases}2(1-x) & ,0<x<1\\ 0 & ,\text{其他}\end{cases}$$

求 X 的變異數。

18. 台北市民對某電話行銷會做出回應的比例爲 X，其機率密度函數爲

$$f_X(x)=\begin{cases}\dfrac{2(x+2)}{5} & ,0<x<1\\ 0 & ,\text{其他}\end{cases}$$

求 X 的變異數。

19. 某家庭一年內以 100 小時爲單位使用洗衣機的總小時數爲連續隨機變數 X，其機率密度函數如下

$$f_X(x)=\begin{cases}x & ,0<x<1\\ 2-x & ,1\le x<2\\ 0 & ,\text{其他}\end{cases}$$

求 X 的變異數。

20. 台北市民對某電話推銷會做出回應的比例爲 X，其機率密度函數爲

$$f_X(x)=\begin{cases}\dfrac{2(x+2)}{5} & ,0<x<1\\ 0 & ,\text{其他}\end{cases}$$

求函數 $g(X)=3X+4$ 的變異數。

21. 令隨機變數 X 是具有以下機率分配：

X	-3	6	9
$f(x)$	$\frac{1}{6}$	$\frac{1}{2}$	$\frac{1}{3}$

求隨機變數 $h(X)=(3X+1)^2$ 的標準差。

22. 如果某經銷商在某新車上以 5000 美元爲一單位的利潤爲具有以下機率密度函數的隨機變數 X

$$f_X(x)=\begin{cases}2(1-x) & ,0<x<1\\ 0 & ,\text{其他}\end{cases}$$

求 $g(X)=X^2$ 的變異數。

23. 設台電公司電線每十公尺的瑕疵數量爲 X，且 X 的機率分配爲

x	0	1	2	3	4
$f_X(x)$	0.41	0.37	0.16	0.05	0.01

求瑕疵數的變異數和標準差。

24. 對於一實驗室作業，如果設備正常，則觀察結果 X 的機率密度函數爲

$$f_X(x)=\begin{cases}3x^2 & ,0<x<1\\ 0 & ,\text{其他}\end{cases}$$

求 X 的變異數和標準差。

25. 隨機變數 X 代表每 100 行 C 程式中的錯誤數，且其具有以下的機率分配：

x	2	3	4	5	6
$f_X(x)$	0.01	0.25	0.4	0.3	0.04

求離散隨機變數 $Z=3X-2$ 的平均值和變異數。

26. 假設某超商以每箱 1.20 美元的批發價向大盤購買 5 盒脫脂牛奶，零售價爲每盒 1.65 美元。在有效日期到了之後，未售出的牛奶下架，大盤會退還等於批發價格四分之三的金額。如果隨機變數 X 是從這 5 盒脫脂牛奶中賣出的盒數，其機率密度分配如下

x	0	1	2	3	4	5
$f_X(x)$	$\frac{4}{15}$	$\frac{2}{15}$	$\frac{2}{15}$	$\frac{3}{15}$	$\frac{2}{15}$	$\frac{2}{15}$

求期望的利潤。

27. 以 100 小時爲單位測量一位成年人在一年內使用吹風機的總時間是一具有以下機率密度函數的隨機變數 X

$$f_X(x)=\begin{cases} x & ,0<x<1 \\ 2-x & ,1\le x<2 \\ 0 & ,\text{其他} \end{cases}$$

求隨機變數 $Y=60X^2+48X$ 的期望值，其中 Y 等於每年消耗的千瓦小時數。

28. 假設某人手機每天使用的分鐘數 X 是一個隨機變數，具機率密度函數

$$f_X(x)=\begin{cases} \frac{1}{3}e^{-\frac{x}{3}} & ,x>0 \\ 0 & ,\text{其他} \end{cases}$$

(1) 求這個人手機使用的平均時間長度 $E(X)$。

(2) 求 X 的變異數和標準差。

(3) 求 $E[(X+5)^2]$。

29. 假設某汽車引擎的壽命時數 X 的機率密度函數爲

$$f(x)=\begin{cases} \frac{1}{900}e^{-\frac{x}{900}} & ,x>0 \\ 0 & ,\text{其他} \end{cases}$$

(1) 求出引擎的平均壽命。

(2) 求 $E(X^2)$。

(3) 求隨機變數 X 的變異數和標準差。

30. 從資料收集和相當多的研究得知，某公司的某特定員工遲到時間(以秒計)是具有以下機率密度函數的隨機變數 X

$$f_X(x)=\begin{cases}\dfrac{3}{4\times 50^3}(50^2-x^2) & ,-50\le x\le 50\\ 0 & ,\text{其他}\end{cases}$$

換句話說，他不僅遲到而且還可能提早上班。

(1) 求他遲到的時間的期望值（以秒爲單位）。

(2) 求 $E(X^2)$。

(3) 他遲到時間的標準差是多少？

31. 某工廠不良品比例 Y 的機率密度函數爲

$$f_Y(y)=\begin{cases}10(1-y)^9 & ,0\le y\le 1\\ 0 & ,\text{其他}\end{cases}$$

(1) 求不良的期望百分比。

(2) 求合格比例的期望值（即，$E(1-Y)$）。

(3) 求隨機變數 $Z=1-Y$ 的變異數。

二、進階題：

1. 設 X 爲$(\Omega,\mathscr{F},P)$上的離散型隨機變數，a、b、$c\in\mathbb{R}$ 且爲常數，則

$E[aX^2+bX+c]=aE[X^2]+bE[X]+c$

2. 執行獨立試驗，直到連續出現 3 次成功的結果爲止，設每次試驗的成功機率皆爲 p，請問所需試驗之次數的均數爲何？

3. 某批貨已知 2 件物品有瑕疵，其餘 8 件物品無瑕疵，現對這批物品作一件接著一件的檢查，務求將兩件瑕疵品都找出來，但物品選取之方式爲隨機選取，請問查到第二件瑕疵品時，當時已作檢查次數的期望數爲何？

4. 設 $p(x)=\dfrac{1}{2}e^{-|x|}$，$-\infty<x<\infty$，請問 $E[\min(|x|,1)]$。

5. 某 IC 的耐用壽命以小時（T）計，T 爲隨機變數，T 的分配函數是以 β 爲參數的指數函數，機率密度函數則是 $f(t)=\beta e^{-\beta t}, t\ge 0$。假設某設備使用此 IC 的成本是每小時 C_1 元，但只要機器不斷運轉，業者就能實現每小時 C_2 元的獲利，但業者還得雇用作業員執行固定的 H 小時作業，作業員的工資是每小時 C_3 元：

(1) 若想該 IC 的使用壽命剛好是 1096 小時，請問機率爲何？

(2) 以 C_1, C_2, C_3, H 及 T 爲變數，寫出淨獲利 R 的公式。

(3) 請證明，預期利潤達到最大的條件式如下：

$$H = -\frac{1}{\beta}\ln\left|\frac{C_3}{C_2 - C_1}\right|$$

6. 令隨機變數 Y 爲擲十個均勻骰子之點數和，請問：

(1) $E[Y]$。

(2) $\mathrm{Var}(Y)$。

3-4 特徵函數與動差生成函數

由前一小節的連續型隨機變數中期望值可以發現，期望值的計算事實上就是一種積分變換。此時我們可以回憶一下在工程數學中，我們最常用到的兩種積分轉換，就是傅立葉轉換（Fourier transform）與拉氏轉換（Laplace transform）。我們可以透過適當選取特徵函數，讓它的期望值可以形成常見的積分轉換，如此便可以到另一個空間去求解機率問題，以下將介紹特徵函數與動差生成函數。

一、定義

1. 離散隨機變數之特徵函數與動差生成函數：

設 X 爲$(\Omega,\mathscr{F},P)$上離散型的隨機變數，則 X 的特徵函數（characteristic function）定義成

$$\phi_X(t)=E[e^{itX}]=E[\cos tX]+iE[\sin tX]$$

X 的動差生成函數（moment-generating function）定義成

$$M_X(t)=E[e^{tX}]=\sum_{x\in \mathrm{R}} e^{tX} f_X(x)$$

Note：(1) $M_X(0)=E[e^{0\cdot X}]=E[1]=1$

(2) $M'_X(t)\big|_{t=0}=M'_X(0)=E[X]$

$M''_X(t)\big|_{t=0}=M''_X(0)=E[X^2]$

$M'''_X(t)\big|_{t=0}=M'''_X(0)=E[X^3]$

$\vdots$

2. 連續隨機變數之特徵函數與動差生成函數：

設 $f_X(x)$爲$(\Omega,\mathscr{F},P)$上連續型隨機變數 X 的機率密度函數，則 X 的特徵函數（characteristic function）定義成

$$\phi_X(t)=E[e^{itX}]=\int_{-\infty}^{\infty} e^{itx} f_X(x)\,dx=\mathscr{F}\{f_X(x)\}$$

其中 $\mathscr{F}\{\cdot\}$爲 Fourier 轉換，$f_X(x)$爲 X 的機率密度函數，故

$$f_X(x)=\mathscr{F}^{-1}\{\phi_X(t)\}$$

X 的動差生成函數（moment-generating function）定義成

$$M_X(t)=E[e^{tX}]=\int_{\mathbb{R}} e^{tx} f_X(x)\,dx$$

Note：動差生成函數可以作爲隨機變數的「ID」，若兩個隨機變數 X 與 Y 之動差生成函數 $E(e^{tX})$ 與 $E(e^{tY})$ 相同，則這個隨機變數必然相同。

二、性質

1. 特徵函數之基本性質：

設 X 爲 $(\Omega,\mathscr{F},P)$ 上離散型或連續型的隨機變數，a、$b\in\mathbb{R}$ 且爲常數，則

(1) $\phi_X(0)=1$。

(2) $\phi_{aX+b}(t)=e^{ibt}\phi_X(at)$。

(3) $\phi_X(-t)=\overline{\phi_X(t)}$。

(4) $\phi_X(-it)=M_X(t)$。

(5) 若 $E[X^n]$ 存在，則 $\phi_X^{(n)}(0)=i^nE[X^n]$，$\forall n\in\mathbb{N}$，

即可令 $C(t)=\ln\phi_X(t)$，

故 $\mu=E[X]=\frac{1}{i}C'(0)$、$\mathrm{Var}(X)=-C''(0)$。

範例 20

設 X 爲 $(\Omega,\mathscr{F},P)$ 上的隨機變數，$\phi_X(t)$ 爲 X 的特徵函數，同時 a、$b\in\mathbb{R}$ 且爲常數，則

(1) $\phi_X(0)=1$。

(2) $\phi_{aX+b}(t)=e^{ibt}\phi_X(at)$。

(3) $\phi_X(-t)=\overline{\phi_X(t)}$。

解

因 $\phi_X(t)=E[e^{itX}]$，故

(1) $\phi_X(0)=E[e^0]=E[1]=1$。

(2) $\phi_{aX+b}(t)=E[e^{it(aX+b)}]=E[e^{itaX}e^{ibt}]=e^{ibt}\phi_X(at)$。

(3) $\phi_X(-t)=E[e^{i(-t)X}]=\overline{E[e^{itX}]}=\overline{\phi_X(t)}$。

範例 21

在此定義隨機變數 X 如下：

$$f_X(x) = e^{-2|x|}$$

設隨機變數 Y 與 X 的關係爲 $Y = 2X - 3$，

(1) 請利用特徵函數判定 $E[X]$及 $E[X^2]$分別爲何。

(2) 請問 $E[Y]$、$E[Y^2]$及 $\sigma_Y{}^2$？

解

(1) $\phi_X(t) = E[e^{itX}] = \int_{-\infty}^{\infty} e^{itx} e^{-2|x|}\, dx$

$$= 2\int_0^{\infty} e^{-2x} \cos tx\, dx$$

$$= 2\frac{2}{2^2 + t^2} = \frac{4}{4 + t^2}\text{ ，}$$

因 $\phi'_X(t) = -\dfrac{8t}{(4+t^2)^2}$，故 $E[X] = \dfrac{\phi'_X(0)}{i} = 0$，又

$$\phi''_X(t) = -\frac{8(4+t^2)^2 - 8t \times 2(4+t^2)2t}{(4+t^2)^4}\text{ ，}$$

故 $E[X^2] = \dfrac{\phi''(0)}{i^2} = \dfrac{1}{2}$。

(2) 因 $Y = 2X - 3$，故

$E[Y] = 2E[X] - 3 = -3$，

$E[Y^2] = E[(2X - 3)^2] = 4E[X^2] - 12E[X] + 9 = 11$，

故 $\mathrm{Var}(Y) = \sigma_Y^2 = E[Y^2] - (E[Y])^2 = 11 - 9 = 2$。

2. 動差生成函數之性質：

設 X 爲$(\Omega, \mathscr{F}, P)$上離散型或連續型的隨機變數，a、$b \in \mathbb{R}$ 且爲常數，則

(1) $M_X(0) = 1$。

(2) $M_{aX+b}(t) = e^{bt} M_X(at)$。

(3) $M_X(it) = \phi_X(t)$。

(4) 若 $M_X^{(n)}(0)$ 存在，則 $M_x^{(n)}(0) = E[X^n]$，$\forall n \in \mathbb{N}$，

即可令 $D(t)=\ln M_X(t)$，

故 $\mu=E[X]=D'(0)$、$\text{Var}(X)=D''(0)$。

範例 22

設 r.v. X 的動差生成函數為 $M_X(t)=\frac{2}{5}e^t+\frac{1}{5}e^{2t}+\frac{2}{5}e^{3t}$，求 $E[x]$、$\text{Var}[X]$ 與 $f_X(x)$。

解

(1) $E[x]=M_{X'}(0)=2=\mu$ 、 $E[X^2]=M_{X''}(0)=\frac{24}{5}$ 。

(2) $\text{Var}[X]=E[X^2]-(E[X])^2=\frac{24}{5}-2^2=\frac{4}{5}$ 。

(3) $$M_X(t)=\sum_{x\in R}e^{tx}f_X(x)$$

$$=\frac{2}{5}e^t+\frac{1}{5}e^{2t}+\frac{2}{5}e^{3t}\text{，}$$

$$\therefore f_X(x)=\begin{cases}\frac{2}{5}, x=1,3\\ \frac{1}{5}, x=2\\ 0\text{，其他}\end{cases}\text{。}$$

範例 23

設 r.v. X 具有動差函數 $E[X^r]=5^r$，$r=1, 2, 3, \cdots\cdots$，求其 $M_X(t)$ 與 $f_X(x)$。

解

(1) $$M_X(t)=E[e^{tX}]=E[\sum_{r=0}^{\infty}\frac{(tX)^r}{r!}]$$

$$=1+\sum_{r=1}^{\infty}\frac{E[X^r]}{r!}\times t^r$$

$$=1+\sum_{r=1}^{\infty}\frac{(5t)^r}{r!}=e^{5t}\text{。}$$

(2) $$f_X(x)=\begin{cases}1, x=5\\ 0\text{，其他}\end{cases}\text{。}$$

範例 24

隨機變數 X 的動差生成函數為：

$$M_X(t) = E[e^{tX}] = (\frac{2}{2-t})^2$$

(1) 請問 $E[X]$？ (2) 請問 $Var(X)$？

解

令 $D(t) = \ln M_X(t) = \ln(\frac{2}{2-t})^2 = 2[\ln 2 - \ln(2-t)]$，

故 $D'(t) = \frac{2}{2-t}$，則 $E[X] = D'(0) = 1$，又 $D''(t) = \frac{2}{(2-t)^2}$，

故 $\mathrm{Var}(X) = D''(0) = \frac{1}{2}$。

範例 25

不連續隨機變數 X 的動差生成函數 $G(t)$ 為：

$$G(t) = E(e^{tX}) = \sum_j e^{tx_j} P(X_j)$$

(1) 設 $P(x) = \frac{a^x}{x!} e^{-a}$，$x = 0, 1, 2, \cdots\cdots$，請問動差生成函數 $G(t)$ 的波氏分配為何？

(2) 請利用動差生成函數 $G(t)$ 求算波氏分配的平均值（μ）和變異數（σ^2）。

解

(1) $G(t) = E[e^{tX}] = \sum_{x=0}^{\infty} e^{tx} \frac{a^x e^{-a}}{x!} = M_X(t)$

$= e^{-a} \sum_{x=0}^{\infty} \frac{(ae^t)^x}{x!} = e^{-a} \exp\{ae^t\} = e^{-a+ae^t}$

$= \exp\{-a(1-e^t)\}$。

(2) 令 $D(t) = \ln G(t) = -a(1-e^t)$，故

$\mu = E[X] = D'(0) = a$，$\sigma^2 = \mathrm{Var}(X) = D''(0) = a$。

範例 26

設隨機變數 X 的機率密度函數如下：

$$f_X(x)=\begin{cases}\lambda e^{-\lambda x} & ,x\geq 0\\ 0 & ,x<0\end{cases}$$

令 $\lambda>0$。

(1) 請證明隨機變數 X 的動差生成函數爲

$$M_x(t)=E[e^{tX}]=\frac{\lambda}{\lambda-t}\quad ，t<\lambda$$

(2) 設隨機變數 $Y=X_1+2X_2+3X_3$，其中 X_1、X_2、X_3 爲獨立隨機變數，但三者的機率密度函數 $f_X(x)$ 均相同，請問 $E[Y]$ 及 $E[Y]^2$？

解

(1) $M_X(t)=E[e^{tX}]=\int_0^\infty e^{tx}\lambda e^{-\lambda x}\,dx$

$$=-\frac{\lambda}{\lambda-t}e^{-(\lambda-t)x}\Big|_0^\infty=\frac{\lambda}{\lambda-t}\quad(t<\lambda)。$$

(2) 因 $E[X]=M_X'(0)=\frac{1}{\lambda}$，$E[X^2]=M_X''(0)=\frac{2}{\lambda^2}$，

故 $E[X_1]=E[X_2]=E[X_3]=\frac{1}{\lambda}$，則

$$E[Y]=E[X_1+2X_2+3X_3]=E[X_1]+2E[X_2]+3E[X_3]$$
$$=\frac{1}{\lambda}+\frac{2}{\lambda}+\frac{3}{\lambda}=\frac{6}{\lambda}\ 。$$

$$E[Y^2]=E[(X_1+2X_2+3X_3)^2]$$
$$=E[X_1^{\ 2}+4X_2^{\ 2}+9X_3^{\ 2}+4X_1X_2+12X_2X_3+6X_1X_3]$$
$$=E[X_1^{\ 2}]+4E[X_2^{\ 2}]+9E[X_3^{\ 2}]+4E[X_1]E[X_2]+12E[X_2]E[X_3]+6E[X_1]E[X_3]$$
$$=\frac{2}{\lambda^2}+4\times\frac{2}{\lambda^2}+9\times\frac{2}{\lambda^2}+4\times\frac{1}{\lambda}\times\frac{1}{\lambda}+12\times\frac{1}{\lambda}\times\frac{1}{\lambda}+6\times\frac{1}{\lambda}\times\frac{1}{\lambda}$$
$$=\frac{50}{\lambda^2}\ 。$$

習　題

一、基礎題：

1. 隨機變數 X 動差生成函數為 $M_X(t)=E[e^{tX}]=(\frac{2}{2-t})^2$，

   (1) 求 $E[X]$。

   (2) 求 $\text{Var}[X]$。

2. 設隨機變數 X 的機率密度函數為 $f_X(x)=\lambda e^{\lambda x}$，$x>0$、$\lambda>0$，

   (1) 求 r.v. X 的特徵函數。

   (2) 求 $E[X]$。

   (3) 求 $\text{Var}[X]$。

3. 設 r.v. X 的動差生成函數為 $M_X(t)=\frac{1}{4}(3e^t+e^{-t})$，

   (1) 求 $E[X]$。

   (2) 求 $\text{Var}[X]$。

4. 設 r.v. X 的動差生成函數為 $M_X(t)=\frac{1}{(1-t)^2}$，$|t|<1$，

   (1) 求 $E[X]$。

   (2) 求 $\text{Var}[X]$。

5. 若 r.v. X 的機率密度函數為 $f_X(x)=\begin{cases}2e^{2(1-x)} & ,x>1\\ 0 & ,x\le 1\end{cases}$，

   (1) 求 X 的動差生成函數。

   (2) 求 $E[X]$與 $\text{Var}[X]$。

6. r.v. X 的 r 階動差為 $E[X^r]=8^r$, $r=1, 2, 3, \cdots\cdots$，

   (1) 求動差生成函數 $M_X(t)$。

   (2) 求 r.v. X 的機率函數 $f_X(x)$。

7. 設 r.v. X 的 r 階動差為 $E[X^r]=0.8$, $r=1, 2, 3, \cdots\cdots$，

   求 $P(X=0)$。

8. r.v. X 的累積分配函數 $F_X(x)=\begin{cases}0 & ,x<0\\ 1-pe^{-x} & ,x\geq 0\end{cases}$，$0<p<1$，

(1) 求 r.v. X 的動差生成函數。

(2) 求 $E[X]$ 與 $\mathrm{Var}[X]$。

二、進階題：

1. 設 $Y=aX+b$，其中 a 與 b 皆爲常數，請使用 X 的特徵函數來表達 Y 的特徵函數。

3-5 隨機變數的函數變換

我們在前面已經充分介紹了單一變數之隨機變數的機率性質，但若存在兩隨機變數 X 與 Y，但 Y 為 X 的函數，則計算隨機變數 Y 之性質時，可以透過 X 來獲得。其做法即為隨機變數的函數變換，介紹如下。

1. 離散型隨機變數的函數變換

設 X 為$(\Omega, \mathscr{F}, P)$上離散型的隨機變數，而 $y = h(x)$為實值可測的函數，則 X 的函數 $Y = h(X)$，亦為$(\Omega, \mathscr{F}, P)$上的隨機變數。若 X 的機率分佈為

$$P(X = x_i) = p_i \ (i = 1, 2, \cdots\cdots)$$

且 $y_i = h(x_i)$ $(i = 1, 2, \cdots)$均為相異時，則 $Y = h(X)$的機率的分佈為

$$P(Y = y_i) = p_i \ (i = 1, 2, \cdots\cdots)$$

若 $y_i = h(x_i)$中有相同值時，應將有關的 p_i 合併。例如

$$y_k = h(x_{k_1}) = h(x_{k_2}) = \cdots\cdots = h(x_{k_j})$$

則

$$P(Y = y_k) = p_{k_1} + p_{k_2} + \cdots\cdots + p_{k_j}$$

範例 27

設隨機變數 X 的機率分佈為

X	$-\frac{\pi}{2}$	$-\frac{\pi}{4}$	0	$\frac{\pi}{4}$	$\frac{\pi}{2}$
f_X	$\frac{1}{20}$	$\frac{1}{4}$	$\frac{2}{5}$	$\frac{1}{4}$	$\frac{1}{20}$

求下列隨機變數的機率分佈

(1) $Y = |X|$。

(2) $Z = \cos(X + \frac{\pi}{4})$。

解

(1) Y只有 0、$\frac{\pi}{4}$、$\frac{\pi}{2}$等三種値且

$P(Y=0)=P(X=0)=\frac{2}{5}$，

$P(Y=\frac{\pi}{4})=P(X=-\frac{\pi}{4})+P(X=\frac{\pi}{4})=\frac{1}{4}+\frac{1}{4}=\frac{1}{2}$，

$P(Y=\frac{\pi}{2})=P(X=-\frac{\pi}{2})+P(X=\frac{\pi}{2})=\frac{1}{20}+\frac{1}{20}=\frac{1}{10}$，

故 Y 的機率分佈爲

Y	0	$\frac{\pi}{4}$	$\frac{\pi}{2}$
f_Y	$\frac{2}{5}$	$\frac{1}{2}$	$\frac{1}{10}$

(2) Z有$-\frac{1}{\sqrt{2}}$、0、$\frac{1}{\sqrt{2}}$、1 等値，且

$P(Z=-\frac{1}{\sqrt{2}})=P(X=\frac{\pi}{2})=\frac{1}{20}$，

$P(Z=0)=P(X=\frac{\pi}{4})=\frac{1}{4}$，

$P(Z=\frac{1}{\sqrt{2}})=P(X=-\frac{\pi}{2})+P(X=0)=\frac{1}{20}+\frac{2}{5}=\frac{9}{20}$，

$P(Z=1)=P(X=-\frac{\pi}{4})=\frac{1}{4}$，

故 Z 的機率分佈爲

Z	$-\frac{1}{\sqrt{2}}$	0	$\frac{1}{\sqrt{2}}$	1
f_Z	$\frac{1}{20}$	$\frac{1}{4}$	$\frac{9}{20}$	$\frac{1}{4}$

範例 28

設隨機變數 X 的機率分佈為

X	1	2	3	⋯	n	⋯
f_X	$\frac{1}{2}$	$\frac{1}{2^2}$	$\frac{1}{2^3}$	⋯	$\frac{1}{2^n}$	⋯

求 $Y=\cos(\pi X)$ 的機率分佈及分配函數。

解

Y 只有-1、1 兩種值，且

$$P(Y=-1)=P(X=1)+P(X=3)+\cdots\cdots+P(X=2n-1)+\cdots\cdots$$

$$=\frac{1}{2}+\frac{1}{2^3}+\cdots\cdots+\frac{1}{2^{2n-1}}+\cdots\cdots=\frac{\frac{1}{2}}{1-\frac{1}{2^2}}=\frac{2}{3},$$

$$P(Y=1)=P(X=2)+P(X=4)+\cdots\cdots+P(X=2n)+\cdots\cdots$$

$$=\frac{1}{2^2}+\frac{1}{2^4}+\cdots\cdots+\frac{1}{2^{2n}}+\cdots\cdots=\frac{\frac{1}{2^2}}{1-\frac{1}{2^2}}=\frac{1}{3},$$

故 Y 的機率分佈為

Y	-1	1
f_Y	$\frac{2}{3}$	$\frac{1}{3}$

Y 的分配函數為

$$F_Y(y)=\begin{cases}0 & y<-1\\ \frac{2}{3} & -1\le y<1\\ 1 & y\ge 1\end{cases}。$$

範例 29

令隨機變數 X 的機率分配爲 $f_X(x)=\frac{3}{5}(\frac{2}{5})^{x-1}$；$x=1, 2, 3,\cdots$（爲幾何分配），若令一隨機變數 $Y=X^2$，求 Y 的機率分配。

解

$Y=X^2=1, 4, 9, \cdots\cdots$，$X=\sqrt{Y}=1, 2, 3, \cdots$且 X 與 Y 爲一對一均相異，

所以 $f_Y(y)=P_Y(y)=f_X(x=\sqrt{y})=\frac{3}{5}(\frac{2}{5})^{\sqrt{y}-1}$；$y=1, 4, 9, \cdots\cdots$。

2. 連續型隨機變數的函數變換

設 X 爲$(\Omega, \mathscr{F}, P)$上連續型隨機變數，而 $y=h(x)$爲實值可測的函數，則 X 的函數 $Y=h(X)$，亦爲$(\Omega, \mathscr{F}, P)$上的隨機變數。若 X 的機率密度函數爲 $f_X(x)$，累積分配函數爲 $F_X(x)$，則 $Y=h(X)$的累積分配函數爲

$$F_Y(y)=P(Y\le y)=P(h(X)\le y)=P(X\in D)=\int_D f_X(x)\,dx$$

其中 $D=\{x\mid h(x)\le y，\forall x\in\mathbb{R}\}$。

(1) 設 $h(x)$爲嚴格單調，如圖 3-17，且反函數 $h^{-1}(y)$爲連續可微，若

$c=\min\{x\mid f_X(x)>0，x\in\mathbb{R}\}$、

$d=\max\{x\mid f_X(x)>0，x\in\mathbb{R}\}$

則 $Y=h(X)$的機率密度函數爲

$$f_Y(y)=\begin{cases} f_X(h^{-1}(y))\times|\{h^{-1}(y)\}'|, & a<y<b \\ 0 & ,\text{其他} \end{cases}$$

其中 $a=\min\{h(c), h(d)\}$、$b=\max\{h(c), h(d)\}$，同時

$$F_Y(y)=\begin{cases} F_X(h^{-1}(y)) & ,h'(x)>0 \\ 1-F_X(h^{-1}(y)) & ,h'(x)<0 \end{cases}。$$

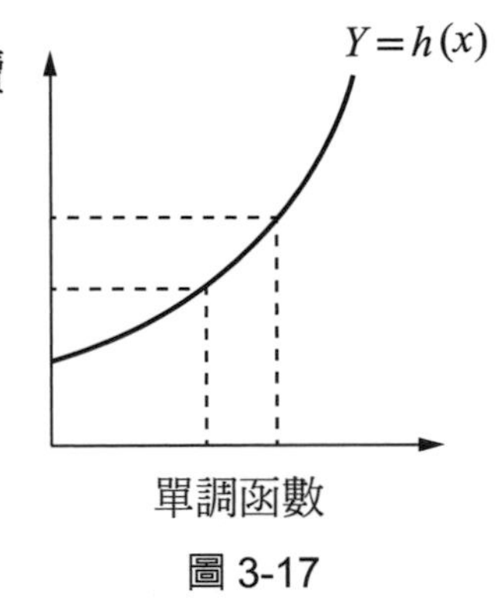

單調函數

圖 3-17

NOTE：若 $h^{-1}(y)$無定義時，則 $f_Y(y)=0$。

例如：

r.v. X 的機率密度函數 $f_X(x)=\begin{cases}\lambda e^{-\lambda x} & ;x\ge 0, \lambda>0\\ 0 & ;其他\end{cases}$

若 r.v. $Y=\sqrt[3]{x^2}$，則 Y 為單調函數 $\rightarrow x=y^{\frac{3}{2}}$；$y\ge 0$，

$\therefore f_Y(y)=f_X(x)\left|\dfrac{dx}{dy}\right|=f_X(y^{\frac{3}{2}})\times\dfrac{3}{2}y^{\frac{1}{2}}=\lambda e^{-\lambda y^{\frac{3}{2}}}\times\dfrac{3}{2}y^{\frac{1}{2}}$，

其中 $y\ge 0$。

(2) 設 $h_i(x)$在不重疊的區間 $I_1, I_2,\cdots$上為嚴格單調，如圖 3-18，且 $h_i(x)$對應的反函數 $h_i^{-1}(y)$（$i=1, 2,\cdots\cdots$）為連續可微，則 $Y=h(X)$的機率密度函數為

$$f_Y(y)=\sum_i f_X(h_i^{-1}(y))\times\left|\{h_i^{-1}(y)\}'\right|$$

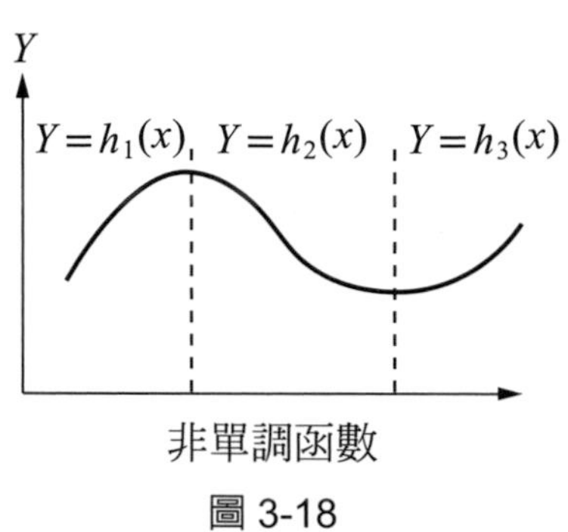

圖 3-18

範例 30

有一連續隨機變數 X 的機率密度函數為 $f_X(x)=\dfrac{1}{24}x$，$1<x<7$，求另一隨機變數 $Y=2X-1$ 的機率分佈。

解

$y=2x-1$，則 $x=\dfrac{y+1}{2}$，且 y 為 x 的單調函數，

$y=h(x)=2x-1$，$h^{-1}(y)=x=\dfrac{y+1}{2}$，$[h^{-1}(y)]'=\dfrac{1}{2}$，

$\therefore f_Y(y)=f_X(x=\dfrac{y+1}{2})\times|\dfrac{dx}{dy}|=\dfrac{1}{24}\times\dfrac{y+1}{2}\times\dfrac{1}{2}=\dfrac{1}{96}(y+1)$；$1<y<13$。

範例 31

r.v. X的機率密度函數為 $f_X(x)=\frac{1}{\sqrt{2\pi}\sigma}e^{-\frac{x^2}{2\sigma^2}}$ ；$-\infty<x<\infty$ ，

若 r.v. $Y=4X^2$ ，

求 Y的機率密度函數。

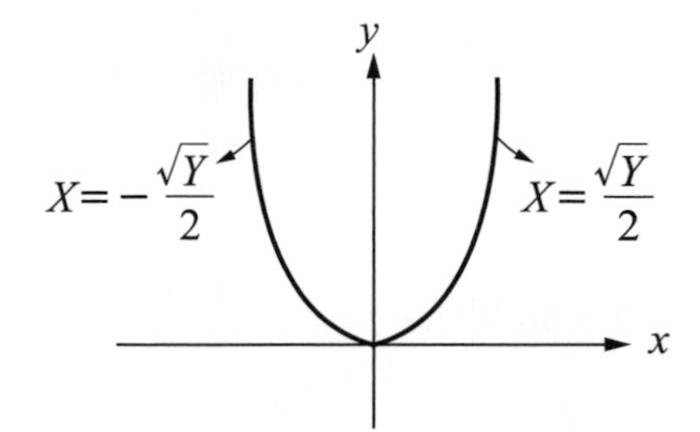

解

$X=\pm\frac{\sqrt{Y}}{2}$ ，$x_1=\frac{\sqrt{y}}{2}$ 、$x_2=-\frac{\sqrt{y}}{2}$ ，

則 $f_Y(y)=f_X(\frac{\sqrt{y}}{2})\left|\frac{dx_1}{dy}\right|+f_Y(-\frac{\sqrt{y}}{2})\left|\frac{dx_2}{dy}\right|$

$=\frac{1}{\sqrt{2\pi}\sigma}e^{-\frac{y}{8\sigma^2}}\times\frac{1}{4\sqrt{y}}+\frac{1}{\sqrt{2\pi}\sigma}e^{-\frac{y}{8\sigma^2}}\times\frac{1}{4\sqrt{y}}$

$=\frac{1}{2\sqrt{2\pi}\sigma}\frac{1}{\sqrt{y}}e^{-\frac{y}{8\sigma^2}}$ ；$y\geq 0$ 。

範例 32

設 X 為連續型的隨機變數，且其密度函數為

$$f_X(x)=\begin{cases}\frac{1}{4} & 0\le x\le 4\\ 0 & \text{其他}\end{cases}$$

求(1) $Y=|X-3|$。

(2) $Z=|X-2|$的累積分配函數及機率密度函數。

解

(1) 在 $0\le x\le 4$ 時，$0\le y\le 3$，如圖所示。

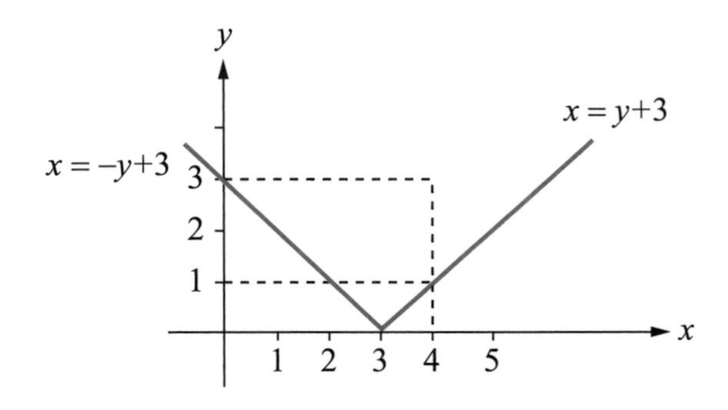

(a) $0\le y\le 1$，$F_Y(y)=P(Y<y)=\int_{-y+3}^{y+3}f_X(x)\,dx=\int_{-y+3}^{y+3}\frac{1}{4}\,dx=\frac{1}{4}x\Big|_{-y+3}^{y+3}=\frac{y}{2}$；

(b) $1\le y\le 3$，$F_Y(y)=P(Y<y)$

$$=\int_{-y+3}^{4}f_X(x)\,dx=\int_{-y+3}^{4}\frac{1}{4}\,dx$$

$$=\frac{1}{4}x\Big|_{-y+3}^{4}=\frac{y+1}{4}\text{；}$$

(c) 故分配函數為

$$F_Y(y)=\begin{cases}0 & y\le 0\\ \frac{y}{2} & 0<y\le 1\\ \frac{y+1}{4} & 1<y\le 3\\ 1 & y>3\end{cases}\text{；}$$

密度函數為

$$f_Y(y)=F_Y'(y)=\begin{cases}0 & y\le 0\\ \dfrac{1}{2} & 0<y\le 1\\ \dfrac{1}{4} & 1<y\le 3\\ 0 & y>3\end{cases}\text{。}$$

(2) 在 $0\le x\le 4$ 時，$0\le z\le 2$，如圖所示。

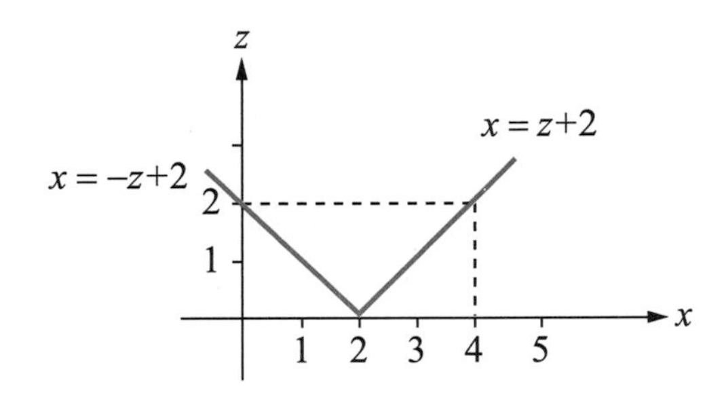

$$F_Z(z)=P(Z<z)=\int_{-z+2}^{z+2}f_X(x)\,dx=\int_{-z+2}^{z+2}\frac{1}{4}\,dx=\frac{1}{4}x\Big|_{-z+2}^{z+2}=\frac{z}{2}\text{，}$$

故分配函數為

$$F_Z(z)=\begin{cases}0 & ,z\le 0\\ \dfrac{z}{2} & ,0<z\le 2\\ 1 & ,z>2\end{cases}$$

密度函數為

$$f_Z(z)=F_Z'(z)=\begin{cases}0 & ,z\le 0\\ \dfrac{1}{2} & ,0<z\le 2\\ 0 & ,z>2\end{cases}\text{。}$$

範例 33

X 爲隨機變數，設 Y 爲與隨機變數 X 之乘方成比例互動的另一隨機變數，例如 $y=g(x)=x^2$（若 $x\geq 0$）或 0（所有其他情況）；若隨機變數 X 之機率密度函數爲 $f_X(x)$，那麼請問隨機變數 Y 的機率密度函數 $f_Y(y)$。

解

因 $y=g(x)=\begin{cases} x^2, & x\geq 0 \\ 0, & \text{其他} \end{cases}$，

故 $x=g^{-1}(y)=\begin{cases} \sqrt{y}, & y\geq 0 \\ 0, & \text{其他} \end{cases}$，

則 $f_Y(y)=f_X(g^{-1}(y))\times\left|\dfrac{dx}{dy}\right|=\begin{cases} f_X(\sqrt{y})\dfrac{1}{2\sqrt{y}}, & y\geq 0 \\ 0, & \text{其他} \end{cases}$。

範例 34

設 X 爲連續型的隨機變數，且其分配函數爲 $F_X(x)$，求 $Y=2X-1$ 的分配函數。

解

$F_Y(y)=P(Y<y)=P(2X-1<y)=P(X<\dfrac{y+1}{2})=F_X(\dfrac{y+1}{2})$。

習 題

一、基礎題：

1. 設 r.v. X 的機率質量函數為 $f_X(x)=\begin{cases}\frac{x}{8}|x-3| & ,x=0,1,2,3,4\\ 0 & ,\text{其他}\end{cases}$，

   求 $Y=\frac{1}{2}X+1$ 之機率質量函數。

2. 若 r.v. X 的機率密度函數為 $f_X(x)=2x$，$0<x<1$，令 $Y=\sqrt{X}$，求 Y 的機率密度函數。

3. 若 r.v. X 的機率密度函數為 $f_X=\begin{cases}2x & ,0<x<1\\ 0 & ,\text{其他}\end{cases}$，求 $Y=200X-60$ 之機率密度函數。

4. 若 r.v. X 的機率密度函數為 $f_X(x)=3(1-x)^2$，$0<x<1$，令 r.v. $Y=(1-X)^3$，求 Y 的機率密度函數。

5. 若 r.v. X 的機率密度函數為 $f_X(x)=\begin{cases}6x(1-x) & ,0\le x<1\\ 0 & ,\text{其他}\end{cases}$，令 r.v. $Y=1+3X$，求 $E[Y]$ 與 Y 的機率密度函數。

6. 若 r.v. X 的機率密度函數為 $f_X(x)=\begin{cases}ce^{-x} & ,x>-1\\ 0 & ,\text{其他}\end{cases}$

   (1) 求 $c=$？

   (2) 若 r.v. $Y=x^2$，求 Y 的機率密度函數。

7. 設 r.v. X 的機率質量函數為

X	-1	0	1
$P_X(x)$	$\frac{1}{6}$	$\frac{2}{6}$	$\frac{3}{6}$

   求(1)$X+1$　(2)$2X-1$　(3)X^2+1　之機率質量函數。

8. 令 r.v. X 的機率密度函數為 $f_X(x)=\begin{cases}2x & ,0<x<1\\ 0 & ,\text{其他}\end{cases}$，求 $Y=8X^3$ 之機率質量函數。

9. 設 r.v. $X\sim U(-c,c)$，即 $f_X(x)=\begin{cases}\frac{1}{2c} & ,-c\le x<c\\ 0 & ,\text{其他}\end{cases}$，且 $Y=\frac{1}{X^2}$，求 $F_Y(y)$。

10. 令 r.v. X 的機率密度函數為 $f_X(x)=e^{-x}$，$x\ge 0$ 且設 $Y=2-X^3$，求 r.v. Y 的機率密度函數。

11. 設 r.v. X 的機率密度函數為 $f_X(x)=\begin{cases}\frac{1}{2} & ,0\le x\le 1\\ -\frac{1}{4}x+\frac{3}{4} & ,1\le x\le 3\end{cases}$，令 r.v. $Y=X^3$，求 $F_Y(y)$ 與 $f_Y(y)$ 為何？

12. 設 r.v. X 的機率密度函數為 $f_X(x)=\begin{cases}\frac{1}{2} & ,-1\le x<0\\ \frac{1}{2}e^{-x} & ,x\ge 0\end{cases}$，令 r.v. $Y=X^2$，求 Y 的機率密度函數。

二、進階題：

1. 設 X 為連續型的隨機變數，且其密度函數為

$$f_X(x)=\frac{1}{\sqrt{2\pi}}e^{-\frac{x^2}{2}} \quad x\in\mathbb{R}$$

求 $Y=|X|$ 的密度函數。

2. 設 X 為連續型的隨機變數，且其密度函數為

$$f_X(x)=\begin{cases}\frac{1}{2\pi}, & -\pi\le x\le \pi\\ 0 & ,\text{其他}\end{cases}$$

求：

(1) $Y=e^{-X}$。

(2) $Z=\cos\frac{X}{2}$ 的密度函數。

3. 設隨機變數 X 的機率密度函數如下：

$$f_X(x)=\frac{1}{\pi(1+x^2)} \qquad (-\infty<x<\infty)$$

請問 $Z=\tan^{-1}X$ 的密度函數。

4. 請考量隨機變數 X 的下列機率密度函數：

$$f_X(x)=\begin{cases}x+1, & -1<x<0\\ x & ,0<x<1\\ 0 & ,\text{他處}\end{cases}$$

(1) 設 $Y=\log_e(|x|^{-\frac{1}{\alpha}})$，其中 α 爲正數常數，請問 Y 的機率密度函數 $f_Y(y)$。

(2) 設 $FL(y)$爲底限函數，換句話說，$FL(y)$是數值小於或等於 y 的最大整數；又設 $Z=FL(Y)$，請問 Z 的機率密度函數 $f_Z(z)$。

5. 設 X 爲連續隨機變數，機率密度函數爲 f，累積分配函數爲 F；又設 Y 亦爲隨機變數，且 $Y=F(X)$，請問 Y 的機率密度函數。

6. 設 X 爲連續型的隨機變數，且其分配函數爲 $F_X(x)$，求 $Y=-\ln F_X(X)$的分配函數及密度函數。

7. 設 X 爲連續型的隨機變數，且其密度函數及分配函數分別爲 $f_X(x)$、$F_X(x)$，求 $Y=\dfrac{1}{X}$ 的分配函數及密度函數。

8. 設 $Y=g(X)$，且

$$g(x)=\begin{cases}x+c\,,\,x\ge 0\\ x-c\,,\,x<0\end{cases}\quad,\quad c>0$$

請以 X 表達隨機變數 Y 的累積分佈函數及機率密度函數分別爲何？

9. 若 X 爲連續型隨機變數，其機率分配函數（Probability Distribution Function）爲 $F_X(x)$且 $F_X(x)$爲一嚴格遞增（Strictly increasing）函數。令 $Y=F_X(x)$，試求 $F_Y(y)$ 爲何？

4

一維機率分配模型

在現實生活中或工程上問題，有很多的隨機現象可以用少許的機率分佈模型來描述。例如，在一項新產品（保養品或藥）有效性的研究中，在所有使用者使用該產品而成功（滿意成治癒）的數量大致遵循二項式分佈。而在某工廠中測試來自一批選擇品項的樣本時，該樣本中的瑕疵品數，通常可用幾何或超幾何分佈來描述。另外，某一間飲料店在某一段時間的到客人數通常是隨機的，其可用波以松（卜瓦松，波氏）（poisson）分佈來描述等，本章中將分別介紹在離散系統與連續系統中常見的機率分配模型。

4-1 離散型機率分配

在日常生活中，很多我們遇到的事件都剛好只有兩種結果，例如生小孩不是男生就是女生，投硬幣不是正面就是反面，打靶不是打中就是打不中等等，這些只有兩種結果的隨機事件，我們可以將其簡化爲「成功」與「失敗」兩種，此種試驗稱爲 Bernoulli 試驗，以下將介紹此種試驗及其機率分配

一、Bernoulli 分配

1. 定義

定義 4.1：Bernoulli 試驗（Bernoulli trial）

設有一隨機試驗的出象只有二類，一類定義爲「成功」，另一類定義爲「失敗」，同時「成功」的機率固定不變，則此種隨機試驗稱爲 Bernoulli 試驗。重複而且獨立的進行 Bernoulli 試驗，稱爲 Bernoulli 過程（Bernoulli process）。

定義 4.2：設隨機變數 X 爲 Bernoulli 試驗的出象，$X=1$ 表「成功」，$X=0$ 表「失敗」，同時「成功」的機率固定爲 p，若 X 的機率質量函數爲

$$f_X(x)=\begin{cases} p^x(1-p)^{1-x} & ;x=0,1 \\ 0 & ;\text{其他} \end{cases}\text{，且 }0\le p\le 1$$

則稱 X 爲具參數 p 的 Bernoulli 分配，一般表成 $X\sim \mathrm{Ber}(p)$，如圖 4-1。

其累積分配函數爲 $F_X(x)=\begin{cases} 0 & ;x<0 \\ 1-p & ;0\le x<1 \\ 1 & ;x\ge 1 \end{cases}$，如圖 4-2。

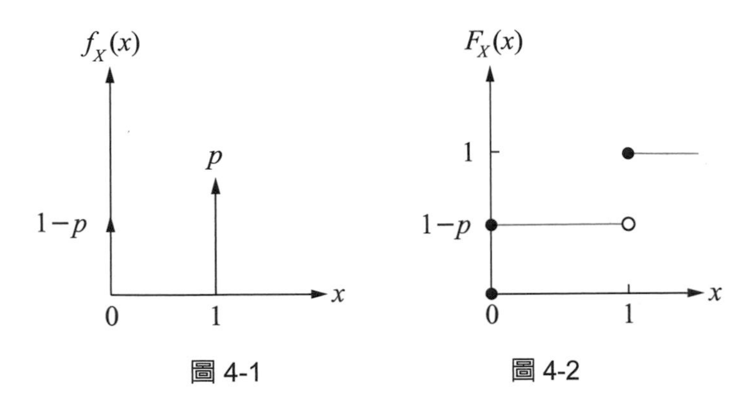

圖 4-1　　圖 4-2

Note：硬幣投擲可以視爲是一種白努利（Bernoulli）試驗，其中隨機變數 X 表示出現正面，其機率爲 p。

2. 性質

定理 4.1：設 $X \sim \text{Ber}(p)$，令 $q = 1 - p$，則

(1) 期望值：$E[X] = p$。

(2) 變異數：$\text{Var}(X) = p(1-p) = pq$。

(3) 動差生成函數：$M_X(t) = pe^t + (1-p) = pe^t + q$。

二、二項分配（Binomial Distribution）

在日常生活中通常不會只做一次 Bernoulli 試驗，一般會進行一連串的 Bernoulli 試驗，例如進行射擊打靶或進行籃球投籃，每一次打中的機率爲 p，做一次此種試驗即爲 Bernoulli 試驗，而重覆打靶或投籃 n 次，即進行 Bernoulli 試驗 n 次，其會產生一個新的隨機變數 X 表示這 n 次試驗成功的次數，則 X 會呈現一種新的分配稱爲二項分配，詳細介紹如下：

1. 定義

定義 4.3：設隨機變數 X 爲 Bernoulli 過程中「成功」的次數，若 n 表示重複 Bernoulli 試驗的次數，p（$0 < p < 1$）爲成功的機率，$q = 1 - p$ 爲失敗的機率，則 X 的機率質量函數爲

$$f_X(x) = \begin{cases} \binom{n}{x} p^x q^{n-x} & ; x = 0, 1, 2, \cdots\cdots, n \\ 0 & ;\text{其他} \end{cases}$$

一般稱 X 具參數(n, p)的二項分配，表成 $X \sim B(n, p)$。

當參數 $p = 0.5$ 時，二項分配的機率質量函數是對稱的，但當 $p < 0.5$ 時，二項分配呈現左偏，$p > 0.5$ 時，呈現右偏，其圖形如圖 4-3。

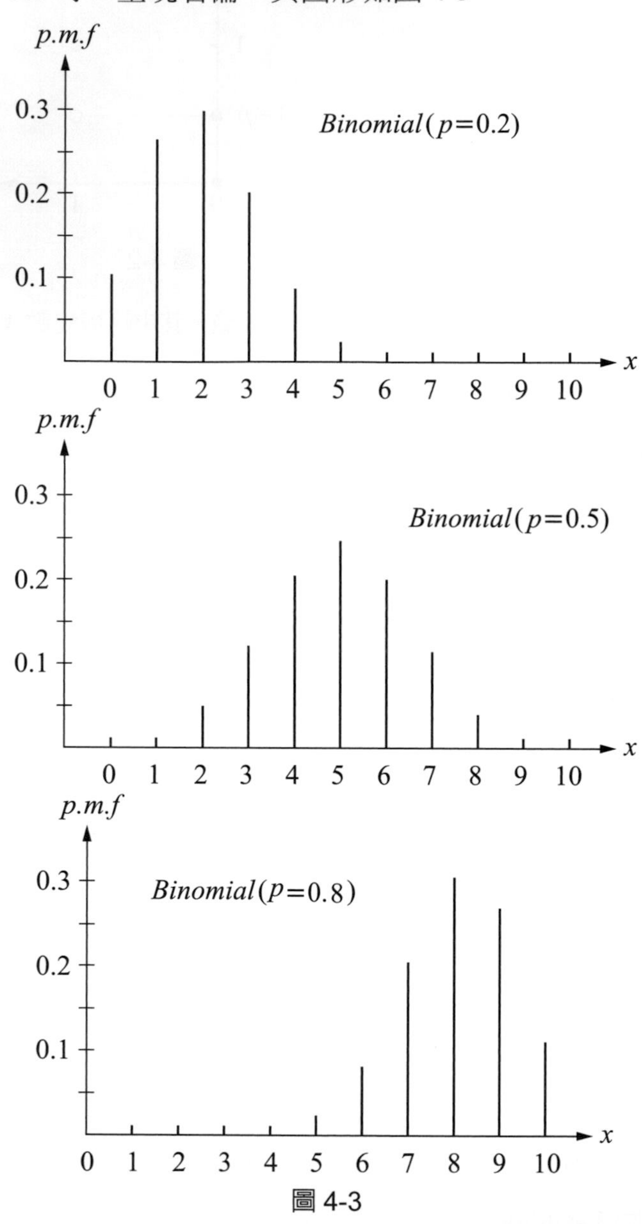

圖 4-3

例如：擲一公正骰子 3 次，至少出 2 次點數爲「1」的機率，我們可令隨機變數 X 表示出現 1 點的次數，則 $X \sim B(3, \frac{1}{6})$

則 $f_X(x) = C_x^n \times p^x \times (1-p)^{n-x}$，其中 $p = \frac{1}{6}$、$n = 3$，

故所求爲 $P\{X \geq 2\} = P\{X = 2\} + P\{X = 3\}$

$$= C_2^3 (\frac{1}{6})^2 (\frac{5}{6}) + C_3^3 \times (\frac{1}{6})^3 \text{。}$$

上面這個數值計算比較簡單，可以直接算，但若 n 較大，則會很難計算，此時可利用附錄三的查表來求。舉例說明如下：

某同學的投籃命中率是三成，則該同學投籃十次，至少中五次的機率爲何？依二項分配可知（令命中數 X），所求爲 $P\{X \geq 5\} = 1 - P\{X \leq 4\}$，由附錄三查表可知 $P\{X \geq 5\} = 1 - 0.850 = 0.15$。**Note**：本例子中隨機變數 $X \sim B(10, 0.3)$。

又例如某產品的瑕疵機率爲 0.05，若從中取出 20 個，要求至少有 4 個瑕疵的機率？若令 r.v. Y 表示瑕疵數，則 $Y \sim B(20, 0.05)$，所求 $P(Y \geq 4) = 1 - P(Y \leq 3)$，由附錄三查表可知 $P(Y \geq 4) = 1 - P(Y \leq 3) = 1 - 0.984 = 0.016$。

2. 性質

定理 4.2：設 $X \sim B(n, p)$，令 $q = 1 - p$，則

(1) 期望值：$E[X] = np$。

(2) 變異數：$\text{Var}(X) = np(1-p) = npq$。

(3) 動差生成函數：$M_X(t) = [pe^t + (1-p)]^n = (pe^t + q)^n$。

(4) 可加性：若 $X_1 \sim B(n_1, p)$、$X_2 \sim B(n_2, p)$，則

$$X_1 + X_2 \sim B(n_1 + n_2, p) \text{。}$$

範例 1

設 X 是個以 n 及 p 為兩參數的二項分配隨機變數，其中 n 代表獨立重複從事簡單 Bernoulli 試驗的次數，p 為每次試驗時的成功機率，請問 X 的期望值與標準差？

解

因 X 的機率分佈函數為

$$f(x)=\begin{cases} C_x^n p^x(1-p)^{n-x} & ; x=0,1,2,\cdots\cdots,n \\ 0 & ;\text{其他} \end{cases}$$

故 X 的動差為

$$M_X(t)=E[e^{tX}]=\sum_{x=0}^{n} e^{tx}C_x^n p^x(1-p)^{n-x}=(pe^t+1-p)^n,$$

令 $D(t)=\ln M_X(t)=\ln(pe^t+1-p)^n=n\ln(pe^t+1-p)$，

且 $D'(t)=\dfrac{npe^t}{pe^t+1-p}$，$D''(t)=\dfrac{npe^t(pe^t+1-p)-n(pe^t)^2}{(pe^t+1-p)^2}$，

故 $E[X]=D'(0)=np$，

$\text{Var}(X)=D''(0)=np-np^2=np(1-p)$。

範例 2

投擲一個不公平的硬幣 6 次，設出現正面的機率為 $\dfrac{2}{3}$，且每次投擲都是獨立試驗，則出現正面兩次的機率為何？

解

令 r.v. X 表示出現正面的次數，則 $f_X(x)=C_x^6(\frac{2}{3})^x(\frac{1}{3})^{6-x}$ ；$x=0,1,2,\cdots\cdots$，

則 $P(X=2)=C_2^6(\frac{2}{3})^2\times(\frac{1}{3})^4=\dfrac{60}{3^6}=0.08$。

範例 3

某一家大賣場進行大拍賣，若此大拍賣期間每個顧客消費超過 2000 元的機率爲 60%，現在有 10 個客人，請問此 10 個客人於大拍賣期間會消費超過 2000 元之人數的機率分配爲何？其期望值和變異數爲何？

解

令 r.v. X 表示 10 個客人中消費超過 2000 元之人數，則 $X \sim B(10, 0.6)$，

(1) $f_X(x) = C_x^{10}(0.6)^x \times (0.4)^{10-x}$，$x = 0, 1, 2, \cdots\cdots, 10$。

(2) $E[X] = 10 \times 0.6 = 6$，$\text{Var}[X] = 10 \times 0.6 \times 0.4 = 2.4$。

範例 4

某個房間需要同時點亮 5 只燈泡，亮度才算足夠，已知所購買的某品牌燈泡存在 5%的瑕疵率：

(1) 若同時買進該品牌燈泡 10 只，請問安裝後就能將房間點得夠亮的機率爲何？

(2) 若想安裝後就能將房間點得夠亮的機率達到至少 90%，請問需一次購買多少只該品牌燈泡？

解

(1) 令隨機變數 X 爲買到好的電燈泡之個數（10 個中），故 $X \sim B(10, p)$，
$p = 1 - 0.05 = 0.95$、$1 - p = 0.05$，且 $f_X(x) = C_x^{10} p^x (1-p)^{10-x}$；$x = 0, 1, 2, \cdots\cdots, 10$，
則 $P\{X \geq 5\} = \sum_{x=5}^{10} C_x^{10} p^x (1-p)^{10-x} = 0.999997$。

(2) 令隨機變數 X 爲買 n 個電燈泡中好的電燈泡之個數，故 $X \sim B(n, p)$，
$p = 0.95$、$1 - p = 0.05$ 且 $f_X(x) = C_x^{10} p^x (1-p)^{n-x}$；$x = 0, 1, 2, \cdots\cdots, 10$，
則 $n = 5 \Rightarrow P\{X = 5\} = (0.95)^5 = 0.774$，
$n = 6 \Rightarrow P\{X \geq 5\} = C_5^6 (0.95)^5 (0.05) + (0.95)^6 = 0.967$，（由附錄三查表可知）
$n = 7$ 時，$P\{X \geq 5\} = C_5^7 (0.95)^5 (0.05)^2 + C_6^7 (0.95)^6 (0.05) + C_7^7 (0.95)^6$
$= 0.996$，（由附錄三查表可知）
故要有足夠亮度的機率超過 90%時，至少要買 6 個電燈泡。

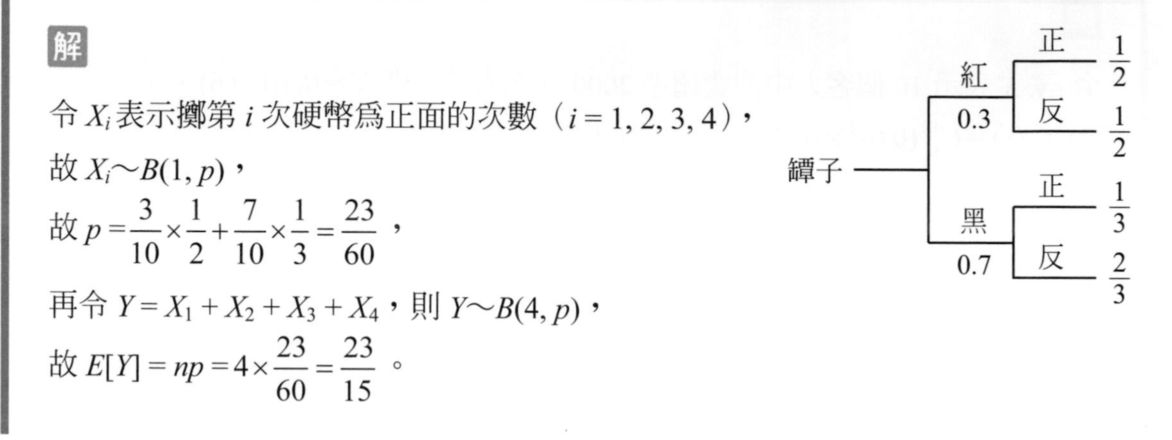

範例 5

某罈子裡裝有紅球 3 顆和黑球 7 顆，現從罈中抽取一球，然後擲一枚銅板 1 次，但方式是：如抽到紅球則擲均質銅板一枚，如抽到黑球則擲出現頭像機率爲 $\frac{1}{3}$ 的非均質銅板一枚，請問若銅板共擲了 4 次，則出現頭像次數的期望值爲何？

解

令 X_i 表示擲第 i 次硬幣爲正面的次數（$i = 1, 2, 3, 4$），

故 $X_i \sim B(1, p)$，

故 $p = \frac{3}{10} \times \frac{1}{2} + \frac{7}{10} \times \frac{1}{3} = \frac{23}{60}$，

再令 $Y = X_1 + X_2 + X_3 + X_4$，則 $Y \sim B(4, p)$，

故 $E[Y] = np = 4 \times \frac{23}{60} = \frac{23}{15}$。

三、負二項分配（Negative Binomial Distribution）

我們在前面學了二項分配，其主要是在描述 n 次 Bernoulli 試驗中成功次數的機率分配，然而在實際物理系統中，我們常常需要去研究達到 r 次成功所需試驗的次數，例如：我們需要了解每次使用其故障率爲 p 之機器，在機器故障前，能夠工作的天數或是某運動員每次參加比賽得獎的機率爲 p，若其要獲得 r 個獎牌前，其必須參加比賽的次數，這些的情形都會用到以下介紹的負二項分配，此分配又稱巴斯卡分配（Bascal Distribution，1623～1662，法國）。

1. 定義

定義 4.4：設隨機變數 X 爲 Bernoulli 過程中，到達第 r 次「成功」所須的試驗總次數，若 P $(0 < p < 1)$爲成功的機率，則 X 的機率質量函數爲

$$f_X(x) = \begin{cases} \binom{x-1}{r-1} p^r (1-p)^{x-r} & ,x = r, r+1, \cdots\cdots, n \\ 0 & ,\text{其他} \end{cases}$$

一般 X 具參數(r, p)的負二項分配，表成 $X \sim NB(r, p)$。

Note：我們以投擲公正硬幣爲例，二項分配就是投擲的次數固定，看其中出現幾次正面，而負二項分配則是要求出現的正面次數固定，看需要投擲幾次。

範例 6

假設台北市民養寵物的機率爲 0.3，若隨機電話抽訪台北市民，則抽訪到第 10 個市民時，此市民是第 5 個有養寵物之機率爲何？

解

令 r.v. X 表示抽訪到第 5 個有養寵物之市民所需電話抽訪的市民人數，

則 $X \sim NB(5, 0.3)$，$f_X(x) = C_4^{x-1} \times (0.3)^5 \times (0.7)^{x-5}$，$x = 5, 6, 7, \cdots\cdots$，

則 $P(X = 10) = C_4^9 (0.3)^5 \times (0.7)^5 = 0.0515$。

2. 性質

定理 4.3：設 $X \sim NB(r, p)$，令 $q = 1 - p$，則

(1) 期望值：$E[X] = \dfrac{r}{p}$。

(2) 變異數：$\text{Var}(X) = \dfrac{rq}{p^2}$。

(3) 動差生成函數：$M_X(t) = (\dfrac{pe^t}{1 - qe^t})^r \quad (t < -\ln q)$。

(4) 可加性：若 $X_1 \sim NB(r_1, p)$、$X_2 \sim NB(r_2, p)$，則

$X_1 + X_2 \sim NB(r_1 + r_2, p)$

範例 7

假設某電信公司傳送每個數字的錯誤機率爲 0.1 且每個數字的傳送爲獨立事件，則

(1) 傳送第 10 個數字出現第 3 次錯誤的機率爲何？

(2) 出現第 3 個錯誤數字時，所傳送數字個數的期望值與變異數？

解

(1) 令 r.v. X 爲出現第 3 個錯誤所傳送的數字個數，則

$X \sim NB(3, 0.1)$，則

$$P(X=10)=C_{3-1}^{10-1}\times(0.1)^3\times(1-0.1)^7=C_2^9\times(0.1)^3\times(0.9)^7$$

$$=0.0172$$。

(2) $E[X]=\dfrac{3}{0.1}=30$；$\mathrm{Var}[X]=\dfrac{3\times0.9}{(0.1)^2}=270$。

範例 8

回收用過的大量 iPhone 7 手機中，有 20%需要換螢幕，若某手機維修師父帶著三套螢幕材料，以不放回的方式隨機抽取回收筒中的 iPhone 7 手機，若需費時 10 分鐘檢查好的手機螢幕，且需花 30 分鐘檢查並更換不好的，試求用完三套材料螢幕所需時間的期望值與標準差。

解

令 r.v. X 爲處理完第三個不好的手機螢幕所需的檢查次數，則

$X \sim NB(3, 0.2)$，

因此用完三個螢幕材料的所需時間，

$T=10X+3\times20=10X+60$，

(1) $E(T)=10E(X)+60=10\times3\times\dfrac{1}{0.2}+60=210$。

(2) $\mathrm{Var}(T)=\mathrm{Var}(10X+60)=10^2\,\mathrm{Var}(X)$

$$=10^2\times3\times\frac{1-0.2}{(0.2)^2}=6000$$，

$\sigma=\sqrt{6000}=77.46$。

範例 9

擲一枚均質硬幣直到連續出現兩個反面爲止，請計算所需投擲次數的期望值。

解

令隨機變數 X 表示所需試驗的次數，且成功的機率爲 p，失敗的機率爲 q，則

$X \sim NB(r, p)$，$r = 2$、$p = \frac{1}{2}$、$q = 1 - p = \frac{1}{2}$，故機率密度函數爲

$f_X(x) = C_{r-1}^{x-1} p^r q^{x-r}$，$x = r, r+1, r+2, \cdots\cdots$

且 $\sum_{x=r}^{\infty} f_X(x) = \sum_{x=r}^{\infty} C_{r-1}^{x-1} p^r q^{x-r} = 1$，

$$
\begin{aligned}
\text{則 } E[X] &= \sum_{x=r}^{\infty} x f_X(x) = \sum_{x=r}^{\infty} x C_{r-1}^{x-1} p^r q^{x-r} \\
&= \sum_{x=r}^{\infty} x \frac{(x-1)!}{(r-1)!(x-r)!} p^r q^{x-r} \\
&= \frac{r}{p} \sum_{x=r}^{\infty} \frac{x!}{r!(x-r)!} p^{r+1} q^{x-r} \\
&= \frac{r}{p} \sum_{x=r}^{\infty} C_r^x p^{r+1} q^{x-r} \qquad (\text{令 } y = x+1\text{、}k = r+1) \\
&= \frac{r}{p} \sum_{y=k}^{\infty} C_{k-1}^{y-1} p^k q^{y-k} \\
&= \frac{r}{p} = \frac{2}{\frac{1}{2}} = 4 \text{。}
\end{aligned}
$$

Note：本題是利用詳細推導來計算期望值，若是直接用公式，則 $E[X] = \frac{r}{p} = \frac{2}{\frac{1}{2}} = 4$。

四、幾何分配（Geometric Distribution）

在日常生活中，我們常常會遇到 $r = 1$ 的負二項分配，就例如擲一出現正面機率爲 p 的硬幣，若每次投擲均爲獨立，若我們想知道持續投擲多少次才會出現第一次正面，或是已經投擲了 m 次未出現正面，則再投擲 n 次仍未出現正面的機率是否相同等問題，這些問題就會在接下來的幾何分配中，介紹如下。

1. 定義

定義 4.5：設負二項分配的 $r = 1$ 時，又稱爲幾何分配，即隨機變數 X 爲 Bernoulli 過程中，到達第 1 次「成功」所須的試驗總次數，設 $p\ (0 < p < 1)$爲成功的機率，則 X 的機率質量函數爲

$$f_X(x) = \begin{cases} p(1-p)^{x-1} & ,x = 1, 2, \cdots\cdots \\ 0 & ,\text{其他} \end{cases}$$

一般 $X \sim Geo(p)$。

範例 10

如果有一個電話推銷員平均每打 10 通電話推銷會有一位推銷產品成功，若這個推銷員持續一直打電話推銷，則打到第 5 通電話推銷剛好是第一位同意購買產品的機率爲何？

解

令 r.v. $X \sim Geo(0.1)$，則 $P(X = 5) = 0.1 \times (0.9)^4 = 0.06561$。

2. 性質

定理 4.4：設 $X \sim Geo(p)$，令 $q = 1 - p$，則

(1) 期望值：$E[X] = \dfrac{1}{p}$。

(2) 變異數：$\text{Var}(X) = \dfrac{q}{p^2}$。

(3) 動差生成函數：$M_X(t) = \dfrac{pe^t}{1 - qe^t}$。

(4) 無記憶性*(Memoryless property)：

即 $P(X > n + m \mid X > m) = P(X > n)$

其中 m、n 爲非負的整數。

所謂無記憶性，是指進行 Bernoulli 試驗前 m 次均未成功下，再試驗 n 次仍未成功的機率與重新試驗 n 次未成功的機率相同，換句話說就是之前一開始所擲 m 次未成功的試驗是做白工，此觀念之詳細證明請參閱範例 14。

範例 11

某國家證照考試的通過率爲 0.2，則

(1) 某人考第 11 次才取得該證照的機率？

(2) 請問取得該證照的考試次數期望值與變異數爲何？

解

(1) 設 r.v. X 爲考試次數，則 $X \sim Geo(0.2)$，

$P(X = 11) = 0.2 \times (0.8)^{10} = 0.0215$。

(2) $E[X] = \dfrac{1}{0.2} = 5$；$\text{Var}[X] = \dfrac{0.8}{(0.2)^2} = 20$。

範例 12

某產品的製程中，已知每 100 個產品會有一個不良品，若對一批該產品進行檢試，

(1) 檢驗到第 5 個產品才發現第一個不良品的機率？

(2) 檢驗到第 1 個不良品所需之檢驗產品的個數期望值與變異數爲何？

解

設 r.v. X 爲檢驗到第 1 個不良品所需的檢驗次數，則 $X \sim Geo(0.01)$，

(1) $P(X = 5) = (0.01) \times (0.99)^4 = 0.0096$。

(2) $E[X] = \dfrac{1}{0.01} = 100$，$\text{Var}[X] = \dfrac{1-0.01}{(0.01)^2} = 9900$。

範例 13

設 $X \sim Geo(p)$，且

$$f_X(x)=\begin{cases} p(1-p)^{x-1} & ;x=1,2,\cdots\cdots \\ 0 & ;\text{其他} \end{cases}$$

求 X 的動差生成函數 $M_X(t)$。

解

$$M_X(t)=E[e^{tX}]=\sum_{x=1}^{\infty} e^{tx} f_X(x)$$

$$=\sum_{x=1}^{\infty} e^{tx} p(1-p)^{x-1}=\sum_{x=0}^{\infty} e^{t(x+1)} p(1-p)^{x}$$

$$=pe^{t}\sum_{x=0}^{\infty}[(1-p)e^{t}]^{x}=pe^{t}\frac{1}{1-(1-p)e^{t}} \text{。}$$

範例 14

有一個不連續隨機變數，數值空間 $S=\{0, 1, 2, \cdots\cdots\}$；設 X 爲無記憶性；若：

$$P[X>n+m \mid X>n]=P\,[X>m]$$

請證明，若 X 爲幾何隨機變數，且機率質量函數爲 $P[X=k]=p(1-p)^{k}, k\geq 0$，則 X 爲無記憶性。

解

因 $X \sim Geo(p)$，故 X 的機率密度函數爲

$f(x)=p(1-p)^{x-1}$，$x=1, 2, 3, \cdots\cdots$

又 $P(X>m+n \mid X>m)=\dfrac{P(X>m+n)}{P(X>m)}=\dfrac{\sum\limits_{x=m+n+1}^{\infty} p(1-p)^{x-1}}{\sum\limits_{x=m+1}^{\infty} p(1-p)^{x-1}}$

$$=\frac{p(1-p)^{m+n}+p(1-p)^{m+n+1}+\cdots\cdots}{p(1-p)^{m}+p(1-p)^{m+1}+\cdots\cdots}$$

$$=(1-p)^{n}$$

且 $P(X>n)=\sum_{x=n+1}^{\infty} p(1-p)^{x-1}$

$=p(1-p)^n+p(1-p)^{n+1}+p(1-p)^{n+2}+\cdots\cdots$

$=\dfrac{p(1-p)^n}{1-(1-p)}$

$=(1-p)^n$，

故 $P(X>m+n \mid X>m)=P(X>n)$，即幾何分配無記憶性。

Note：幾何 r.v. X 與無記憶性互為若且唯若的性質。

範例 15

某公司將手中六種收藏品裝入產品盒打包，而且是按照相等的比率，每個盒子各裝進一個；若某顧客決意將六種收集品一次全收集完整，請問他預計需購買多少數目個產品盒才夠？

解

令 X_k 表示已收集$(k-1)$種，直到第 k 種亦收集到所需購買的數目，則 $X_K \sim Geo(p_k)$，且 $p_k=\dfrac{6-(k-1)}{6}$、$E[X_k]=\dfrac{1}{p_k}$，故 6 種全收集到所需購買的數目 X 為

$X=X_1+X_2+X_3+X_4+X_5+X_6$

$=\dfrac{1}{1}+\dfrac{6}{5}+\dfrac{6}{4}+\dfrac{6}{3}+\dfrac{6}{2}+\dfrac{6}{1}$

$=14.7$。

五、超幾何分配（Hypergeometric Distribution）

假設某大量的產品（母體）有 n 件，其中 m 個爲不良品，$(n-m)$個爲良品，以取後不放回的方式取出 k 個產品，若 r.v. X 表示取到不良品的個數，則 X 可能爲 0, 1, 2, ……, $\min(m, k)$，則此時的 r.v. X 會呈現超幾何的機率分配，其介紹如下：

1. 定義

定義 4.6：設一個母體中含有 n 個樣本，其中有 m 個定義爲「成功」，另外 $n-m$ 個定義爲「失敗」，利用抽後不放回（without replacement）抽樣方法，抽出 k 個樣本，隨機變數 X 定義爲「成功」的次數，則 X 的機率質量函數爲

$$f_X(x) = \frac{\binom{m}{x}\binom{n-m}{k-x}}{\binom{n}{k}} \quad x = 0, 1, 2, \cdots\cdots, k$$

一般稱 X 具參數(n, m, k)的超幾何分配，表成 $X \sim HG(n, m, k)$。

Note：當 n 很大（$n \to \infty$），此時「放回」與「不放回」近乎沒有差別且 k 與 $p = \frac{m}{n}$ 很小，則此時 $HG(n, m, k)$幾乎等於二項分配 $B(n, p)$，即大母體、小樣本時，超幾何分配幾乎等於二項分配，即 $\frac{C_x^m \times C_{k-x}^{n-m}}{C_k^n} \xrightarrow{\text{趨近}} C_x^m \times p^x \times (1-p)^{m-x}$。

2. 性質

定理 4.5：設 $X \sim HG(n, m, k)$，則

(1) 期望值：$E[X] = k\frac{m}{n}$。

(2) 變異數：$\text{Var}(X) = k(\frac{m}{n})(1-\frac{m}{n})(\frac{n-k}{n-1})$。

(3) 若 $HG(n, m, k)$抽後不放回，改爲抽後放回，則變成 $B(n, p)$，其中 $p = \frac{m}{n}$。

範例 16

設有一批 20 個 IC 中，有 4 個不良品，其中抽出 5 顆 IC 做檢查，若有超過一個爲不良品則退貨，請問退貨的機率爲何？且此 5 個 IC 樣本中，不良品的期望值與變異數爲何？

解

令 r.v. X 爲不良品個數，則 $X \sim HG(20, 4, 5)$，

(1) $P(\text{退貨}) = 1 - P(X \le 1) = 1 - P(X = 0) - P(X = 1)$

$$= 1 - \frac{C_0^4 C_5^{16}}{C_5^{20}} - \frac{C_1^4 C_4^{16}}{C_5^{20}} = \frac{241}{969} = 0.2487 \text{。}$$

(2) $E[X] = 5 \times \frac{4}{20} = 1$；

$$\text{Var}[X] = 5 \times \frac{4}{20} \times (1 - \frac{4}{20}) \times (\frac{20-5}{20-1}) = \frac{12}{19} = 0.632 \text{。}$$

範例 17

某製造商辦理出貨時是以每 100 個項目作一批，定期發貨；根據該製造商記錄資料，出貨項目的瑕疵率爲 5%。

(1) 以抽取後不放回的方式從某批貨中抽取 5 件樣本，請問 5 件全非瑕疵品的機率爲何？

(2) 有至少 2 件瑕疵品的機率又爲何？

解

(1) 設隨機變數 X 爲 5 個樣品中瑕疵品的個數，

則 $X \sim HG\,(n = 100，m = 5，k = 5)$

故 $P(X = 0) = \dfrac{C_0^5 C_5^{95}}{C_5^{100}} = 0.7696$。

(2) $P(X \ge 2) = 1 - P(X = 0) - P(X = 1)$

$$= 1 - \frac{C_0^5 C_5^{95}}{C_5^{100}} - \frac{C_1^5 C_4^{95}}{C_5^{100}} = 0.019 \text{。}$$

範例 18

設有一批 300 個主機板，其中 5%為不良品，自其中取出 5 個加以檢驗，請利用超幾何分配與二項分配計算其中至少有一個不良品的機率為何？並比較其差異。

解

令 r.v. X 表示樣本中不良品數目，

(1) $X \sim HG(300, 15, 5) \rightarrow P(X \geq 1) = 1 - P(X = 0) = 1 - \frac{C_0^{15} C_5^{285}}{C_5^{300}} = 1 - 0.7724 = 0.2276$。

(2) $X \sim B(5, 0.05) \rightarrow P(X \geq 1) = 1 - P(X = 0) = 1 - C_0^5 (0.05)^0 \times (0.95)^5 = 0.226$。

由以上可知，在大母體小樣本下，超幾何分配與二項分配所得之結果幾乎一致。

六、Poisson 分配（卜瓦松，波以松，波氏分配）

在日常生活中，我們常常會希望看看在某一段時間內，該事件發生的次數，例如：早餐店的老板希望知道 10 分鐘內來買早餐的人數，百貨公司的主管希望了解一小時內的到客人數，停車廠管理公司希望了解半小時內停車的數量等等，這些現象都可以利用下面介紹的 Poisson 分配來描述，介紹如下：

1. 定義

定義 4.7： Poisson 過程（Process）

一個隨機試驗具有下面性質，稱為是 Poisson 過程

(1) 在指定的區域裡或時間的區段內，事件發生數目獨立於其他的區域或時間區段。

(2) 若區間很小時，單一事件發生的機率與該區間成正比。

(3) 若區間很小時，在該區間超過一個事件發生的機率小到可以忽略。

定義 4.8： 若隨機變數 X 代表給定時間或指定區域內所發生的出象數目，其機率質量函數爲

$$f_X(x)=\frac{e^{-\lambda}\lambda^x}{x!}\quad x=0,1,2,\cdots\cdots$$

其中 λ 爲單位時間或區域內事件發生的次數，則稱 X 具參數 λ 的 Poisson 分配，表成 $X\sim Poi(\lambda)$。

Note：一般在處理 Poisson 分配時會加入時間 t，即 λ 爲單位時間內有幾個事件發生（發生率），則平均（λt）個事件發生的 Poisson 分配機率密度函數爲 $f_X(x)=\dfrac{e^{-\lambda t}\times(\lambda t)^x}{x!}$；$x=0,1,2,\cdots\cdots$

2. 性質

定理 4.6：設 $X\sim Poi(\lambda)$，則

(1) 期望值：$E[X]=\lambda$。

(2) 變異數：$\mathrm{Var}(X)=\lambda$。

(3) 動差生成函數：$M_X(t)=e^{\lambda(e^t-1)}$。

(4) 可加性：若 $X_1\sim Poi(\lambda_1)$、$X_2\sim Poi(\lambda_2)$，則 $X_1+X_2\sim Poi(\lambda_1+\lambda_2)$。

(5) Poisson 分配可視爲二項分配的極限，即 n 夠大，而 p 夠小，則 $\lim\limits_{n\to\infty}B(n,p)=Poi(\lambda)$。（其中 $\lambda=np$）
即試驗次數非常多，且事件發生的機率十分低，此時二項分配可以視爲 Poisson 分配。如一本書中，每一頁打錯的字數，或某一公路上每天發生的車禍數。

Note：在計算 Poisson 分配時可以利用附錄四的查表來計算，例如台灣的機車事故盛行率每一萬人口中爲 0.00025，故發生機車事故的平均人數 $\lambda=np=10000\times(0.00025)=2.5$，則 $P(X=x)=\dfrac{e^{-\lambda}\times\lambda^x}{x!}=\dfrac{e^{-2.5}\times(2.5)^x}{x!}$

則每萬人中超過六人發生機車事故的機率爲 $P(X\geq 7)$，由附錄四查表可知

$P(X\geq 7)=1-0.9858=0.0142$。

範例 19

某便利商店每 3 分鐘內平均有 3 人進來消費，且 3 分鐘內到店內消費的人數符合 Poisson 分配，則

(1) 3 分鐘內剛好有 3 人到商店內消費的機率為何？

(2) 6 分鐘內剛好有 5 人到商店內消費的機率為何？

(3) 6 分鐘內到商店消費的人數在 4 人以下的機率為何？

解

令 r.v. X 表示 3 分鐘內到商店內消費的人數，

r.v. Y 表示 6 分鐘內到商店內消費的人數，

則 $X \sim Poi(3)$，$Y \sim Poi(6)$，

$f_X(x) = \dfrac{e^{-3} \times 3^x}{x!}$，$x = 0, 1, 2, \cdots\cdots$，$f_Y(y) = \dfrac{e^{-6} \times 6^y}{y!}$，$y = 0, 1, 2, \cdots\cdots$，

(1) $P(X = 3) = f_X(3) = \dfrac{e^{-3} \times 3^3}{3!} = 0.224$。

(2) $P(Y = 5) = f_Y(5) = \dfrac{e^{-6} \times 6^5}{5!} = 0.1606$。

(3) $P(Y \le 4) = P(Y = 0) + P(Y = 1) + P(Y = 2) + P(Y = 3) + P(Y = 4)$

$$= \sum_{y=0}^{4} \frac{e^{-6} \times 6^y}{y!} = 0.2851$$。

（本小題可利用附錄四之查表求得）

範例 20

設 $X \sim Poi(\lambda)$，且

$$f_X(x)=\begin{cases}\dfrac{e^{-\lambda}\lambda^x}{x!} & ; x=0,1,2,\cdots\cdots \\ 0 & ;\text{其他}\end{cases}$$

求 X 的動差生成函數 $M_X(t)$。

解

$$M_X(t)=E[e^{tX}]=\sum_{x=0}^{\infty}e^{tx}f_X(x)$$
$$=\sum_{x=0}^{\infty}e^{tx}\frac{e^{-\lambda}\lambda^x}{x!}$$
$$=\sum_{x=0}^{\infty}\frac{e^{-\lambda}(\lambda e^t)^x}{x!}$$
$$=e^{-\lambda}e^{\lambda e^t}$$
$$=e^{\lambda(e^t-1)}\text{。}$$

範例 21

設某波氏隨機變數的參數為 a，a 的數值為 0, 1, ⋯，機率為 $P(x=k)=e^{-a}\dfrac{a^k}{k!}$，請問隨機變數 X 的均數及變異數為何。

解

因 $M_X(t)=e^{a(e^t-1)}$，故 $E[X]=M'_X(0)=a$，

$$\text{Var}(X)=M''_X(0)-[M'_X(0)]^2$$
$$=a+a^2-a^2=a\text{。}$$

範例 22

某城市平均 1 小時內會發生一件竊案，令 r.v. X 表示 1 小時內發生竊案的件數，且 r.v. X 滿足 Poisson 分配，則

(1) 該城市 1 小時內完全沒有竊案發生的機率？

(2) 該城市 1 小時內發生超過兩次竊案的機率？

(3) 該城市 2 小時內恰巧只發生一次竊案的機率？

解

$X \sim Poi(1)$，則 $f_X(x) = \dfrac{e^{-1} \times 1^x}{x!} = \dfrac{e^{-1}}{x!}$，$x = 0, 1, 2, \cdots\cdots$，

(1) $P(X = 0) = \dfrac{e^{-1}}{0!} = \dfrac{1}{e} = 0.3679$。

(2) $P(X > 2) = 1 - P(X = 0) - P(X = 1) - P(X = 2)$

$$= 1 - \frac{e^{-1}}{0!} - \frac{e^{-1}}{1!} - \frac{e^{-1}}{2!} = 0.0803$$ 。

(3) 令 r.v. Y 為 2 小時內發生竊案件數，則

$Y \sim Poi(2) \to f_Y(y) = \dfrac{e^{-2} \times 2^y}{y!}$，

$P(Y = 1) = \dfrac{e^{-2} \times 2^1}{1!} = \dfrac{2}{e^2} = 0.2707$。

範例 23

螺絲生產作業，以 100 根螺絲釘做一批，若瑕疵品的出現機率為 $p = 0.01$，則一批螺絲釘出現 2 根以上瑕疵品的機率為何？

解

令隨機變數 X 為 100 根螺絲釘中瑕疵品之數目，因

$\lambda = np = 100 \times 0.01 = 1$

且 n 很大，故 $X \sim B(100, 0.01)$，則 $X \sim Poi(1)$，則 $f_X(x) = e^{-\lambda}\dfrac{\lambda^x}{x!}$，故

所求 $= P(X > 2) = 1 - P(X = 0) - P(X = 1) - P(X = 2)$

$$= 1 - e^{-1} - e^{-1} - \frac{1}{2!}e^{-1}$$

$$= 1 - \frac{5}{2} \times \frac{1}{e}\text{。}$$

範例 24

某停車場平均每分鐘有兩輛車駛入停放，請問任何特定分鐘內，有 4 輛或更多輛車駛入停放的機率是多少？

(A) 0.875　(B) 0.643　(C) 0.143　(D) 0.357　(E) 0.5。

解

設隨機變數 X 爲每分鐘停車數，故 $X \sim Poi(2)$，即 $\lambda = 2$，且

$f_X(x) = e^{-\lambda}\dfrac{\lambda^x}{x!}$　（$x = 0, 1, 2, \cdots\cdots$），則

$$P(X \geq 4) = 1 - P(X \leq 3)$$

$$= 1 - P(X = 1) - P(X = 2) - P(X = 3)$$

$$= 1 - 2e^{-2} - e^{-2}\frac{2^2}{2!} - e^{-2}\frac{2^3}{3!}$$

$$= 1 - \frac{19}{3}e^{-2} \approx 0.143\text{。}$$

習　題

一、基礎題：

1. **(二項分配)**

   兩首相同的歌曲經由 MP3 跟 CD 放給十二個人聽，由這些人來判定兩者間有無差異。假設這些人僅簡單地用猜的來回答。求有三個人聲稱聽到兩者之間有差異的機率。

2. **(離散均勻分配)**

   從 100 名高中生中選出一名學生參與奧林匹亞數學競賽，方式爲從 100 個標記爲 1 到 100 的球中隨機抽出一個。令 X 表示抽出球的數字。求 X 的機率分配函數，並求抽出的數字小於 40 的機率是多少？

3. **(二項分配)**

   根據某民間機構的調查，一半的台灣公司給年資 15 年員工 2 週的特休假。求隨機調查的 8 家公司中，以下的情況給年資 15 年員工 2 週特休假的機率是多少？

   (1) 2 至 5 家公司。

   (2) 少於 3 家公司。

4. **(二項分配)**

   一位著名的醫生聲稱 70%的肝癌患者是持續喝酒者。如果他的說法是正確的，求 6 肝癌患者不到一半是持續喝酒者的機率。

5. **(二項分配)**

   在某崎嶇地形上測試某種休旅車輪胎時，發現有 25%的休旅車會爆胎。在接下來的 15 輛休旅車的測試中，求以下的機率：

   (1) 有 3 至 6 輛休旅車爆胎。

   (2) 少於 4 輛休旅車爆胎。

   (3) 15 輛休旅車中期望有多少輛會發生爆胎。

   (4) 15 輛休旅車中發生爆胎數的變異數是多少？

6. **(二項分配)**

   患者從某精密的肺臟手術中存活的機率爲 0.9。接下來 6 位做此手術的患者中有 4 位存活的機率是多少？

7. **(二項分配)**

   在一家高級鐘錶店的客戶調查中發現，有 75%的顧客是高收入者。則在接下來的 9 個顧客中不到 4 個人不屬於高收入者的機率是多少？

8. **(二項分配)**

   已知注射某種疫苗的兔子有 60%會不受某種疾病的影響。如果有 5 隻經接種的兔子，求以下的機率：

(1) 無兔子得病。

(2) 少於 2 隻兔子得病。

(3) 超過 3 隻兔子得病。

9. **(二項分配)**

台大醫院對一項對抗焦憂藥物之態度的研究指出，約 70%的受訪者認為「抗焦憂藥物不能眞正治愈任何東西，它們只是掩蓋了眞正的問題而已。」，如果 X 代表認為抗焦憂藥不能治愈而只是掩蓋眞實問題的人數，請求出隨機選擇 7 人中 X 的平均值和變異數。

10. **(多項式分配)**

某圓形旋轉式飛鏢盤的表面有一個稱為靶心的中心小圓並有 20 個從 1 號到 20 號的環帶狀區域。每個環帶狀區域進一步分為三個部分，使得一個人的飛鏢得分為落在特定區域的編號再乘以權重 1、2 或 3，取決於該飛鏢擊中哪一個部分。如果一個人擊中靶心的機率為 0.01、擊中雙倍的機率為 0.10、擊中 3 倍的機率為 0.05、以及沒擊中飛鏢板的機率為 0.02。那麼 7 次射鏢靶的結果為：沒中靶心、沒有三倍、雙倍兩次、以及完全沒擊中一次的機率為何？

11. **(多項式分配)**

根據立法委員參與開會的習慣，搭高鐵、公車、汽車或捷運的機率分別為 0.4、0.1、0.3 和 0.2。在隨機選擇的 10 位委員中，有 3 位搭高鐵、3 位坐公車、2 位坐汽車、2 位搭捷運的機率是多少？

12. **(二項分配)**

假設對於數量非常大量的手機晶片，任何一個晶片的瑕疵率為 0.10。假設滿足二項式分配的假設，求在 20 個隨機手機晶片中最多有 3 個晶片有瑕疵的機率。

13. **(超幾何分配)**

從 4 名男生和 2 名女生中隨機選出 4 名委員。令隨機變數 X 為委員會中男生的數量，請寫出 X 的機率分配函數。求出 $P(2 \le X \le 3)$，$E[X]$與 $\mathrm{Var}[X]$。

14. **(超幾何分配)**

從 10 枚愛國者飛彈中任選 3 枚發射。如果 10 枚中包含 4 枚瑕疵飛彈將無法發射，求以下機率：

(1) 所有 3 個都可發射。

(2) 最多 2 個不可發射。

15. **(超幾何分配)**

    如果某教官隨機檢查 9 名學生（其中有 3 名是未成年）中 5 名的學生證，他查出 2 名未成年人並拒絕爲那兩人提供含酒精飲料的機率是多少？

16. **(二項分配與超幾何分配)**

    在某台北市的 150 名捷運局員工中，只有 30 名是女性。如果隨機選擇 10 名員工爲台北市居民提供免費市區導覽服務，(1)請使用二項式近似來計算母體分佈，求至少選擇出 2 名女性的機率。(2)利用超幾何分配計算。

17. **(以二項分配近似超幾何分配)**

    兩個大學學校合併案考慮把有 1200 位學生的一大學併入到鄰近另一個國立大學。如果一半的學生贊成被合併，則在一份 10 人的樣本中，至少有 4 人贊成合併的機率是多少？

18. **(以二項分配近似超幾何分配)**

    台灣大學對 17,000 名台北市老年人做全面性調查顯示，將近 70%的不喜歡每日運動。如果隨機選擇其中 18 位老年人，並詢問他們的意見，多於 8 位但少於 14 位不喜歡每日運動的機率是多少？

19. **(超幾何分配)**

    在玉山國家公園中進行研究的動物系研究生通常標記和釋放受試者以估計母體的大小或母體中某些的特徵。在玉山國家公園中捕捉被認爲已經絕種（或接近絕種）之某母體的 10 隻動物，做標記並釋放。一段時間後，在其中選擇 15 個這種動物的隨機樣本。如果在該國家公園只有 25 隻這種動物，那麼該樣本中有 5 隻有標記的機率是多少？

20. **(超幾何分配)**

    某工廠有一種檢查系統用以檢查所購買的整批手機之狀態。一批通常包含 15 台手機。在該檢查系統中，隨機選擇一份 5 台手機的樣本，並對該樣本中所有的手機進行測試。假設在每批 15 台中有 2 台瑕疵品。

    (1) 一給定樣本中會有 1 瑕疵品的機率是多少？

    (2) 此檢查將發現有瑕疵品的機率是多少？

21. **(超幾何分配)**

環保署懷疑一些化工廠因傾倒某類廢棄物而違反了的台灣污染規定。有 20 家工廠被懷疑，但無法對所有皆做檢查。假設有 3 個工廠違反規定。

(1) 檢查 5 家沒有發現違規的機率是多少？

(2) 用(1)的方式檢查出兩家違規工廠的機率是多少？

22. **(以二項分配近似超幾何分配)**

某可口可樂汽水生產設備每小時裝滿 10,000 罐可口可樂，但其中有 200 罐沒裝滿。每小時隨機選擇出有 30 罐的樣本，並檢查每罐可口可樂的重量。用 X 表示沒裝滿的數量。求在那些抽樣中至少有 1 罐沒裝滿的機率。

23. **(負二項分配與幾何分配)**

小明投擲一公正的銅板，求以下的機率：

(1) 第七次投擲時得到第三次正面。

(2) 第四次投擲時得到第一次正面。

24. **(負二項分配與幾何分配)**

根據一群大學研究生所發表的研究報告指出，在台灣服用某維他命的 200 萬人中，有三分之二的人是女性。假設這是一個有效的估計。求出在某一天醫生開出之第五張該維他命藥單是：

(1) 第一張給女性維他命藥單的機率。

(2) 第三張給女性維他命藥單的機率。

25. **(波以松分配)**

平均而言，某轉彎路口每年發生 3 次交通事故。這個路口在任意某年中有以下狀況的機率是多少？

(1) 有 5 次交通事故。

(2) 少於 3 次交通事故。

(3) 至少 2 次交通事故。

26. **(波以松分配)**

一般而言，某本機率學的課本中作者在初稿中每一頁會打錯兩個字。則下一頁有以下狀況的機率是多少？

(1) 4 個或更多個錯誤。

(2) 沒有錯誤。

27. **(波以松分配)**

台灣平均每年遭受 6 次颱風襲擊。求在一指定年份中台灣在以下狀況被颱風襲擊的機率：

(1) 少於 4 個颱風。

(2) 有 6 至 8 個颱風。

(3) 求被颱風襲擊的次數隨機變數 X 的平均值和變異數。

28. **(負二項分配與幾何分配)**

假設任何一個人相信某著名女藝人之犯罪傳聞的機率是 0.8。有以下狀況的機率是多少？設 r.v. X 表示第 4 個相信者出現所需人數，r.v. Y 爲第一個相信者出現所需人數，則

(1) 第六個聽到這個傳聞的人是第四個相信者。

(2) 第三個聽到這個傳聞的人是第一個相信者。

(3) $E[X]$ = ? $\text{Var}[X]$ = ?

(4) $E[Y]$ = ? $\text{Var}[Y]$ = ?

29. **(波以松分配)**

某手機晶片製造商關心在特定型號 IC 中的瑕疵。在極少數的情況下，該瑕疵可能會導致手機故障。每年將發生此種故障之手機數量 X 的分佈是一種 $\lambda = 5$ 波以松隨機變數，則

(1) 每年最多 3 隻手機將發生此種故障的機率是多少？

(2) 每年超過 1 隻手機將發生此種故障的機率是多少？

(3) 求 $E[X]$與 $\text{Var}[X]$。

30. **(波以松分配)**

假定某美容醫院服務設施每小時到達的就醫人數 X 遵循波以松分佈，平均 $\lambda = 7$。

(1) 計算在 2 小時內超過 10 個就醫人數到達的機率。

(2) 2 小時內平均到達的數目是多少？

31. **(波以松分配)**

當一個人感染某細菌時，其死亡的機率是 0.004。在 4000 感染該細菌人的中，平均有多少人會死亡？

32. **(波以松分配)**

對於中華電信某類的光纖線，已知平均每毫米出現 1.2 個瑕疵。假設瑕疵數是波以松隨機變數分配。在長度爲 5 毫米的光纖線中沒有瑕疵的機率是多少？在長度爲 5 毫米的光纖線中平均瑕疵數是多少？

33. **(幾何分配)**

根據交通部調查在桃園國際機場檢查行李時，有 2%的行李中有危禁品。在一個人被檢查到有危禁品之前，連續 15 個人已成功通過檢查的機率是多少？一個人被攔下之前，期望可通過的人數是多少？變異數是多少？

34. **(幾何分配)**

人工智慧技術已經進展到使用機器手臂代替員工。在每班次 6 小時的工作期間，某機器手臂發生故障的機率爲 0.10。該機器手臂在故障前最多運行了 5 個班次的機率是多少？平均多少班次會發生故障？其變異數爲何？

35. **(二項分配)**

考慮生產某種自動投幣販賣機。如果它在 99%的測試中成功，則廠商會有興趣買它，否則，它將不被視爲是可以買的機器。在原型機上做 100 次投幣測試，如果該機器不會有超過 3 次的失敗，則會生產它。

(1) 一台好的機器將被拒絕購買的機率是多少？

(2) 購買一台，其平均投幣失敗次數？

(3) 只有 95%投幣成功率之無效機器將被接受的機率是多少？

36. **(超幾何分配的延伸)**

桃園機場的汽車租賃公司有 5 輛豐田、7 輛本田、4 輛裕隆、3 輛福特和 4 輛福斯。如果某公司隨機選擇 9 輛汽車從機場開到台北市，發現使用 2 輛豐田、3 輛本田、1 輛裕隆、1 輛福特和 2 輛福斯的機率是多少？

37. **(波以松分配)**

某信用卡服務中心的來電數是根據一波以松程序，平均每分鐘有 2.7 通來電。求以下的機率：

(1) 在一分鐘內不超過 4 通來電。

(2) 在一分鐘內不到 2 通來電。

(3) 在 5 分鐘內超過 10 通來電。

38. **(波以松分配)**

一切換開關偶爾會發生故障，但如果每小時平均故障數不超過 0.20 次，則認爲該切換開關可用。選擇 5 小時的一周期來測試該開關。如果在該段期間不發生超過 1 次故障，則認爲該開關可接受，假設是波以松程序。

(1) 根據該測試，可用的開關卻被無法接受的機率是多少？

(2) 當事實上平均故障數爲 0.25 時，開關將被接受的機率是多少？

39. **(二項分配)**

某家電氣行通常購買大量的某種品牌電視。如果在 100 個該裝置的隨機樣本中發現 2 個或更多個瑕疵品，則退該批貨。

(1) 有 2%瑕疵品的貨被退的機率是多少？

(2) 有 4%瑕疵品的貨被退的機率是多少？

40. **(波以松分配)**

一個當地的量販店店長知道，每小時平均有 100 個人進入他的量販店。

(1) 求在 3 分鐘內沒有人進入該商店的機率。

(2) 求在 3 分鐘內超過 5 個人進入該商店的機率。

41. **(二項分配)**

假設在售出的 500 張樂透彩票中，有 100 張彩票至少能贏回彩票費用。現在假設你買 5 張彩票。求你將贏回至少 3 張票的成本的機率。

42. **(二項分配近似成波以松分配)**

對於某類的 IC 板上電晶體故障的機率爲 0.02。該 IC 板包含 200 個電晶體。

(1) 電晶體的平均故障數是多少？

(2) 變異數是多少？

(3) 如果沒有故障的電晶體，IC 板將可運作，此機率爲何？

(4) 利用二項分配重做上述三小題。

43. **(幾何分配)**

某手機藍芽接收器的潛在買方要求（除了別的要求之外）該接收器要連續成功接收 10 次才願意買。假設可成功接收的機率爲 0.98。我們假設每次接收的結果是獨立的。

(1) 該接收器在 10 次接收後就被接受的機率是多少？

(2) 若該接收器嘗試接收 12 次後才被接受，那麼接受機率是多少？

44. **(幾何分配)**

某電池大廠的電池的驗收計畫為：測試不超過 75 個隨機選擇的電池，如果有一電池故障，則整批退貨。假設故障機率為 0.001。

(1) 整批被接受的機率是多少？

(2) 在第 20 次測試時該批貨被退的機率是多少？

(3) 在 10 次的測試中該批貨被退的機率是多少？

45. **(負二項分配)**

設石油探勘公司在不同地方挖石油，且其任何地方成功的機率為 0.25。該公司認為如果第二次成功發生在第六次嘗試的話，將「賺翻了」。該公司賺翻了的機率為何？

46. **(負二項分配)**

某夫妻決定要繼續生孩子，直到他們有兩個女兒為止。假設 P(女孩)= 0.5，則他們的第二個女兒是他們的第五個孩子的機率是多少？求有第二個女兒之孩子數的平均值與變異數。

47. **(二項分配近似成波以松分配)**

某醫院研究顯示，在 100 人中有 2 人帶有會導致高血壓的遺傳性基因。若隨機抽樣 1000 人，少於 11 人攜帶該基因的機率是多少？請使用波以松近似。再次地，使用該近似，1000 人中攜帶該基因的近似平均人數是多少？

48. **(二項分配與波以松分配)**

某工廠生產電子元件。假設瑕疵品的機率為 0.01。在測試期間，隨機抽樣 500 個，觀察到 15 個瑕疵品。

(1) 在 1%瑕疵的假定下，只發現有 3 個瑕疵品的機率是多少？

(2) 使用波以松近似法重做上小題。

49. **(超幾何分配)**

某加工廠生產出 50 個一批的手機殼。有一種抽樣計畫，其中定期抽取出幾批並施行某類檢查，一般認為瑕疵比例非常小。當前的檢測計畫是定期隨機抽樣 50 個物品中的 10 個，如果沒有瑕疵品，不進行任何干預。

(1) 假設在隨機選擇的一批中，50 個中有 2 個是瑕疵品。那麼從此批中隨機選擇 10 個中至少 1 個有瑕疵的機率是多少？

(2) 在隨機選擇的 10 個中發現有瑕疵的平均數量是多少？

50. **(超幾何分配)**

延續上題，現在已經決定該抽樣計畫應該要足夠且大量。如果在 50 個中存在多達 2 個瑕疵品的話，那麼在抽樣的過程中至少出現 1 個瑕疵品的機率應該要很高，例如 0.9。有了這個限制，50 個中應該被抽樣多少個？

51. **(二項分配)**

重做題 49。使用二項式分佈計算機率，並說明其現象。

52. **(波以松分配近似二項分配)**

汽車兒童座椅製造商已收到有關於產品中發生鬆脫的故障客訴。根據該產品的設計和相當多的初步測試，已經確定該種故障的機率爲萬分之一。在對該客訴進行徹底調查後，決定在一段時間內，從產品中隨機選擇了 200 件做檢測，並且發現有 5 件有故障。

(1) 請使用機率對該製造商「萬分之一」的宣稱進行評論。請使用二項式分佈進行計算。

(2) 請使用波以松近似重複求解上小題。

(3) 請問該聲明正確嗎？

二、進階題：

1. (1) 何謂無記憶性？它有何用途？

(2) 請寫出一個具無記憶性的隨機變數並且證明之。

2. 擲均質骰子 4 次，請問出現「6 點」至少兩次的機率爲何？

(A) 0.868 (B) 0.782 (C) 0.5 (D) 0.218 (E) 0.132。

3. 電話通訊可區分爲「語音」（V）和數據（D）兩種，前者是指當事人拿起電話機講話，後者是指當事人利用數據機或傳眞機傳送訊息；設 $P(V)=\dfrac{3}{4}$ 及 $P(D)=\dfrac{1}{4}$，又設隨機變數 K_n 代表在任一組電話通訊中，語音通話所佔的數目，請問 K_{48} 的期望值和標準差爲何？

4. 從一副普通撲克牌的 52 張牌中，以抽後放回的方式每次抽取一張，請問先抽出 ace(A)牌，然後才抽出人頭牌（J、Q、K）的機率爲何？

5. 某工廠生產電燈泡，每 12 只燈泡裝一盒，然後從每盒中隨機抽取 4 只燈泡執行品質檢驗。任一盒燈泡只要被查到有 2 只或更多只燈泡有瑕疵，那麼該盒燈泡就必須整盒廢棄；請問某盒裡有 5 只壞燈泡，卻能僥倖獲得檢查過關的機率是多少？

6. 客戶進入銀行的速率呈現波氏分配，每分鐘 1 人；銀行駐警原本是坐在銀行門口執行警衛，但當中有事曾經稍微離開過 10 分鐘。
   (1) 請問這段時間內剛好有 7 位客戶進入銀行的機率是多少？
   (2) 請問這段時間內進入銀行的客戶，以何者人數的機率為最高？理由何在？（註：這個人數可能不止一個）
7. 設客戶走進服務站的人流數為隨機變數，呈現波氏分配，每小時人數之均數為 λ。
   (1) 請問客戶在 2 小時之時段內走進服務站之人流數的機率質量函數為何？
   (2) 設 $N(X)$ 為 X 小時內的入站人流數，其中 X 是以 p 為參數的為幾何隨機變數，請問 $N(X)$ 的機率質量函數為何？
8. 設 X 及 Y 為波氏隨機變數：

   $$P_X(k)=\frac{1}{k!}e^{-\lambda_1}\lambda_1^k$$

   且 $P_Y(j)=\dfrac{1}{j!}e^{-\lambda_2}\lambda_2^j$

   (1) 請問 $P[Z=m]$，其中 $Z=X+Y$？
   (2) 若 $\lambda_1=2$ 且 $\lambda_2=3$，請計算 $P[Z\le 5]$。
9. (1) 請以 α 為參數，陳述波氏隨機變數。
   (2) 請利用機率生成函數計算波氏隨機變數之均數。
10. 將物體隨機分散在某平面上，並且讓平面上任一個面積為 A 之區域的該物體散落數呈現波氏分配，均數為 λA。考量該平面上的某個任意點，設 X 代表該點與最近物體之間的距離（用一般歐幾里德法計算該距離即可），請計算 $Pr(X>t)$？
11. 信息傳來總機的信息流件數呈現波氏分配，平均每 3 分鐘傳來 10 件，請計算在某個忙碌小時內，傳進件數低於 175 件的機率。
12. 某樂透彩遊戲使用明寫編號 1 號至 49 號的彩球 49 個，現在首先以抽取後不放回的方式從這 49 個彩球中隨機抽取三個，接著將這三個彩球依照球面數目由小而大的排成一列，再拿這三個數目個位數的數字組成一個三位數的數目；（第一個數目的最有效數字等）
    (1) 請問這三位數的變化全距。
    (2) 請問這三位數的變化是否構成均等機率密度函數？說明你的理由。
    (3) 若該樂透彩遊戲改為使用明寫編號 1 號至 50 號的彩球 50 個，請問那三位數的變化是否依然構成均等機率密度函數？說明你的理由。

13. 以每六小時爲觀察單位，設旅客抵達旅館住宿的人流呈現波氏分配，並設該波氏隨機變數的參數爲 λ；（註：波氏隨機變數 X 的機率質量函數爲

$$P(X=i)=\frac{e^{-\lambda}\lambda^{i}}{i!}，i=0, 1, 2, \cdots$$

(1) 請問某 10 分鐘時段內無任何旅客抵達旅館住宿的機率爲何？

(2) 請問第 10 位旅客抵達旅館住宿後，相隔不到 4 分鐘又有第 11 位旅客抵達旅館辦理住宿的機率爲何？

(3) 假設到目前爲止已經過了 10 分鐘，仍不見任何新的旅客抵達旅館辦理住宿，請問下個 4 分鐘內會有新旅客前來辦理投宿的機率爲何？

4-2 連續型機率分配

前面一小節中，我們了解各種離散型的機率分配模型，接下來這個小節將介紹各種常見的連續型機率分配。

一、常態分配或 Gaussian 分配（Normal or Gaussian Distribution）

常態分配在機率學與統計學中是非常重要的分配，其分配圖形呈現鐘形曲線，此曲線是在 18 世紀由法國數學家棣美弗（De Moivre）提出，其後由高斯（Carl Friedrich Gauss）加以延伸推廣，其可以用來描述許多大自然、社會、工業或商業的現象與行爲，例如：可以描述學生考試的成績分配等，以下將詳細介紹常態分配。

1. 定義

定義 4.9：若連續型隨機變數 X，其機率密度函數爲

$$f_X(x)=\frac{1}{\sqrt{2\pi}\sigma}e^{-\frac{1}{2}\left(\frac{x-\mu}{\sigma}\right)^2}\text{，}-\infty<x<\infty$$

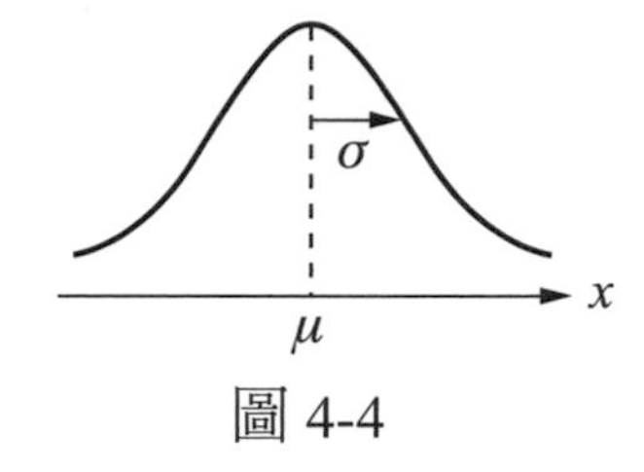

圖 4-4

其中 $\mu\in\mathrm{R}$、$\sigma>0$，

則稱 X 具常態分配（normal distribution），或 Laplace-Gauss 分配，一般表成 $X\sim N(\mu,\sigma^2)$。當 $\mu=0$、$\sigma=1$ 時，稱 X 具標準常態分配（standard normal distribution），記爲 $X\sim N(0,1)$，如圖 4-4。

標準常態分配 $X\sim N(0,1)$，其機率密度函數 $f_X(x)=\frac{1}{\sqrt{2\pi}}e^{-\frac{1}{2}x^2}$；$-\infty<x<\infty$，計算其機率 $P(X<x)$時會存在$\int_{-\infty}^{x}\frac{1}{\sqrt{2\pi}}e^{-\frac{1}{2}t^2}dt$的積分，此積分無法直接求出，可以利用 $\phi(x)$ 函數來表示如下：

$$P(X\le x)=\phi(x)=\frac{1}{\sqrt{2\pi}}\int_{-\infty}^{x}e^{-\frac{1}{2}t^2}dt$$

，其表示如圖 4-5 中鋪色區域面積。

圖 4-5

有關 $\phi(x)$ 的函數值利用附錄五查表可得，而 $\phi(x)$ 具有下列性質，

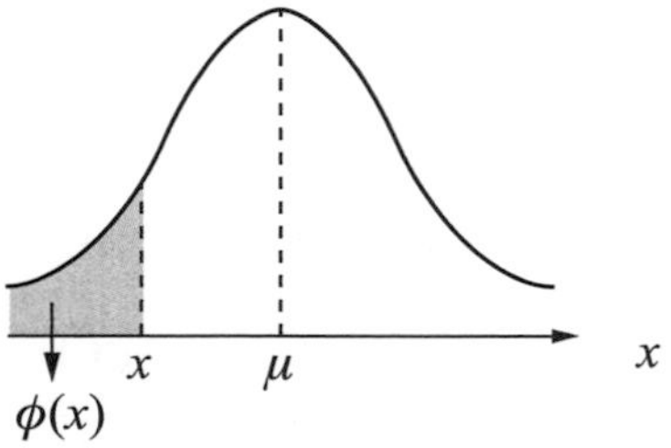

(1) 若 $x_1<x_2$，則 $\phi(x_1)<\phi(x_2)$。

(2) $\phi(-x)=1-\phi(x)$ 。

(3) $\phi(\infty)=1$ 。

Note：

(1) 若隨機變數 X 不是標準常態分配，則可以另用變數變換將其化成標準常態分配，則若 $X\sim N(\mu,\sigma^2)$，令 $Z=\dfrac{X-\mu}{\sigma}\sim N(0,1)$ 為標準常態分配，

則 $\phi(x)=P(Z\le x)=\dfrac{1}{\sqrt{2\pi}}\displaystyle\int_{-\infty}^{x}e^{-\frac{1}{2}t^2}\,dt$ ；$Q(t)=P(Z\ge x)=\dfrac{1}{\sqrt{2\pi}}\displaystyle\int_{x}^{\infty}e^{-\frac{1}{2}t^2}\,dt=1-\phi(x)$

且 $P(a\le x\le b)=P\left(\dfrac{a-\mu}{\sigma}\le\dfrac{X-\mu}{\sigma}\le\dfrac{b-\mu}{\sigma}\right)=\phi\left(\dfrac{b-\mu}{\sigma}\right)-\phi\left(\dfrac{a-\mu}{\sigma}\right)$

$=Q\left(\dfrac{a-\mu}{\sigma}\right)-Q\left(\dfrac{b-\mu}{\sigma}\right)$

其中 ϕ 與 Q 之常用函數可查表附錄五，其中 $\phi(x)$ 與 $Q(x)$ 之圖形如圖 4-6。

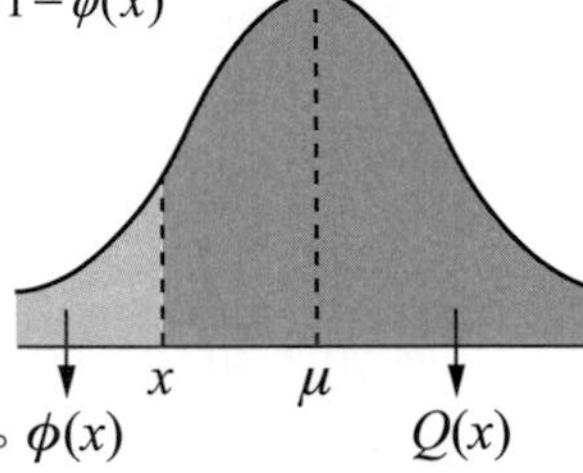

圖 4-6

(2) 二項分配在 $n\to\infty$ 時，可近似為常態分配。

(3) $\sigma_1=\sigma_2$，如圖 4-7。

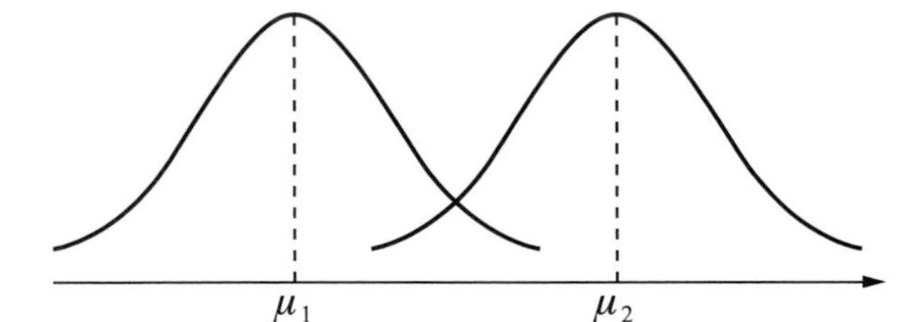

圖 4-7

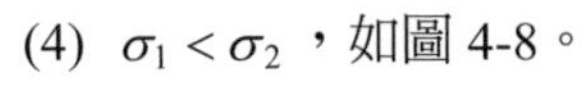

(4) $\sigma_1<\sigma_2$，如圖 4-8。

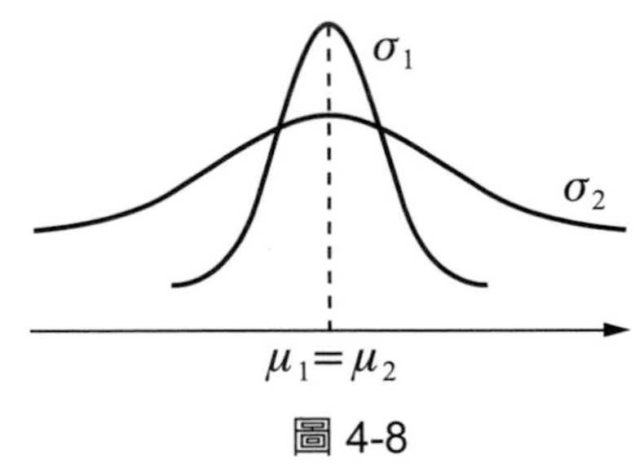

圖 4-8

範例 25

假設 $X\sim N(0,1)$，請利用附錄五中查表計算下列機率值：

(1)$X\le 2.5$　(2)$-2\le X\le 3$　(3)$X>1.5$。

解

(1) $P(X\le 2.5)=\phi(2.5)=0.9938$。

(2) $P(-2\le X\le 3)=\phi(3)-\phi(-2)=\phi(3)-[1-\phi(2)]=\phi(3)+\phi(2)-1$

$=0.9987+0.9772-1=0.9759$。

(3) $P(X>1.5)=1-\phi(1.5)=1-0.9332=0.0668$。

範例 26

設 r.v. $X \sim N(50, 25)$，求 $P(X < 60) = ?$

解

令 $Z = \dfrac{X-50}{5}$，則 $X \sim N(0, 1)$，

$\therefore P(X < 60) = P(\dfrac{X-50}{5} < \dfrac{60-50}{5}) = P(Z < 2) = \phi(2) = 0.9772$。

範例 27

假設台灣 5 歲小孩的體重呈現常態分配，其平均值爲 15 公斤，標準差爲 3 公斤，則

(1) 介於 12～18 公斤之 5 歲小孩的比例。

(2) 體重超過 18 公斤的比例。

解

$Z = \dfrac{X-15}{3} \sim N(0, 1)$，

(1) $P(12 \le X \le 18) = P(\dfrac{12-15}{3} \le \dfrac{X-15}{3} \le \dfrac{18-15}{3}) = P(-1 \le Z \le 1) = \phi(1) - \phi(-1)$

$= \phi(1) - [1 - \phi(1)] = 2\phi(1) - 1$

$= 2 \times 0.8413 - 1 = 0.6826$。

(2) $P(X > 18) = P(\dfrac{X-15}{3} > \dfrac{18-15}{3}) = P(Z > 1) = 1 - \phi(1) = 1 - 0.8413 = 0.1587$。

2. 性質

定理 4.7：設 $X \sim N(\mu, \sigma^2)$，則

(1) 期望值：$E[X] = \mu$。

(2) 變異數：$\mathrm{Var}(X) = \sigma^2$。

(3) 動差生成函數：$M_X(t) = e^{\mu t + \frac{1}{2}\sigma^2 t^2}$。

(4) 數個獨立具常態分配的隨機變數，經由線性組合後仍具常態分配。

(5) 累積分配函數

$$F_X(x)=P\{X\le x\}=\int_{-\infty}^{x}\frac{1}{\sqrt{2\pi}\sigma}e^{-\frac{1}{2}\left(\frac{t-\mu}{\sigma}\right)^2}dt \text{ 。}$$

(6) $Y=aX+b\sim N(a\mu+b,\ a^2\sigma^2)$ 。

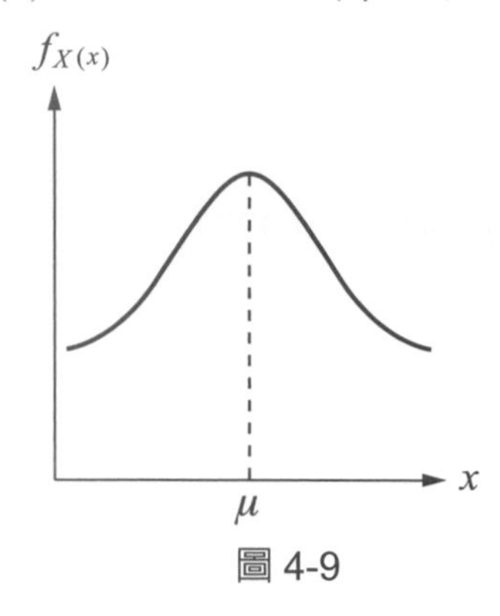

圖 4-9

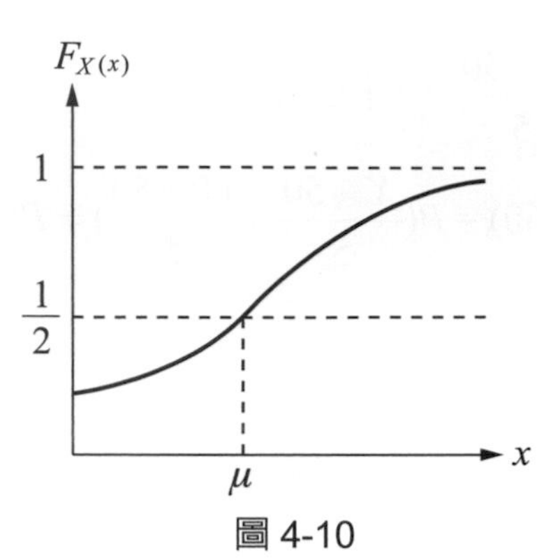

圖 4-10

3. 二項分配與常態分配之關係：

假設 r.v. $X\sim B(n, p)$，當其滿足 $np\ge 5$ 且 $n(1-p)\ge 5$，則二項分配的機率密度函數圖形呈現鐘形曲線，可以用常態分配來近似，又 $E[X]=np$，$\text{Var}[X]=np(1-p)$，所以 $X\sim N(np, np(1-p))$，又因爲二項分配爲離散分配，利用連續分配來近似時需進行修正可得更好的近似結果，因此對任意整數 a，離散分配之二項分配在 $x=a$ 處之機率可用常態分配，$a-0.5<x<a+0.5$ 來近似。

範例 28

已知 r.v. $X\sim B(10, 0.5)$，求 $P(X=6)=$？請分別利用二項分配直接求解，與利用常態分配近似求解。

解

(1) $P(X=6)=C_6^{10}(0.5)^6\times(1-0.5)^4=0.2051$ 。

(2) $E[X]=10\times 0.5=5$，$\text{Var}[X]=10\times 0.5\times(1-0.5)=2.5$，

則 $P(X=6)=P(5.5\le X\le 6.5)=P(\frac{5.5-5}{\sqrt{2.5}}\le\frac{X-5}{\sqrt{2.5}}\le\frac{6.5-5}{\sqrt{2.5}})=P(0.32\le Z\le 0.95)$

$=\phi(0.95)-\phi(0.32)=0.2034$ 。

由上面結果可得利用常態分配近似二項分配之效果很好。

範例 29

設 r.v. X 表示隨機檢查 40 件故障率爲 40%的產品中的故障數目，則求下列機率：

(1) 有 15 件故障。

(2) 故障數不超過 17 件。

(3) $P(10 \le X \le 15)$。

(4) $P(10 < X < 15)$。

解

由 $np = 16 \ge 5$，且 $n(1-p) = 24 \ge 5$，所以可利用常態分配來近似，

令 $Z = \dfrac{X-16}{\sqrt{9.6}}$，則 $Z \sim N(0, 1)$，其中 $np = 16$，$np(1-p) = 9.6$，

(1) $P(X=15) = P(14.5 \le X \le 15.5) = P(\dfrac{14.5-16}{\sqrt{9.6}} \le \dfrac{X-16}{\sqrt{9.6}} \le \dfrac{15.5-16}{\sqrt{9.6}})$

$= P(-0.48 \le Z \le -0.16) = \phi(-0.16) - \phi(-0.48)$

$= \phi(0.48) - \phi(0.16) = 0.1208$。

(2) $P(X \le 17) = P(X \le 17.5) = P(\dfrac{X-16}{\sqrt{9.6}} \le \dfrac{17.5-16}{\sqrt{9.6}})$

$= P(Z \le 0.48) = \phi(0.48) = 0.6844$。

(3) $P(10 \le X \le 15) = P(9.5 \le X \le 15.5) = P(\dfrac{9.5-16}{\sqrt{9.6}} \le \dfrac{X-16}{\sqrt{9.6}} \le \dfrac{15.5-16}{\sqrt{9.6}})$

$= P(-2.1 \le Z \le -0.16) = \phi(-0.16) - \phi(-2.1)$

$= \phi(2.1) - \phi(0.16) = 0.9821 - 0.5636 = 0.4185$。

(4) $P(10 < X < 15) = P(10.5 \le X \le 14.5) = P(\dfrac{10.5-16}{\sqrt{9.6}} \le \dfrac{X-16}{\sqrt{9.6}} \le \dfrac{14.5-16}{\sqrt{9.6}})$

$= P(-1.78 \le Z \le -0.48) = \phi(-0.48) - \phi(-1.78)$

$= \phi(1.78) - \phi(0.48) = 0.2781$。

範例 30

定義函數 $Q(x)=\frac{1}{\sqrt{2\pi}}\int_x^{\infty}e^{-t^2/2}dt$，

設 X 爲高斯隨機變數，均數 m，標準差 σ，

(1) 請將 $P[m-\sigma< X< m+2\sigma]$ 改以 Q 函數表達。

(2) 請證明 $Q(-x)=1-Q(x)$。

解

(1) $P[m-\sigma<X<m+2\sigma]=P\{-1<\frac{X-m}{\sigma}<2\}=Q(-1)-Q(2)$。

(2) $Q(-x)=\frac{1}{\sqrt{2\pi}}\int_{-x}^{\infty}e^{-t^2/2}dt$　（令 $u=-t$）

$$=\frac{1}{\sqrt{2\pi}}\int_x^{-\infty}e^{-u^2/2}(-du)=\frac{1}{\sqrt{2\pi}}\int_{-\infty}^{x}e^{-u^2/2}du$$

$$=\frac{1}{\sqrt{2\pi}}\left[\int_{-\infty}^{\infty}e^{-u^2/2}du-\int_x^{\infty}e^{-u^2/2}du\right]$$

$$=1-\frac{1}{\sqrt{2\pi}}\int_x^{\infty}e^{-u^2/2}du$$

$$=1-Q(x)$$ 。

範例 31

常態（高斯）隨機變數 X 的機率密度函數爲 $f(x)=\frac{1}{\sqrt{2\pi\sigma^2}}e^{-\frac{x^2}{2\sigma^2}}$

(1) 請計算 $P(X\le 5|X>1)$ 並用 Q 函數表達之，設 Q 函數爲 $Q(x)=\int_x^{\infty}\frac{1}{\sqrt{2\pi}}e^{-\frac{z^2}{2\sigma^2}}dz$

(2) 請問隨機變數 $Y=5X^2+10$ 的 $E(Y)$ 爲何。

(3) 請問隨機變數 $Z=2X+5$ 的機率密度函數 $f_Z(z)$ 爲何。

解

(1) X 爲 $E[X]=0$、$\text{Var}(X)=\sigma^2$ 的 Gaussian 分配，且

$$P(X>a)=\int_a^\infty \frac{1}{\sqrt{2\pi\sigma^2}}e^{-\frac{x^2}{2\sigma^2}}dx \quad (\text{令 } z=\frac{x}{\sigma})$$

$$=\frac{1}{\sqrt{2\pi}}\int_{\frac{a}{\sigma}}^\infty e^{-\frac{z^2}{2}}dz=Q(\frac{a}{\sigma}),$$

故 $P(X\le 5|X>1)=\frac{P(1<X\le 5)}{P(X>1)}=\frac{P(X\ge 1)-P(X>5)}{P(X>1)}=\frac{Q(\frac{1}{\sigma})-Q(\frac{5}{\sigma})}{Q(\frac{1}{\sigma})}$。

(2) $E[Y]=E(5X^2+10)=5E[X^2]+10$

$=5\{\text{Var}(X)+(E[X])^2\}+10$

$=5\sigma^2+10$。

(3) 因 $z=2x+5$，故 $x=\frac{1}{2}(z-5)$，則

$$f_Z(z)=f(\frac{z-5}{2})|\frac{dx}{dz}|=\frac{1}{\sqrt{2\pi\sigma^2}}e^{-\frac{(z-5)^2}{8\sigma^2}}\frac{1}{2} \quad (-\infty<z<\infty)。$$

範例 32

某部隊士兵的身高呈現常態分配，身高均數 170 公分，標準差 10 公分，從部隊中隨機選出 20 名士兵，請問其中至少 5 名身高達到 175 公分的機率是多少？

（註：$\frac{1}{\sqrt{2\pi}}\int_{-\infty}^{0.5}e^{-\frac{t^2}{2}}dt=0.6915$）

解

因隨機變數 $X\sim N(170,10^2)$，故

$P(X\ge 175)=1-P(X<175)$

$=1-P(\frac{X-170}{10}<\frac{175-170}{10})$

$=1-P(Z<0.5)$

$=1-0.6915=0.3085$，

所求的機率 $=C_5^{20}P^5(1-P)^{15}$ 。

範例 33

設 X 為高斯隨機變數，均數為 30，變異數為 36；

(1) 請寫出 X 的機率密度函數 $f_X(x)=$？

(2) 另有一個隨機變數 $Y=e^X$，請問 Y 的機率密度函數為何？

解

(1) 因 $\mu=30$、$\sigma^2=36$，故 $\sigma=6$，則

$$f_X(x)=\frac{1}{\sqrt{2\pi}}\frac{1}{\sigma}e^{-\frac{(x-\mu)^2}{2\sigma^2}}=\frac{1}{6\sqrt{2\pi}}e^{-\frac{(x-30)^2}{72}}\text{。}$$

(2) 因 $Y=e^X$，且 e^x 為單調遞增函數，且 $x=\ln y$，故

$$f_Y(y)=f_X(\ln y)\left|\frac{d(\ln y)}{dy}\right|=\frac{1}{6\sqrt{2\pi}}e^{-\frac{(\ln y-30)^2}{72}}\times\frac{1}{y}\quad(y\geq 0)\text{。}$$

二、均勻分配(Uniform Distribution)

當一個隨機變數在某一區間(α,β)發生的可能性均相同時，其機率分配即為均勻分配，它可以是連續型或離散型，其中擲公正的骰子跟硬幣就是一種離散型的分配，而從實數軸上 0 到 Z 之間隨機任取一數，則呈現連續型均勻分配，其中連續型均勻分配之定義與性質介紹如下：

1. 定義

定義 4.10 若連續型隨機變數 X，其機率密度函數為

$$f_X(x)=\begin{cases}\dfrac{1}{\beta-\alpha} & ,x\in[\alpha,\beta]\\ 0 & ,\text{其他}\end{cases},$$

且 α、$\beta\in\mathbb{R}$，（$\alpha<\beta$）

則稱 X 具均勻分配，一般表成 $X\sim U(\alpha,\beta)$，如圖 4-11。

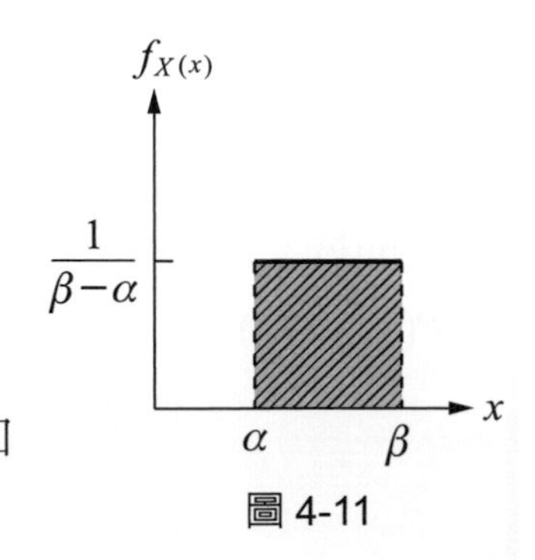

圖 4-11

範例 34

設台北市捷運某捷運站在早上七點開始每隔 15 分鐘有一班車到站，且乘客到該捷運站的時間是均勻分配在七點到七點半之間，則

(1) 某乘客五分鐘內等到車子的機率為何？

(2) 某乘客在該捷運站等車超過十分鐘的機率為何？

解

(1) 令 r.v. X 表示該乘客為七點 x 分到該捷運站，$(0 \le x \le 30)$，則 $X \sim U(0, 30)$，

$$P(10 < X < 15) + P(25 < X < 30) = \int_{10}^{15} \frac{1}{30} dx + \int_{25}^{30} \frac{1}{30} dx = \frac{1}{3} \text{。}$$

(2) $P(0 < X < 5) + P(15 < X < 20)$

$$= \int_{0}^{5} \frac{1}{30} dx + \int_{15}^{20} \frac{1}{30} dx$$

$$= \frac{1}{3} \text{。}$$

2. 性質

定理 4.8： 設 $X \sim U(\alpha, \beta)$，則

(1) 期望值：$E[X] = \dfrac{\alpha + \beta}{2}$ 。

(2) 變異數：$\text{Var}(X) = \dfrac{(\alpha - \beta)^2}{12}$ 。

(3) 動差生成函數：$M_X(t) = \dfrac{e^{\beta t} - e^{\alpha t}}{t(\beta - \alpha)}$ 。

範例 35

求算均勻分配連續隨機變數於區間$[a, b]$內的均數及變異數，設 $a < b$。

解

設 $X \sim U(a, b)$，故 $f_X(x) = \frac{1}{b-a}$ 。

(1) $E[X] = \int_a^b x \frac{1}{b-a} dx = \frac{1}{b-a} \frac{x^2}{2} \Big|_a^b = \frac{b+a}{2}$ 。

(2) $E[X^2] = \int_a^b x^2 \frac{1}{b-a} dx = \frac{1}{b-a} \frac{x^3}{3} \Big|_a^b = \frac{a^2+ab+b^2}{3}$ ，

$\text{Var}(X) = E[X^2] - E[X]^2 = \frac{a^2+ab+b^2}{3} - (\frac{b+a}{2})^2 = \frac{(a-b)^2}{12}$ 。

範例 36

從$(0, \frac{\pi}{2})$區間隨機選取一數，請問該數 sin 值大於 cos 值的機率是多少？

解

在一區間隨機選取一數的機率，服從均勻分配。故令 $X \sim U(0, \frac{\pi}{2})$ ，則

$$f(x) = \begin{cases} \frac{2}{\pi} & ,x \in (0, \frac{\pi}{2}) \\ 0 & ,\text{其他} \end{cases}$$

當 $\sin x > \cos x$ 時，可得 $\frac{\pi}{4} < x < \frac{\pi}{2}$ ，故

$P(\sin X > \cos X) = P(\frac{\pi}{4} < X < \frac{\pi}{2}) = \int_{\frac{\pi}{4}}^{\frac{\pi}{2}} \frac{2}{\pi} dx = \frac{1}{2}$ 。

範例 37

設 X 是數值區間為$(0, 1+\theta)$的均勻分配隨機變數，其中參數 $0<\theta<1$；

(1) 請問 X 的（累積）分配函數為何？

(2) 請問 X^2 的機率密度函數為何？

解

因 $X \sim U(0, 1+\theta)$，故

$$f_X(x)=\begin{cases}\dfrac{1}{1+\theta} & ,0<x<1+\theta \\ 0 & ,\text{其他}\end{cases},$$

(1) 因 $F_X(x)=\int_0^x f_X(x)\,dx=\int_0^x \dfrac{1}{1+\theta}\,dx=\dfrac{x}{1+\theta}$　（$0<x<1+\theta$），

故 $F_X(x)=\begin{cases}0 & ,x<0 \\ \dfrac{x}{1+\theta} & ,0<x<1+\theta \\ 1 & ,x>1+\theta\end{cases}$。

(2) 令 $y=x^2$，故在 $0<x<1+\theta$ 時為單調函數，且 $x=\sqrt{y}$，則 $Y=X^2$ 的機率密度函數為

$$f_Y(y)=f_X(\sqrt{y})\left|\frac{d\sqrt{y}}{dy}\right|=\frac{1}{1+\theta}\frac{1}{2\sqrt{y}}$$　（$0<y<(1+\theta)^2$）。

範例 38

從$(0, 3)$區間隨機選取一點為 X，請問 $X^2-5X+6>0$ 的機率是多少？

解

令 $X \sim U(0, 3)$，且當

$X^2-5X+6=(X-2)(X-3)>0$

可得 $X<2$ 或 $X>3$，現在的區間為$(0, 3)$，故

$P(X^2-5X+6>0)=P(X<2)=\int_0^2 \frac{1}{3}dx=\frac{2}{3}$。

三、指數分配（Exponential Distribution）

在前面小節中，我們談到離散型 r.v. X 時，介紹了 Poisson 分配可以用來描述特定時間內某事件發生次數的機率，例如：某家便利商店 1 小時內客人到達人數的機率分配，但如果要進一步研究客人到達的間隔時間，就會用到指數分配，而指數分配是和 Poisson 分配有密切相關，其機率分配可由 Poisson 分配衍化而來，若令 r.v. X 代表兩事件發生的間隔時間，則 $P(X > x)$表示在$(0, x)$時間內沒有任何事件發生的機率，如果在該時間內到達的次數 N 為到達率 λ 的 Poisson 分配，即 $N \sim Poi(\lambda)$且 $f_N(n) = \dfrac{e^{-\lambda x}(\lambda x)^n}{n!}$；$n = 0, 1, 2, 3, 4, \cdots$，則 $P(X > x) = P(N = 0) = \dfrac{e^{-\lambda x} \times (\lambda x)^0}{0!} = e^{-\lambda x}$，

$$F_X(x) = P(X \le x) = 1 - P(X > x) = 1 - e^{-\lambda x}，$$

所以兩事件之發生間隔時間 X 的機率密度函數為

$$f_X(x) = \frac{dF_X(x)}{dx} = \lambda e^{-\lambda x}\text{；}x \ge 0，$$

則有關指數分配的定義與性質介紹如下：

1. 定義

定義 4.11：若連續型隨機變數 X，其機率密度函數為

$$f_X(x) = \begin{cases} \lambda e^{-\lambda x} & x \ge 0 \\ 0 & \text{其他} \end{cases}$$

則稱 X 具參數 λ 的指數分配。一般表成 $X \sim Exp(\lambda)$，則其機率密度函數與累積分配函數，如圖 4-12、4-13。

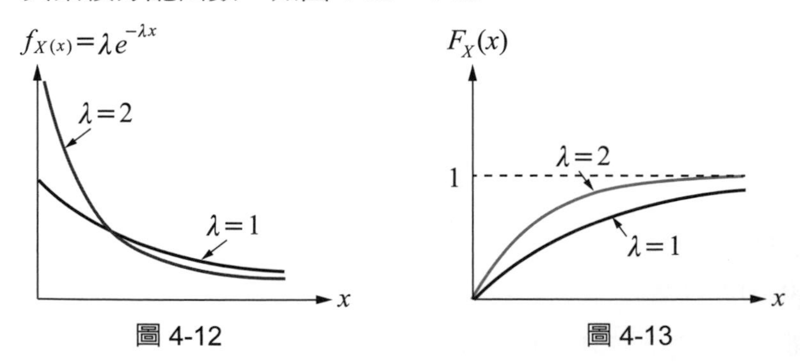

圖 4-12　　圖 4-13

Note：

(1) 指數分配亦可以用來計算物件的使用壽命，若某物件之單位時間故障率 λ，且一故障便不能用，X 表其使用壽命，則 $X \sim Exp(\lambda)$。

(2) 對於呈 Poisson 分配 $Poi(\lambda)$之隨機變數而言，其在連續二次事件之間隔長度將呈現指數分配 $Exp(\lambda)$。

(3) 指數分配亦可寫成 $X \sim Exp(\beta)$，$f_X(x)=\frac{1}{\beta}e^{-\frac{x}{\beta}}$；$x>0$，其中 $\beta=\frac{1}{\lambda}$。

2. 性質：

定理 4.9：設 X 具參數 λ 的指數隨機變數，則

(1) 期望值：$E[X]=\frac{1}{\lambda}$。

(2) 變異數：$\text{Var}(X)=\frac{1}{\lambda^2}$。

(3) 動差生成函數：$M_X(t)=\frac{\lambda}{\lambda-t}$。

(4) 無記憶性。

3. 與 Poisson 分配之關係：

Poisson 分配的 r.v. X 表示給定時間內（或指定區域內）所發生的出象數目，而指數分配的 r.v. X 表示連續兩出象發生的間隔時間，指數分配與 Poisson 分配可以互相轉換，例如：若 r.v. $X \sim Poi(20)$，表示在$[0, t]$內到達餐廳的人數，其中 $\lambda=20$ 表示 1 小時內平均有 20 個人進入該餐廳，即 $\lambda=20$ 人／小時，若將其轉換爲指數分配 $X \sim Exp(20)$或 $Exp(3)$，則此時的 r.v. X 表示連續兩個客人進入餐廳的間隔時間，其中 $\lambda=20$ 人／小時或 $\beta=3$ 分鐘／人。

範例 39

假設機場裝滿一卡車行李所需時間 X 呈現指數分配，而其平均裝行李時間爲 15 分鐘，則

(1) 求此指數分配的機率密度函數爲何？

(2) 裝滿一卡車行李所需時間爲 6～18 分鐘的機率？

解

(1) $f_X(x)=\frac{1}{15}e^{-\frac{x}{15}}$；$x \geq 0$，$\lambda=\frac{1}{15} \rightarrow X \sim Exp(\frac{1}{15})$。

(2) $P(6 \leq X \leq 18)=\int_6^{18}\frac{1}{15}e^{-\frac{x}{15}}dx=0.3691$。

範例 40

假設台中市的公車每 30 分鐘發車一次，某個市民到公車站等待公車的時間為指數分配，則

(1) 有一位市民到達公車站等待公車時間超過 15 分鐘的機率為何？

(2) 若該市民到車站等公車等了 15 分鐘，則其再等待超過 15 分鐘的機率為何？

解

(1) $X \sim Exp(\frac{1}{30})$，$f_X(x)=\frac{1}{30}e^{-\frac{x}{30}}$，$x \geq 0$，則

$$P(X>15)=1-P(X\leq 15)=1-\int_0^{15}\frac{1}{30}e^{-\frac{x}{30}}dx=0.6065。$$

(2) 依據無記憶性，其再等待超過 15 分鐘的機率仍為 0.6065。

範例 41

進行電話總機系統來話輸入流程之模型設計時，設定隨機變數 N 為波氏分配，並將來話流入速率設為 λ：

(1) 請問特定觀察時段 t 之內，僅有一通來話的機率為何？

(2) 請證明，來話間隔時段 T 是屬於指數分配的隨機變數。

解

因 $N(t) \sim Poi(\lambda)$，故 $f_N(n)=\frac{e^{-\lambda t}(\lambda t)^n}{n!}=P\{N(t)\}$。

(1) $P\{N(t)=1\}=\frac{e^{-\lambda t}(\lambda t)^1}{1!}=\lambda t e^{-\lambda t}$。

(2) 來話間隔時段 T 的 cdf 為

$$F_T(t)=P\{T\leq t\}=1-P\{T>t\}=1-P\{N(t)=0\}=1-e^{\lambda t}$$

故 T 的 pdf 為

$$f_T(t)=\frac{dF_T(t)}{dt}=\lambda e^{-\lambda t}\sim Exp(\lambda)。$$

範例 42

假設 Geiger 計數器的計量數目呈現波氏分配，且平均每分鐘的點計數為 3；

(1) 請問某 20 秒鐘時段內無任何計數的機率為何？

(2) 請問從現在往下第 1 個計數在 10 秒鐘之內出現的機率為何？

(3) 假設到目前為止已經過了 1 分鐘仍無任何新的計數，請問下 1 分鐘內出現新計數的機率為何？

解

設 X 為 20 秒內 Geiger 計數器之計量數目，故 $X \sim Poi(1)$，故

$f_X(x) = \dfrac{e^{-\lambda}\lambda^x}{x!} = \dfrac{e^{-1}}{x!}$ （$x = 0, 1, 2, \cdots\cdots$），

(1) $P(X = 0) = \dfrac{e^{-1}}{0!} = \dfrac{1}{e}$ 。

(2) 令隨機變數 T 為直到第一次計數之時間，則 $T \sim Exp(3)$，故 $f_T(t) = 3e^{-3t}$，因此

$P(T < \dfrac{1}{6}) = \int_0^{\frac{1}{6}} 3e^{-3t}\, dt = 1 - e^{-\frac{1}{2}}$ 。

(3) 令隨機變數 Y 為任一分鐘內質點數目，則 $Y \sim Poi(3)$，故 $f_Y(y) = \dfrac{e^{-3}3^y}{y!}$ ，因此

$P(Y \geq 1) = 1 - P(Y = 0) = 1 - e^{-3}$ 。

四、Gamma 分配

從前面我們可以知道指數分配處理的物理問題是「某個隨機事件發生一次所需經歷的時間」，而接著我們要討論的是「某 n 個隨機事件都發生，需要經歷多少的時間」，此種問題即為所謂的 Gamma 分配，基本上來說，Gamma 分配可以看作 n 個獨立的指數分配隨機變數的總和，其詳細介紹如下：

1. 定義

定義 4.12：若連續型隨機變數 X，其機率密度函數為

$$f_X(x)=\begin{cases}\dfrac{1}{\Gamma(\alpha)\beta^{\alpha}}x^{\alpha-1}e^{-\frac{x}{\beta}} & ,x>0\\ 0 & ,x\le 0\end{cases}$$

則稱 X 具 Gamma 分配，一般表成 X～Gamma(α, β)。

其中 $\beta=2$ 時，不同 α 之 Gamma 分配之機率函數，如圖 4-14。

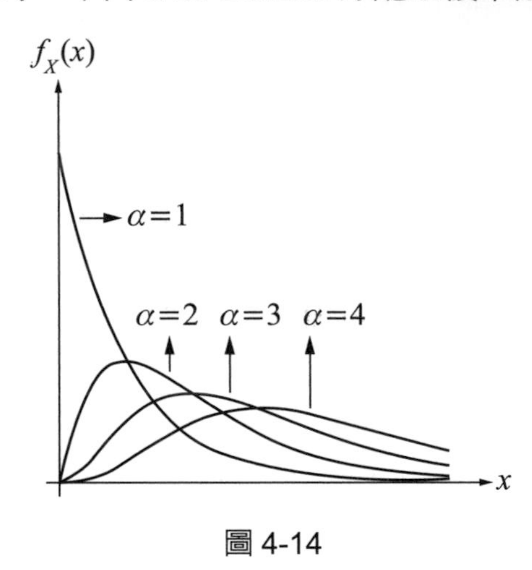

圖 4-14

Note：

(1) 系統中某一組件之單位時間故障率為常數 $\lambda=\dfrac{1}{\beta}$，且該組件 α 重設置，即實際需要的只有一個，其餘均為備品，當一個故障（失效），另一個會自動接管，因此需要 α 個都失效，系統才會真的故障，則此系統之可用壽命 X（等待 α 個故障之時間），會呈現 Gamma 分配，則 X～Gamma(α, β)。

(2) 若 X～Gamma(α, β)，其中 α 表有幾個指數分配 $Exp(\lambda)$相加，β 表 $Exp(\lambda)$之平均值，即 $\beta=\dfrac{1}{\lambda}$。

即 Gamma ($\alpha=1$，$\beta=\dfrac{1}{\lambda}$) = $Exp(\lambda)$。

舉例來說當我們需要計算，某家店在一個固定時間內會有 n 個顧客上門的機率，並且事先知道該店每小時顧客上門的頻率，即會用到 Gamma 分配。

範例 43

如果一銀行的客服中心發現單位時間間隔內打進來的電話數呈現每分鐘 5 通電話的 Poisson，則該客服中在一分鐘內有兩通電話進來的機率爲何？

解

兩個 Poisson 事件發生爲 Gamma 分配，其中 $\alpha=2$、$\beta=\frac{1}{5}$，令 r.v. X 爲表示兩通電話的間隔時間，則 $X \sim Gamma(2,\frac{1}{5})$，

$$P(X\le 1)=\int_0^1 \frac{1}{\Gamma(2)(\frac{1}{5})^2} xe^{-5x}dx = 25\int_0^1 xe^{-5x}dx = 0.96$$ 。

範例 44

假定電話打進某總機的來話數呈現波氏分配，平均每分鐘來話數爲 4 通($\lambda=4$)，請計算 1 分鐘時間之內（設此變數爲 X）來話數不到 2 通的機率，即 $P(X\le 1)=$ ？

解

因 $X\sim$Gamma(2, $\frac{1}{4}$)，即 $\lambda=4$ 的指數分配發生 2 次所需時間，則

$$f_X(x)=\frac{xe^{-4x}}{\Gamma(2)(\frac{1}{4})^2}=16xe^{-4x} \quad (x>0)$$，

故

$$P(X\le 1)=\int_0^1 16xe^{-4x}\,dx = 1-5e^{-4}$$ 。

2. 性質

定理 4.10 設 $X\sim Gamma(\alpha,\beta)$，則

(1) 期望值：$E[X]=\alpha\beta$。

(2) 變異數：$\text{Var}(X)=\alpha\beta^2$。

(3) 動差生成函數：$M_X(t)=(1-\beta t)^{-\alpha}$。

(4) 可加性：若 $X_1\sim\text{Gamma}(\alpha_1,\beta)$、$X_2\sim\text{Gamma}(\alpha_2,\beta)$，則

$X_1+X_2\ \sim\ \text{Gamma}(\alpha_1+\alpha_2,\beta)$

(5) 若 $X_1\sim\text{Exp}(\lambda_1)$，$X_2\sim\text{Exp}(\lambda_2)$，則 X_1+X_2 爲 Gamma 分配。

範例 45

在核能污染的研究中發現，某動物在核能輻射的污染下，其存活的週數爲 $\alpha=2$、$\beta=5$ 的 Gamma 分配，則

(1) 在該研究中，此種動物的平均存活時間是多少？存活時間的標準差？

(2) 動物存活超過 10 週的機率是多少？

解

令 r.v. X 表示存活的週數，則

(1) $E[X]=\alpha\beta=10$（週）。

$\sigma=\sqrt{Var[X]}=\sqrt{\alpha\beta^2}=\sqrt{50}=7.07$。

(2) $P(X>10)=\dfrac{1}{\Gamma(2)\times 5^2}\int_{10}^{\infty}xe^{-\frac{x}{5}}dx=3e^{-2}=0.406$。

3. 卡方分配（Chi-square Distribution）

卡方分配是一種特殊的 Gamma 分配，是機率學與統計學中常用的一種機率分配，其介紹如下：

(1) 定義：在 Gamma 分配中，當 $\alpha=\dfrac{\gamma}{2}(\gamma\in\mathbb{N})$、$\beta=2$ 時，即隨機變數 X 的機率密度函數爲

$$f_X(x)=\begin{cases}\dfrac{1}{\Gamma(\gamma/2)2^{\gamma/2}}x^{\frac{\gamma}{2}-1}e^{-x/2} & x>0\\ 0 & \text{其他}\end{cases}$$

則稱 X 具 χ^2 分配，一般表成 $X\sim\chi^2(\gamma)$。

(2) 性質：設 $X\sim\chi^2(\gamma)$，則

① 期望值：$E[X]=\gamma$。

② 變異數：$Var(X)=2\gamma$。

③ 動差生成函數：$M_X(t)=(1-2t)^{-\frac{\gamma}{2}}$，$t<\frac{1}{2}$。

④ r.v. $X\sim N(0,1)$，則$Y=X^2\sim\chi^2(1)$

⑤ 標準常態分配平方相加$=\chi^2(n)$

即 r.v. $X_1, X_2, \cdots, X_n \sim N(0,1)$

則$X=X_1^{\,2}+X_2^{\,2}+\cdots+X_n^{\,2}\sim\chi^2(n)$

Note：大樣本下的卡方分配是近似常態分配的，而卡方分配更是統計學中最重要的分配之一，常用來分析母體變異數估計、檢定、近似應用與類別資料分析，詳細情形可以參考一般統計學用書。

範例 46

設高斯隨機變數 X_i，$i=1, 2, \cdots\cdots, M$ 係屬同一類型但相互獨立，均數爲 0，變異數爲 1；請求算：

(1) $Y=X_1+X_2+\cdots\cdots+X_M$的機率密度函數$f_Y(y)$。

(2) $Z=\sqrt{X_1^{\,2}+X_2^{\,2}}$ 的機率密度函數$f_Z(z)$。

解

(1) $X_i\sim N(0,1)$，$Y\sim N(0,M)$，

故$f_Y(y)=\dfrac{1}{\sqrt{2\pi M}}e^{-\frac{y^2}{2M}}$。

(2) $Y=Z^2=X_1^{\,2}+X_2^{\,2}\sim\chi^2(2)=\text{Gamma}(\alpha=1、\beta=2)=Exp(\frac{1}{2})$，

故$f_Y(y)=\frac{1}{2}e^{-\frac{y}{2}}$，

$(y>0)$，因此

$f_Z(z)=f_Y(z^2)\left|\dfrac{dz^2}{dz}\right|=\dfrac{1}{2}e^{-\frac{z^2}{2}}2z=ze^{-\frac{z^2}{2}}$，$(z>0)$。

五、Beta 分配

在日常生活中的常見機率模型有常態分配、二項分配與均勻分配等，這些模型的機率分配都是具體知道的，但當有一事件的具體機率分配你是不清楚的，我們就可以利用 Beta 分配來分析它，Beta 分配可以給出所有機率模型出現的可能性大小，即 Beta 分配可以看做是一個機率模型的機率分配，我們可以舉一個例子來說明，就以高速公路的一個收費站或 ETC 感應站爲例，其某個時間內（比如 1 個小時）會經過一些車子（n 台車），若假設經過的車只分爲大車與小車兩類，如果我們希望觀察該收費站在一天 24 小時內大小車輛經過的情形，且小車所佔的比例爲 p，如果每一個小時統計一次，則每個小時內小車的數量會呈現二項分配 $B(n, p)$，但是每小時的 n（經過的車輛數），與 p（小車的比例）均不同，則 24 小時長時間的觀察就會出現 24 種不同的二項分配，所以整個 24 小時的機率分配並不適合設爲一種二項分配，這時候就可以利用 Beta 分配來進行建模，即可設每小時的小車數爲 α，大車數爲 β，則小車的比例爲 $\frac{\alpha}{\alpha+\beta}$，而其可用 Beta$(\alpha, \beta)$來建模，即計算每小時觀測到小車的比例可用 Beta 分配來進行建模，即 Beta 分配是你觀察一系列的二項分配，但每一個二項分配的 n、p 都是未知的情況下，成功率 p 的分配，其中 α 與成功事件數相關，β 與失敗事件數相關，以下介紹 Beta 分配的定義、性質與應用。

1. 定義

定義 4.13：若連續型隨機變數 X，其機率密度函數爲

$$f_X(x) = \begin{cases} \dfrac{\Gamma(\alpha+\beta)}{\Gamma(\alpha)\Gamma(\beta)} x^{\alpha-1}(1-x)^{\beta-1} & ,0 < x < 1 \\ 0 & ,\text{其他} \end{cases}$$

則稱 X 具 Beta 分配，一般表成 $X \sim Beta(\alpha, \beta)$。

Note：

(1) $\Gamma(\alpha)$定義爲 $\Gamma(\alpha) = \int_0^\infty e^{-t} \times t^{\alpha-1} dt$ 。

(2) $\alpha = \beta \to$ 則 $f_X(x)$ 對稱 $x = \frac{1}{2}$，若 $\beta > \alpha$ ，則圖形左偏，$\beta < \alpha$ ，則右偏，如圖 4-15。

如圖 4-15 可知，我們可以透過 α 與 β 的調整來逼近各種機率分配。

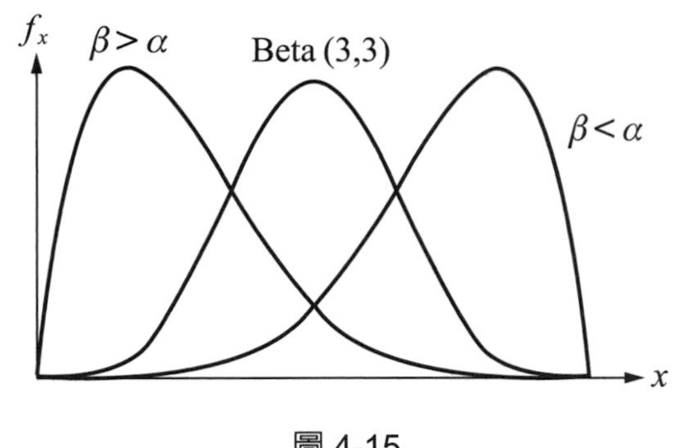

圖 4-15

2. 性質

定理 4.11：設 $X \sim Beta(\alpha, \beta)$，則

(1) 期望值：$E[X] = \dfrac{\alpha}{\alpha + \beta}$。

(2) 變異數：$\text{Var}(X) = \dfrac{\alpha\beta}{(\alpha + \beta + 1)(\alpha + \beta)^2}$。

Note：

(1) 當 Beta 分配中，取 $\alpha = \beta = 1$，則 $\beta(1,1) = U(0,1)$。

(2) 不同 α、β 之常見 Beta 分配機率密度函數如圖 4-16。

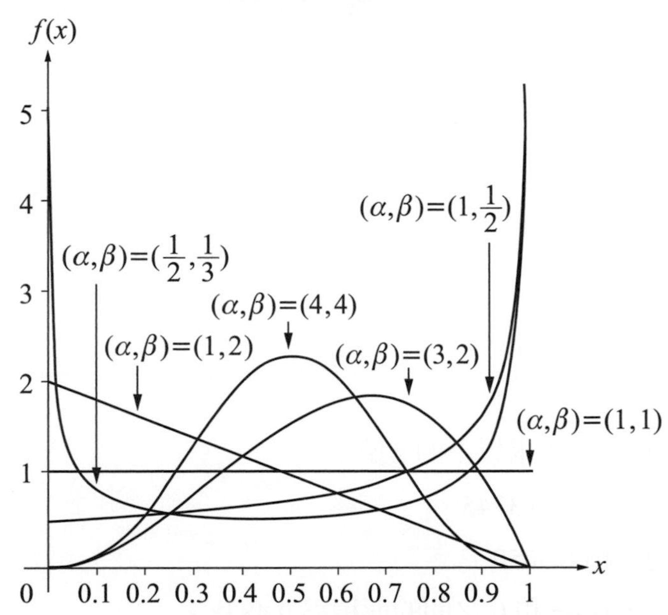

*Beta*分布於*p.d.f*圖形

圖 4-16

範例 47

手機銷售商一週的手機銷售率可用$\alpha = 4$、$\beta = 2$的 Beta 分配來表示，求至少銷售庫存的 90%的機率？

解

由題意可知，銷售率 X ～ Beta (4, 2)，且 $f_X(x)$ 爲

$$f_X(x) = \begin{cases} \dfrac{\Gamma(6)}{\Gamma(4)\times\Gamma(2)} \times x^3 \times (1-x), & 0 \le x \le 1 \\ 0 & ,\text{其他} \end{cases} = \begin{cases} 20x^3(1-x), & 0 < x < 1 \\ 0 & ,\text{其他} \end{cases}$$

則 $P(X \ge 0.9) = \int_{0.9}^{1} 20x^3(1-x)dx$

$$= 20(\frac{1}{4}x^4 - \frac{1}{5}x^5)\Big|_{0.9}^{1}$$

$$= 0.08146$$ 。

習 題

一、基礎題：

1. **(均勻分配)**

   某公司每日中餐便當叫外賣的份數是隨機變數 X，具有連續均勻分佈，其中$\alpha = 90$和$\beta = 120$。求以下的機率：

   (1) 至多 100 份。

   (2) 超過 105 份但少於 115 份。

   (3) 至少 105 份。

2. 在標準常態分配圖中，求以下的 z 值：

   (1) 在 z 右邊的面積是 0.3745。

   (2) 在 z 左邊的面積 0.3050。

   (3) 當$-z < 0$時，在$-z$和 0 之間的面積爲 0.4838。

   (4) 當 $z > 0$ 時，$-z$ 和 z 之間的面積爲 0.90。

3. 給定一常態分佈，$\mu = 30$ 和 $\sigma = 6$，請由附錄五標準常態分配表格查表求
   (1) $x = 17$ 右邊的常態曲線下面積。
   (2) $x = 22$ 左邊的常態曲線下面積。
   (3) $x = 32$ 和 $x = 41$ 之間的常態曲線下面積。
   (4) 其左邊具有 80%之常態曲線下面積的 x 值。
4. **(常態分配)**
   某螺絲的平均長度爲 5 公分，標準差爲 0.05 公分。假設其長度是常態分佈的，以下的百分比是多少？
   (1) 長於 5.05 公分。
   (2) 長度在 4.95 和 5.05 公分之間。
   (3) 短於 4.90 公分。
5. **(常態分配)**
   一組具有標準健康狀況的老鼠進行實驗性飲食一個月，假設這些老鼠在一個月後的體重增加是常態分配，平均 1450 克，標準差 250 克。求給定老鼠的體重增加的機率。
   (1) 超過 1700 克。
   (2) 小於 1250 克。
   (3) 1100 至 1600 克。
6. **(常態分配)**
   由某公司生產的螺帽其內徑爲常態分佈，平均爲 0.60 公分，標準差爲 0.004 公分。則
   (1) 百分之幾的螺帽的內徑大於 0.61 公分？
   (2) 螺帽內徑介於 0.595 和 0.605 之間的機率是多少？
   (3) 最低 20%的螺帽內徑的內徑值是多少？
7. **(常態分配)**
   在 2018 年 9 月的「電力電子工程進展」期刊上，一項研究討論了某供應商之電源供應器供電效率百分比。假設平均值爲 99.61，標準差爲 0.08。假設供電效率百分比的分佈大致常態。則
   (1) 供電效率值在 99.5 和 99.7 之間的百分比是多少？
   (2) 超過母體的 5%之供電效率值爲何？

8. **(常態分配)**

1000 名學生的體重爲常態分佈，平均 62.5 公斤和標準差 2.7 公斤。有多少學生有以下的體重？

(1) 少於 55.25 公斤。

(2) 59.75 至 62.25 公斤（含）。

9. **(以常態分配近似二項分配)**

某批蘋果含有 5%的不良品。如果隨機檢查 100 個蘋果，瑕疵蘋果的數量的機率是多少？

(1) 超過 15。

(2) 少於 10。

10. **(以常態分配近似二項分配)**

對「英語爲通往國際之門」此說法，對 1000 名大學生進行了調查，其中 72%的學生同意這一說法。如果隨機挑選 100 名學生，那麼以下機率是多少？

(1) 至少有 80 人同意該陳述。

(2) 最多 68 人同意該陳述。

11. **(以常態分配近似二項分配)**

如果台北市 20%的居民喜歡穿黑色外套，求 1000 件被穿的外套中以下的機率是多少？

(1) 有 170 至 185 件黑色外套。

(2) 至少 210 件但不超過 225 件黑色外套。

12. **(以常態分配近似二項分配)**

進入某國立大學的男性新生中有六分之一是外縣市學生。如果學生被隨機分配宿舍，每 180 人到一棟學生宿舍。在某一宿舍中，至少有五分之一的學生來自外縣市的機率是多少？

13. **(以常態分配近似二項分配)**

高速公路管理局發布的統計資料顯示，在週末夜晚道路上，每 10 個司機中有 1 個酒駕。如果在某週六晚上隨機檢查 400 名駕駛，則以下酒駕數的機率是多少？

(1) 小於 32。

(2) 超過 49。

(3) 至少 35 但小於 47。

14. **(以常態分配近似二項分配)**

40 歲女性的收縮壓 X 約爲常態分佈，平均值爲 123 mmHg，標準差爲 6 mmHg。

(1) 求隨機選擇一位 40 歲女性血壓超過 127 mmHg 的機率。

(2) 在 250 名隨機選擇的 40 歲女性中，求其中至少 80 名的血壓超過 127 的機率。使用二項式的常態近似來求答案。

15. **(以常態分配近似二項分配)**

某宅配公司有一特殊的拆包裹機，可打開並取出包裹的內容物。如果該包裹被不正確地送入該機器，則該包裹內容物可能無法取出或可能損壞。在這種情況下，該機器被稱爲「失敗」。

(1) 如果該機器的失敗機率爲 0.01，20 個包裹中超過 1 個失敗發生的機率是多少？

(2) 如果該機器的失敗機率爲 0.01，打開一批 500 個包裹，發生多於 8 次失敗的機率是多少？

16. **(常態分配)**

某種工具機製造商希望從兩家螺帽製造商之一購買主軸螺帽。重要的是每個螺帽的斷裂強度必須超過 10,000psi。兩個製造商（A 和 B）都具有斷裂強度爲常態分佈的螺帽。製造商 A 和 B 的平均斷裂強度分別爲 14,000psi 和 13,000psi、標準差分別爲 2000 psi 和 1000 psi。哪個製造商將生產有較少瑕疵量的螺帽？

17. **(指數分配)**

某種機器宣稱的失效速率爲每小時 0.01。該失效速率爲指數分配。

(1) 失效前時間的平均值是多少？

(2) 觀察到 200 小時之失效前時間的機率是多少？

18. **(指數＋指數爲 Gamma 分配)**

某家診所病人的平均諮詢時間爲 15 分鐘，假設患者的諮詢時間是獨立的且是指數分佈，則

(1) 兩位隨機患者的平均諮詢時間是多少？

(2) 這兩名病人的諮詢時間超過 40 分鐘的機率是多少？

19. **(指數＋指數爲 Gamma 分配)**

在題 17 中，發生 2 個故障之前，不到 200 小時的機率是多少？

20. 對於上題， 在發生 2 個故障之前所經過時間的平均值和變異數是多少？

21. **(對數常態分配)**

假設台中市的平均用水量（單位爲每小時一千加侖）是對數常態分佈，具參數 $\mu = 5$ 和 $\sigma = 2$。則在一小時內使用 50,000 加侖水以上的機率是多少？

22. 若 r.v. X 爲對數常態分配，且 $E[X] = e^{\mu + \frac{\sigma^2}{2}}$，則對於上題，每小時平均用水量的平均值是幾千加侖？

23. **(Beta 分配)**

已知某批玉石中有雜質的比例 Y 具有機率密度函數如下

$$f_Y(y) = \begin{cases} 10(1-y)^9 & ,0 \le y \le 1 \\ 0 & ,\text{其他} \end{cases}$$

(1) 驗證上述是否爲有效的密度函數。

(2) 一批次被判定爲不可接受的機率是多少(即 $Y > 0.6$)？

(3) 這裡所示的貝它分佈的參數 α 和 β 爲何？

(4) 貝它分佈的平均值爲 $\dfrac{\alpha}{\alpha+\beta}$。一批次中雜質的平均比例是多少？

(5) 貝它分佈隨機變數的變異數爲

$\sigma^2 = \dfrac{\alpha\beta}{(\alpha+\beta)^2(\alpha+\beta+1)}$，則本題中 Y 的變異數爲何？

24. **(指數分配)**

設台灣魯肉飯喜義中山店之客人進出間隔在中午 12 點附近之間隔時間 Z（分鐘）的機率密度函數爲：

$$f_Z(z) = \begin{cases} \dfrac{1}{10} e^{-\frac{z}{10}} & ,0 < z < \infty \\ 0 & ,\text{其他} \end{cases}$$

(1) 客人進出之間的平均時間是多少？

(2) 客人進出之間的時間變異數是多少？

(3) 客人進出之間的時間超過平均值的機率是多少？

25. **(Poisson 分配與指數分配)**

考慮上題，假設是波以松分配，則每小時的平均進出人數是多少？每小時進出數量的變異數是多少？

26. **(指數分配)**

廠師認爲某開瓶器壞掉之間隔時間的最佳模型是指數分佈，平均爲 15 天。

(1) 如果某開瓶器剛剛發生故障，在接下來的 21 天後發生故障的機率是多少？

(2) 一開瓶器使用 30 天無故障的機率是多少？

27. **(對數常態分佈)**

某手機使用者讀取 Line 訊息所花費的秒數爲對數常態隨機變數分佈，其 $\mu = 1.8$ 和 $\sigma^2 = 4.0$。

(1) 該使用者讀 Line 訊息超過 20 秒的機率是多少？一分鐘以上呢？

(2) 該使用者讀 Line 訊息的時間小於該對數常態分佈平均值的機率爲何？

二、進階題：

1. 某家公司生產大小兩種方形紙盒，由於製造過程中機器難免有些擺動搖晃，以致紙盒尺寸誤差在所難免，假設紙盒尺寸變化呈現常態分配，大盒尺寸變化爲 $L \pm A$，小盒尺寸變化爲 $S \pm B$，L 爲大盒尺寸之均數，S 爲小盒尺寸之均數，A 爲大盒尺寸之標準差，B 爲大盒尺寸之標準差，業者將小盒放進大盒，擺在中間位置辦理交貨，紙盒對齊之準確度同樣呈現常態分配，均數= 0 ，變異數= C。請以 L, S, A, B 及 C 爲變數，表達大小兩盒邊緣間距的均數與標準差（紙盒之壁厚可忽略不計）。

2. (1) 設 $f(t) = c \times e^{-t^2}$ 爲一機率密度函數，其中 c 爲常態化常數，請問 c 之數值爲何？

   (2) 設 X 爲高斯隨機變數，均數爲 v，變異數爲 σ^2，請計算 X 的三階動差爲何？

3. 設 Z 爲標準單元常態隨機變數，即均數爲 0，變異數爲 1 的常態隨機變數；設 $Y = Z^2$，請問 Y 的機率密度函數？

4. 有一電路如圖所示，設 $R = \frac{1}{4}\Omega$ 爲恆常電阻，電壓源 E 爲高斯隨機變數，均數爲 0，變異數爲 σ^2，請問電阻所負荷功率累積分配函數爲何？

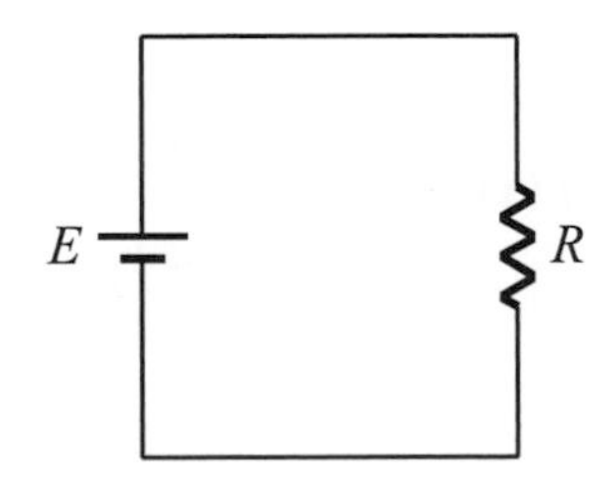

5. 某種電晶體的耐用期限是以週計，其均數為 10 週，標準差為 $(50)^{\frac{1}{2}}$，假設分配函數為對數常態分配，請問某顆電晶體最長能用上 50 週的機率是多少？

$$f(x)=\frac{1}{\sqrt{2\pi}\sigma X}\exp\{-\frac{(\ln x-\mu)^2}{2\sigma^2}\}$$

$$E(X)=\exp(\mu+\frac{\sigma^2}{2})$$

$$\text{Var}(X)=\exp(2\mu+\sigma^2)[\exp(\sigma^2)-1]$$

6. 茲定義均等隨機變數如下：

$$f_X(x)=\begin{cases}\dfrac{1}{b-a} & x\in[a,b]\text{和}a<b\\ 0 & \text{其他}\end{cases}$$

其中 a 及 b 為任意實數，請計算：

(1) $P_r(0.9a+0.1b<X\leq 0.7a+0.3b)$。

(2) $P_r\{\frac{a+b}{2}<X\leq b\}$。

（註：$P_r(A)$代表事件 A 的機率）

7. 設 X 是數值區間為(0, 1)的均等分配隨機變數；

(1) 設 $Y=-\frac{\ln(1-X)}{\lambda}$，$\lambda>0$，請問 Y 的機率密度函數為何？

(2) 證明從(1)所導出的密度函數就是機率密度函數。

8. 設 $Y=a\cos(\omega t+\Theta)$，其中 a，ω 及 t 皆為常數，Θ 是以$(0, 2\pi)$為數值區間的均等隨機變數；另 Y 是從隨機相位 Θ 之正弦曲線振幅中抽樣而得的隨機變數；

(1) 請問 Y 的期望值為何？

(2) 請問 Y 乘冪的期望值為何？

9. 設 $Y=\sin(X)$，其中 X 是以$[0, 2\pi]$為數值區間的均等分配變數，請問 Y 的均數及變異數各為何。

提示：X 的機率密度函數為 $f(x)=\begin{cases}\dfrac{1}{2\pi} & ,0\leq x\leq 2\pi\\ 0 & ,\text{所有其他情況}\end{cases}$

10. 將學生考評成績一律四捨五入至整數，假設四捨五入前後分數差值爲互相獨立且以(−0.5, 0.5)爲數值區間之變數；
    (1) 請問四捨五入前後分數差值之期望值與變異數爲何。
    (2) 設某班級有學生 100 人，並取此 100 名學生分數之平均值，然後將由此所產生的分數差值稱爲四捨五入分數差值之平均數；請問該四捨五入分數差值平均數之期望值及變異數各爲何？
11. 使用一台不僅能模擬網際網路訊息流之態樣，還能規劃網路備載容量的模擬設備爲未來寬頻需求的成長趨勢預作規劃；這台訊息流模擬設備在此利用下列片段數碼產生一連串大小不等的檔案 S_1、S_2、S_3、……形成一條訊息流：

```
int k, N;
float rand(), S[N], U;
for (k=0; k<N; k++){
U = rand();
S[N]=L/U;
}
```

    其中 rand()函數所模擬的是某個以(0, 1)爲數值區間的均等分配隨機數字；
    (1) 請問 S 的累積分配函數 F 爲何？
    (2) 請問 S 的密度函數 f 爲何？
    (3) 請問 S 機率分配的中位數爲何？
    (4) 請問 S 機率分配的均數爲何？
12. 在一條長度 L 的數線上隨機選取一點，請問數線較短段與較長段之比小於 $\frac{1}{4}$ 的機率是多少？
13. 某小型超市結帳櫃臺每服務一位客人所需的時間花費是屬於指數分配型的隨機變數，設其參數爲 λ，則：

    $f_T(t) = \lambda \exp[-\lambda t],\ t \geq 0$

    設 T_1 及 T_2 爲服務前後兩位客人的分別時間花費，假設此時間花費係各自獨立；又設對這兩位客人的合計服務時間 $T_0 = T_1 + T_2$ 亦屬某種統計量，
    (1) 請問 T_0 的累積分配函數 F_{T_0} 爲何？
    (2) T_0 的機率密度函數 f_{T_0} 爲何？

14. 設 X 爲高斯隨機變數，均數爲 30，變異數爲 36；
 (1) 請寫出 X 的機率密度函數 $f_X(x)=$？
 (2) 另有一個隨機變數 $Y=e^X$，請問 Y 的機率密度函數爲何？
15. 某高斯隨機變數 X 的均數爲 0，變異數爲 1；設另一隨機變數 $Y=X^3$：
 (1) 請問隨機變數 Y 的機率密度函數爲何？
 (2) 請問隨機變數 Y 的均數及變異數各爲何？
 (3) 若將 Y 改定義爲 $Y=-2X+3$，請重新計算此新 Y 的均數、變異數及機率密度函數。
16. X 與 Y 是兩個互相獨立的連續隨機變數，且皆呈現均等分配，數值區間亦皆介於 1 與 2；
 (1) 設 $Z=3X^2+1$，請問 Z 的機率密度函數。
 (2) 設 $W=X-2Y$，請問 W 的均數及變異數。
17. X 是以$(0, A)$爲數值區間的均等分配型隨機變數，設 $Y=X^{\frac{1}{\beta}}$，$\beta\neq 0$，請問 Y 的機率密度函數爲何。
18. 設 X 是電腦產生的隨機變數，呈現均等分配，數值區間爲$(0, 1)$，此外又定義隨機變數 Y 如下式，請問 $Y=-\dfrac{1}{\lambda}\ln(1-X)$，$\lambda>0$ 的分配式？
19. 設 X 爲高斯隨機變數，機率密度函數如下：

$$f_X(x)=\frac{1}{\sqrt{2\pi\sigma^2}}e^{-\frac{x^2}{2\sigma^2}}$$

 又設隨機變數 $Z=4X^2$，請問 Z 的機率密度函數？
20. 設 $Y=a\cot\Phi$，其中 Φ 是以$(-\pi, \pi)$爲數值區間的均等分配隨機變數，請問 Y 的機率密度函數 $f_Y(y)=$？
21. 設限定變數 $Y=sgn(X)$，其中 $sgn(x)=\begin{cases}1 & ,x>0\\ 0 & ,x=0\\ -1 & ,x<0\end{cases}$；又設 $X=\cos U$；其中 U 是以 $[0, 2\pi)$爲數值區間的均等分配變數，請問 Y 的機率密度函數。
22. 若 Z 爲標準常態分配型隨機變數，請問 Z^2 的機率密度函數。
23. 設 $Y=X^4$，其中 X 是屬於指數分配型變數，均數爲 μ，請問 Y 的密度函數。

24. 如圖所示，隨機變數 X 的可能數值有兩個，分別是+1 和−1；現在將 X 與區間為(−2, 2)的均等隨機變數 N 相加以產生新的變數，然後將此新變數通過下列正負號函數以形成另一變數 Y，並令 Y 的數值如下：

$$\{Y \mid Y = +1 \text{ if } X + N \geq 0 \text{ and } Y = -1 \text{ if } X - N < 0\}$$

假設 $X = +1$ 的可能性是 0.6，$X = -1$ 可能性是 0.4：

(1) 請問 $Y = +1$ 且 $X = -1$ 的機率是多少？

(2) 為求降低(1)的出現機率起見，我們決定將 X 振幅放大至少 1 倍，請問若要將此機率值壓到 0.1 以下，那麼 X 的振幅至少需放大多少才夠？

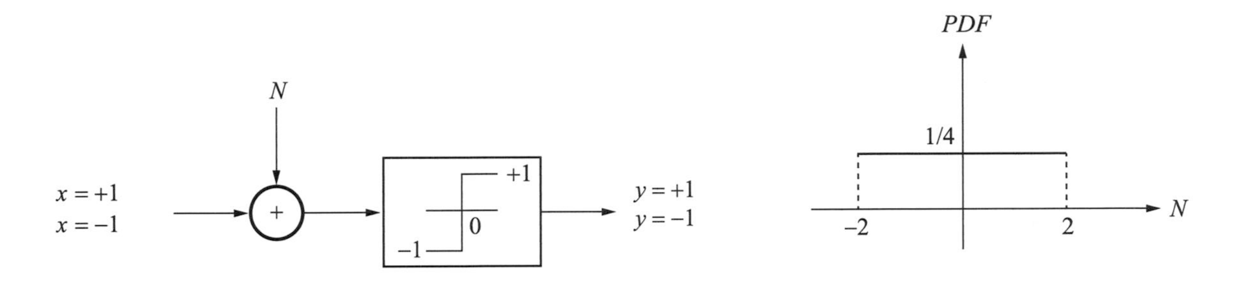

5

多維隨機變數

5-1　聯合機率分配與邊際分配函數

5-2　條件分配與獨立性

5-3　期望值及其性質

5-4　二元常態分配

在前面章節中，我們僅針對單一個隨機變數及其機率分配進行介紹與討論，然而在很多的隨機程序中，我們可能需要同時記錄幾個不同的隨機變數，例如來自不同代工廠的手機，設來自 A 廠的手機數爲隨機變數 X，來自 B 廠的代工手機數爲隨機變數 Y，若某手機大廠的手機來自 A 與 B 兩家代工廠，則其會產生聯合隨機變數(X, Y)與聯合機率分佈函數 $f(x, y)$，以下將介紹多變數的隨機變數及其聯合機率分佈函數。

5-1 聯合機率分配與邊際分配函數

有很多的隨機試驗往往會研究兩個以上的隨機變數，而且這些隨機變數彼此之間有一定的關係，對每一次的試驗，這些隨機變數都會對應一組實數，而且這些實數組合所對應的事件有確定的機率，則稱多個隨機變數的整體爲一個多維隨機變數，其詳細的定義與性質如下：

一、定義

1. 多維隨機變數

設$(\Omega, \mathscr{F}, P)$爲一機率空間，所謂 n 維的隨機變數，爲一由樣本空間 Ω 映到 n 維歐氏空間 R^n 的函數。

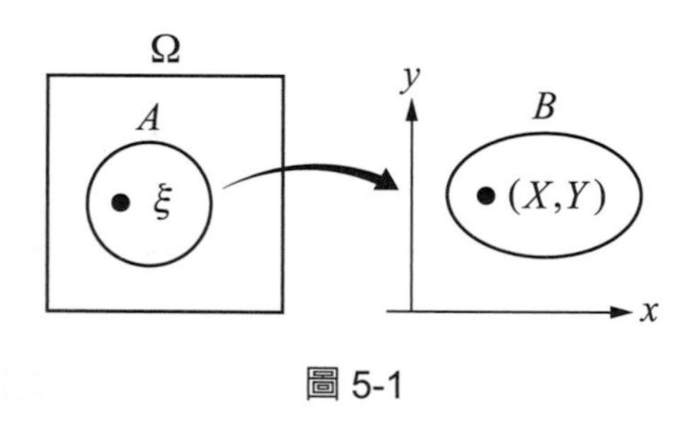

圖 5-1

以二維爲例，如圖 5-1，若 ξ 爲樣本空間中 A 集合（事件）上的元素，則其透過多維隨機變數的定義，會映射到 XY 平面 B 集合（區域）上的一點，所以一般二維隨機變數 $V=(X, Y)$可看成是平面上的隨機點，三維隨機變數 $V=(X, Y, Z)$可看成是空間中的隨機點。

2. 離散型聯合機率函數

設(X, Y)爲$(\Omega, \mathscr{F}, P)$上的二維隨機變數，若存在一有限或無限可數集合$\mathscr{A} \in \mathrm{R}^2$，及函數

$$f(x,y)=\begin{cases}P(X=x,Y=y) & 若(x,y)\in\mathscr{A}\\ 0 & 若(x,y)\in\mathbb{R}^2\setminus\mathscr{A}\end{cases}$$

滿足

(1) $f(x,y)\ge 0\ (\forall(x,y)\in\mathbb{R}^2)$。

(2) $\sum_x\sum_y f(x,y)=1$。

則稱(X, Y)為離散型的二維隨機變數。而函數$f(x,y)$稱為(X, Y)的聯合機率質量函數（joint probability mass function），且(X, Y)的聯合機率累積分配函數（joint cumulative probability distribution function）為

$$F(x,y)=P(X\le x, Y\le y)=\sum_{x_i\le x}\sum_{y_i\le y}f(x_i,y_i)\ 。$$

舉例說明如下：

某銀行的投資部門分析投資顧客的所得低、中、高等三類及投資的標的風險為保守、平穩、積極與大膽等四類的機率行為，若令 r.v. X 表示所得（低(1)、中(2)、高(3)），r.v. Y 表示風險（保守(1)、平穩(2)、積極(3)、大膽(4)），則其可用下列聯合機率加以描述如下表

	$Y=1$	$Y=2$	$Y=3$	$Y=4$
$X=1$	0.1	0.1	0	0.1
$X=2$	0	0.2	0.2	0.2
$X=3$	0	0	0	0.1

其中 $f_{XY}(2,3)=P(X=2, Y=3)=0.2$ 表示所得且投資積極的機率，

$$F_{XY}(2,3)=P(X\le 2 \text{ 且 } Y\le 3)=P(X=1,Y=1)+P(X=1,Y=2)+P(X=1,Y=3)$$
$$+P(X=2,Y=1)+P(X=2,Y=2)+P(X=2,Y=3)$$
$$=0.1+0.1+0+0+0.2+0.2=0.6\ 。$$

範例 1

一台液晶電視的兩個影像處理晶片從有 3 個晶片的 A 廠商，2 個晶片的 B 廠商，和 3 個晶片的 C 廠商的盒子內來提供，如果 r.v. X 表示來自 A 廠商晶片數目，r.v. Y 表示來自 B 廠商的晶片，

(1) 求其聯合機率函數 $f(x, y)$。

(2) 求 $P(X \le 1, Y \le 1) = ?$

解

(1) $f(x, y) = \dfrac{C_x^3 \times C_y^2 \times C_{2-x-y}^3}{C_2^8}$，$x = 0, 1, 2$，$y = 0, 1, 2$，$0 \le x + y \le 2$，則聯合機率分配如下表所示：

$f(x, y)$		Y			總和
		0	1	2	
X	0	$\frac{3}{28}$	$\frac{3}{14}$	$\frac{1}{28}$	$\frac{5}{14}$
	1	$\frac{9}{28}$	$\frac{3}{14}$	0	$\frac{15}{28}$
	2	$\frac{3}{28}$	0	0	$\frac{3}{28}$
總和		$\frac{15}{28}$	$\frac{3}{7}$	$\frac{1}{28}$	1

(2) $P(X \le 1, Y \le 1) = \dfrac{3}{28} + \dfrac{9}{28} + \dfrac{3}{14} + \dfrac{3}{14} = \dfrac{24}{28} = \dfrac{6}{7}$。

3. 連續型聯合機率函數

設(X, Y)爲$(\Omega, \mathscr{F}, P)$上的二維隨機變數，若在 $\mathbb{R}^2$ 中存在一可積函數 $f(x, y)$滿足

(1) $f(x, y) \ge 0$（$\forall (x, y) \in \mathbb{R}^2$）。

(2) $\int_{-\infty}^{\infty}\int_{-\infty}^{\infty} f(x, y)\, dx\, dy = 1$。

則稱(X, Y)爲連續型的二維隨機變數。而函數$f(x, y)$稱爲(X, Y)的聯合機率密度函數(joint probability density function)。且(X, Y)的聯合累積分配函數爲

$$F(x, y) = P(X \le x, Y \le y) = \int_{-\infty}^{x}\int_{-\infty}^{y} f(x, y)\, dy\, dx$$

若$F(x, y)$的二階偏導數存在時，則

$$\frac{\partial^2 F(x, y)}{\partial x \partial y} = f(x, y)$$

同時

$$P\{(X, Y) \in D\} = \iint_D f(x, y) dxdy \text{ 。}$$

範例 2

假設連續型聯合機率密度函數爲 $f(x, y) = \begin{cases} k(2x+3y) & ;0 \le x \le 1, 0 \le y \le 1 \\ 0 & ;\text{其他} \end{cases}$

(1) 求常數 $k = ?$

(2) 求 $P[(X, Y) \in A]$，$A = \{(x, y) \mid 0 < x < \frac{1}{2}, \frac{1}{4} < y < \frac{1}{2}\}$ 。

解

(1) $\int_{-\infty}^{\infty}\int_{-\infty}^{\infty} f(x, y)dxdy = \int_0^1\int_0^1 k(2x+3y)dxdy = 1$，$k = \frac{2}{5}$ 。

(2) $P[(X, Y) \in A] = P(0 < X < \frac{1}{2}, \frac{1}{4} < Y < \frac{1}{2})$

$$= \int_{\frac{1}{4}}^{\frac{1}{2}}\int_0^{\frac{1}{2}} \frac{2}{5}(2x+3y)dxdy$$

$$= \int_{\frac{1}{4}}^{\frac{1}{2}} \left(\frac{2}{5}x^2 + \frac{6}{5}xy\right)\Bigg|_{x=0}^{\frac{1}{2}} dy$$

$$= \frac{13}{160} \text{ 。}$$

二、性質

定理

(X, Y)為$(\Omega, \mathscr{F}, P)$上的二維隨機變數，且 $F(x, y)$為其聯合累積分配函數，則

(1) 若 x_1、x_2、y_1、$y_2 \in \mathbb{R}^2$，則

$$P\{x_1 < X \leq x_2, y_1 < Y \leq y_2\} = F(x_2, y_2) - F(x_2, y_1) - F(x_1, y_2) + F(x_1, y_1)$$

如圖 5-2。

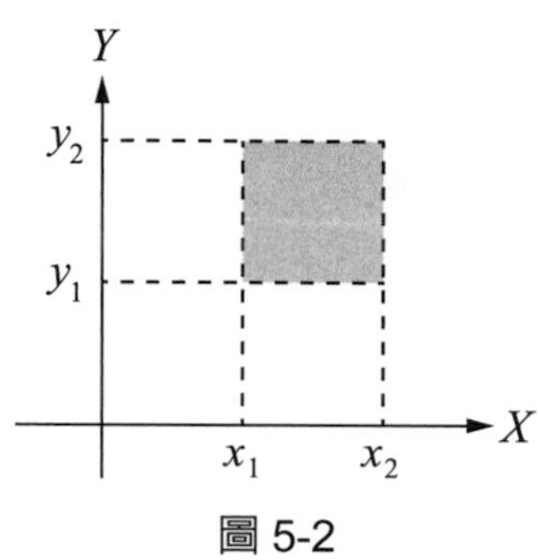

圖 5-2

(2) $F(x, y)$對 x 及 y 均為不減右連續函數。

(3) $\lim\limits_{x\to-\infty} F(x, y) = 0$、$\lim\limits_{y\to-\infty} F(x, y) = 0$、$\lim\limits_{\substack{x\to\infty \\ y\to\infty}} F(x, y) = 1$。

範例 3

設雙變數 r.v.(X, Y)代表同時投擲一個公正硬幣與一公正四面體骰子之正面次數及骰子點數，試求：

(1) 聯合機率密度函數 $f(x, y) =$ ？

(2) 聯合累積分配函數 $F(x, y) =$ ？

解

(1)

X \ Y	1	2	3	4
0	$\frac{1}{8}$	$\frac{1}{8}$	$\frac{1}{8}$	$\frac{1}{8}$
1	$\frac{1}{8}$	$\frac{1}{8}$	$\frac{1}{8}$	$\frac{1}{8}$

$$(2)\ F(x,y)=P(X\le x,Y\le y)=\begin{cases}0 & ,y<1\\ \dfrac{1}{8} & ,0\le x<1,1\le y<2\\ \dfrac{1}{4} & ,1\le x,1\le y<2\\ \dfrac{1}{4} & ,0\le x<1,2\le y<3\\ \dfrac{1}{2} & ,1\le x,2\le y<3\\ \dfrac{3}{8} & ,0\le x<1,3\le y<4\\ \dfrac{3}{4} & ,1\le x,3\le y<4\\ \dfrac{1}{2} & ,0\le x<1,4\le y\\ 1 & ,1\le x,4\le y\end{cases}$$

三、邊際分配函數

1. 定義 1：邊際累積分配函數

設(X,Y)為$(\Omega,\mathscr{F},P)$上的二維隨機變數，且其聯合累積分配函數為$F(x,y)$，則分量X的邊際分配函數（marginal distribution function）為

$$F_X(x)=P(X\le x)=P(X\le x,Y<\infty)=F(x,\infty)$$

分量Y的邊際分配函數為

$$F_Y(y)=P(Y\le y)=P(X\le\infty,Y<y)=F(\infty,y)$$

2. 定義 2：離散型隨機變數的邊際機率質量函數（marginal probability mass function）

設(X,Y)為$(\Omega,\mathscr{F},P)$上的二維離散型隨機變數，且其聯合機率質量函數為

$$f(x,y)=\begin{cases}P(X=x，Y=y) & 若(x,y)\in\mathscr{A}\\ 0 & 若(x,y)\in\mathbb{R}^2\setminus\mathscr{A}\end{cases}$$

其中$\mathscr{A} \in \mathbb{R}^2$爲一有限或無限可數集合，則$(X, Y)$關於分量$X$的邊際機率質量函數爲

$$f_X(x_k) = \sum_i f(x_k, y_i) \quad (\forall (x_k, y_i) \in \mathscr{A})\text{且 } F_X(x) = \sum_{x_i \le x} f_X(x_i)$$

(X, Y)關於分量Y的邊際機率分佈函數爲

$$f_Y(y_k) = \sum_i f(x_i, y_k) \quad (\forall (x_i, y_k) \in \mathscr{A})\text{且 } F_Y(y) = \sum_{y_i \le y} f_Y(y_i)$$

NOTE：一般在分析離散型隨機變數時，均先列出(X, Y)的聯合機率分佈表，設(X, Y)的聯合機率質量函數爲$f(x, y)$，且$\sum_{i=1}^{m}\sum_{j=1}^{n} f(x_i, y_i) = 1$。

則(X, Y)的聯合機率分佈表爲

X	Y				$f_X(x)$
	y_1	y_2	$\cdots$	y_n	
x_1	$f(x_1, y_1)$	$f(x_1, y_2)$	$\cdots$	$f(x_1, y_n)$	$\sum_{i=1}^{n} f(x_1, y_i) = f_X(x_1)$
x_2	$f(x_2, y_1)$	$f(x_2, y_2)$	$\cdots$	$f(x_2, y_n)$	$\sum_{i=1}^{n} f(x_2, y_i) = f_X(x_2)$
x_3	$f(x_3, y_1)$	$f(x_3, y_2)$	$\cdots$	$f(x_3, y_n)$	$\sum_{i=1}^{n} f(x_3, y_i) = f_X(x_3)$
$\vdots$	$\vdots$	$\vdots$	$\vdots$	$\vdots$	$\vdots$
x_m	$f(x_m, y_1)$	$f(x_m, y_2)$	$\cdots$	$f(x_m, y_n)$	$\sum_{i=1}^{n} f(x_m, y_i) = f_X(x_m)$
$f_Y(y)$	$\sum_{j=1}^{m} f(x_j, y_1) = f_Y(y_1)$	$\sum_{j=1}^{m} f(x_j, y_2) = f_Y(y_2)$	$\cdots$	$\sum_{j=1}^{m} f(x_j, y_n) = f_Y(y_n)$	1

範例 4

擲兩公正骰子，令 r.v. X 為 1 點出現的次數，Y 為 6 點出現的次數，請建立 X、Y 的聯合機率分配表。

解

$f(x, y)$		Y			$f_X(x)$
		0	1	2	
X	0	$\frac{16}{36}$	$\frac{8}{36}$	$\frac{1}{36}$	$\frac{25}{36}$
	1	$\frac{8}{36}$	$\frac{2}{36}$	0	$\frac{10}{36}$
	2	$\frac{1}{36}$	0	0	$\frac{3}{28}$
$f_Y(y)$		$\frac{25}{36}$	$\frac{10}{36}$	$\frac{1}{36}$	1

3. 定義 3：連續型隨機變數的邊際機率密度函數

設(X, Y)為$(\Omega, \mathscr{F}, P)$上的二維連續型隨機變數，且其聯合機率密度函數為$f(x, y)$，則(X, Y)關於分量 X 的邊際機率密度函數為

$$f_X(x) = \int_{-\infty}^{\infty} f(x, y)\, dy \text{ 且 } F_X(x) = \int_{-\infty}^{x} f_X(x)\, dx$$

(X, Y)關於分量 Y 的邊際機率密度函數為

$$f_Y(y) = \int_{-\infty}^{\infty} f(x, y)\, dx \text{ 且 } F_Y(y) = \int_{-\infty}^{y} f_Y(y)\, dy \text{ 。}$$

範例 5

考慮兩個 r.v.(X, Y)之 p.d.f.爲

$$f(x, y)=\begin{cases} kxy, & 0<x<y, 0<y<1 \\ 0, & \text{其他} \end{cases}$$

(1) 求 $k=$？

(2) 求 $P(0<X<0.5$ 且 $0.5<Y<1)$

(3) 求 X、Y 之邊際密度函數

解

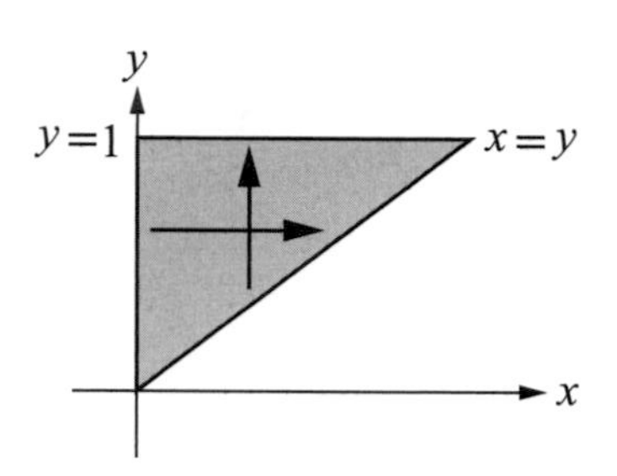

(1) $\int_0^1\int_0^y kxydxdy=1 \Rightarrow k=8$ 。

(2) $P(0<X<0.5, 0.5<Y<1)$

$=\int_{\frac{1}{2}}^1\int_0^{\frac{1}{2}} 8xydxdy=\frac{3}{8}$ 。

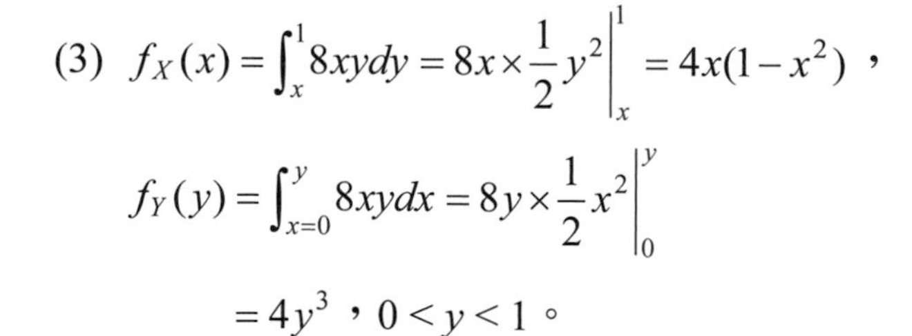

(3) $f_X(x)=\int_x^1 8xydy=8x\times\frac{1}{2}y^2\Big|_x^1=4x(1-x^2)$，

$f_Y(y)=\int_{x=0}^y 8xydx=8y\times\frac{1}{2}x^2\Big|_0^y$

$=4y^3$，$0<y<1$ 。

習　題

一、基礎題：

1. 假設離散 r.v. X 和 Y 的聯合機率分佈爲 $f_{XY}(x, y)=\frac{x+y}{30}$ 對於 $x=0, 1, 2, 3$；

   $y=0, 1, 2$；求

   (1) $P(X\le 1, Y=1)$ 。

   (2) $P(X>1, Y\le 1)$ 。

   (3) $P(X\le Y)$ 。

   (4) $P(X+Y=2)$ 。

2. 某汽車公司針對新車進行後輪胎測試，每個後輪胎應該充氣到 40 磅／平方英寸（psi）的壓力。令 X 表示左輪胎的實際空氣壓力，Y 表示右輪胎的實際空氣壓力。假設隨機變數 X 和 Y 是具有聯合機率密度函數

$$f_{XY}(x, y)=\begin{cases} k(x^2+y^2), & 30 \le x < 50, 30 \le y < 50 \\ 0 & ,\text{其他} \end{cases}$$

(1) 求 k。

(2) 求 $P(30 \le X \le 40$ 和 $40 \le Y < 50)$。

(3) 求兩個後輪胎都沒充飽的機率。

3. 某一行銷中心有兩條專線。在隨機選擇的一天中，令 X 是第一專線使用的時間比例，而 Y 是第二專線使用的時間比例。假設 (X, Y) 的聯合機率密度函數為

$$f_{XY}(x, y)=\begin{cases} \dfrac{3}{2}(x^2+y^2), & 0 \le x, y \le 1 \\ 0 & ,\text{其他} \end{cases}$$

(1) 求兩條專線有超過一半以上時間不忙碌的機率。

(2) 求第一專線忙碌超過 75%以上時間而第二專線無人使用的機率。

4. 下列函數能否成為隨機變數 X 和 Y 的聯合機率密度函數與累積分佈函數？

$$f_{XY}(x, y)=\begin{cases} 1-e^{-(x+y)}, & x \ge 0, y \ge 0 \\ 0 & ,\text{其他} \end{cases} \text{、} F_{XY}(x, y)=\begin{cases} 1-e^{-(x+y)}, & x \ge 0, y \ge 0 \\ 0 & ,\text{其他} \end{cases}$$

5. 隨機變數 X 和 Y 有聯合機率質量函數

$$P_{X,Y}(x, y)=\begin{cases} cxy, & x=1, 2, 4, y=1, 3 \\ 0 & ,\text{其他} \end{cases}$$

(1) 常數 c 的值是多少？

(2) $P[Y<X]$是多少？

(3) $P[Y>X]$是多少？

(4) $P[Y=X]$是多少？

(5) $P[Y=3]$是多少？

6. 隨機變數 X 和 Y 有聯合機率質量函數

$$f_{X,Y}(x,y)=\begin{cases} c\,|x+y| & ,x=-2,0,2\ ,\ y=-1,0,1 \\ 0 & ,\text{其他} \end{cases}$$

 (1) 常數 c 的值是多少？
 (2) $P[Y<X]$是多少？
 (3) $P[Y>X]$是多少？
 (4) $P[Y=X]$是多少？
 (5) $P[X<1]$是多少？

7. 測試兩個線性 IC，每次測試時電路失敗的機率是 p，且其與其他測試無關。令 X 爲第一次測試時失敗的個數（0 或 1），Y 爲第二次測試時失敗的個數。求聯合機率質量函數 $P_{X,Y}(x,y)$。

8. 擲一公平的硬幣兩次，令 X 等於出現反面的總次數，Y 等於擲最後一次時出現正面的次數，求聯合機率質量函數 $P_{X,Y}(x,y)$。

9. 手機晶片每次測試以機率 p 產生合格電路，這與其他任何電路的測試結果無關。在測試 n 個電路時，令 K 表示不合格電路的個數；且令 X 表示最後一個測試中合格電路的個數（0 或 1）。求聯合機率質量函數 $P_{K,X}(k,x)$。

10. 承上題，在測試 n 個晶片時，令 K 表示不合格電路的個數；且令 X 表示出現第一個不合格電路之前，合格電路的個數。求聯合機率質量函數 $P_{K,X}(k,x)$。

11. 設隨機變數 X 和 Y 有聯合機率密度函數爲 $f_{X,Y}(x,y)=\begin{cases} cxy^2 & ,0\le x\le 1,0\le y\le 1 \\ 0 & ,\text{其他} \end{cases}$

 (1) 求常數 c。
 (2) 求 $P[X>Y]$和 $P[Y<X^2]$。
 (3) 求 $P[\min(X,Y)\le\frac{1}{2}]$。
 (4) 求 $P[\max(X,Y)\le\frac{3}{4}]$。

12. 設隨機變數 X 和 Y 有聯合機率密度函數

$$f_{X,Y}(x, y) = \begin{cases} 6e^{-(2x+3y)} & , x \geq 0, y \geq 0 \\ 0 & ,\text{其他} \end{cases}$$

(1) 求 $P[X > Y]$。

(2) 求 $P[X + Y \leq 1]$。

(3) 求 $P[\min(X, Y) \geq 1]$。

(4) 求 $P[\max(X, Y) \leq 1]$。

13. 麥當勞設有快速通道和人行式走道。在隨機選擇的一天，令 X 和 Y 分別是使用快速通道和人行式走道時間的比例，並假設這些隨機變數的聯合密度函數

$$f_{XY}(x, y) = \begin{cases} \dfrac{2}{3}(x + 2y) & , 0 \leq x \leq 1, 0 \leq y \leq 1 \\ 0 & ,\text{其他} \end{cases}$$

(1) 求 X 的邊際密度。

(2) 求 Y 的邊際密度。

(3) 求使用快速通道的時間少於一半時間的機率。

14. 令 X 和 Y 表示手機系統中兩個 IC 的壽命長度，以年爲單位。如果這些變數的聯合機率密度函數爲

$$f(x, y) = \begin{cases} ke^{-(x+y)} & , x > 0, y > 0 \\ 0 & ,\text{其他} \end{cases}$$

(1) 求 $k = ?$

(2) 求 X 與 Y 的邊際累積分配函數。

15. 假設隨機變數 X 和 Y 具有以下的聯合機率分佈：

$f_{XY}(x, y)$		X	
		2	4
Y	1	0.10	0.15
	3	0.20	0.30
	5	0.10	0.15

(1) 計算 X 的邊際分配。

(2) 計算 Y 的邊際分配。

16. 一枚硬幣投擲兩次。令 X 表示第一次擲出的正面數，Y 表示兩次擲出的正面數。如果硬幣不公正，正面出現機率爲 30%，求

(1) X 和 Y 的聯合機率分佈；

(2) Y 的邊際分佈；

(3) X 的邊際分佈；

(4) 至少出現 1 次正面的機率。

二、進階題：

1. 設隨機變數 X 及 Y 皆爲均等分配，且數值區間皆落在某個半徑爲 1 的圓環內，機率密度函數如下：

$$f(x, y)=\begin{cases} C & ,0<x^2+y^2<1 \\ 0 & ,\text{所有其他情況} \end{cases}$$

(1) 請問常數 C 爲何？

(2) 請問機率 $P\{|X-Y|>1\}$ 爲何？

2. 在 0 與 2 間隨機選取一數爲 X，在 0 與 3 間隨機選取一數爲 Y，兩者選取互爲獨立，請問 $X+Y<1$ 之機率爲何？

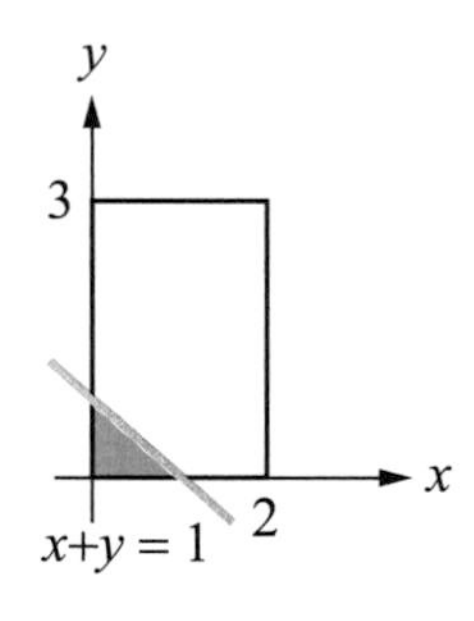

5-2 條件分配與獨立性

當研究兩個隨機變數 X 與 Y 時，其可能存在一些關聯性，並非不相干。例如：某班級學生的身高（X）與體重（Y）彼此應該有些關聯資訊。若有一同學的身高 $X = 175$ 公分，則體重（Y）低於 30 公斤的機率應該很低，又如果身高 $X = 175$ 公分，則體重 $Y \ge 60$ 公斤的機率應該比身高 $X = 150$ 公分，體重 $Y \ge 60$ 公斤之機率高，這說明了兩隨機變數在其中一個隨機變數的某種條件下會影響另一隨機變數的可能性，此即稱為條件機率，以下將詳細介紹。

一、離散型隨機變數的條件分佈

設(X, Y)為$(\Omega, \mathscr{F}, P)$上的二維離散型隨機變數，若其聯合機率質量函數為

$$f(x, y) = \begin{cases} P(X = x，Y = y) & ,若(x, y) \in \mathscr{A} \\ 0 & ,若(x, y) \in \mathbb{R}^2 \setminus \mathscr{A} \end{cases}$$

其中$\mathscr{A} \in \mathbb{R}^2$為一有限或無限可數集合，同時 X、Y 的邊際機率分佈函數為$f_X(x)$、$f_Y(y)$，且 $f_Y(y_1) > 0$，則在事件 $Y = y_1$ 發生的條件下，X 的條件機率質量函數(conditional probability mass function)為

$$f_{X|Y}(x \mid y_1) = P(X = x \mid Y = y_1) = \frac{P(X = x, Y = y_1)}{P(Y = y_1)} = \frac{f_{XY}(x, y_1)}{f_Y(y_1)}$$

若$f_X(x_1) > 0$，則在事件$X = x_1$發生的條件下，Y的條件質量機率質量函數(conditional probability mass function)為

$$f_{Y|X}(y \mid x_1) = P(Y = y \mid X = x_1) = \frac{P(X = x_1, Y = y)}{P(X = x_1)} = \frac{f_{XY}(x_1, y)}{f_X(x_1)}\ 。$$

範例 6

設 X、Y 的聯合機率質量函數爲 $f(x, y) = k(2x + y)$，其中 $x = 0$、1、2，且 $y = 0$、1、2、3。

(1) 求 k。

(2) 求 $P(X \geq 1, Y \leq 2)$、$P(X = 2, Y = 1)$、$P(X \geq 1 \mid Y \leq 2)$。

(3) 請問 X 及 Y 的邊際機率分配爲何？

解

(1) $\sum_{x=0}^{2}\sum_{y=0}^{3} f(x, y) = 1$，可得 $42k = 1$，故 $k = \frac{1}{42}$。

(2) $P(X \geq 1, Y \leq 2) = \sum_{x=1}^{2}\sum_{y=0}^{2} f(x, y) = \frac{4}{7}$、$P(X = 2, Y = 1) = \frac{5}{42}$，

$P(X \geq 1 \mid Y \leq 2) = \frac{P(X \geq 1, Y \leq 2)}{P(Y \leq 2)} = \frac{24}{27}$。

(3)

	$y = 0$	$y = 1$	$y = 2$	$y = 3$	$f_X(x)$
$x = 0$	0	k	$2k$	$3k$	$\frac{6}{42}$
$x = 1$	$2k$	$3k$	$4k$	$5k$	$\frac{14}{42}$
$x = 2$	$4k$	$5k$	$6k$	7	$\frac{22}{42}$
$f_Y(y)$	$\frac{6}{42}$	$\frac{9}{42}$	$\frac{12}{42}$	$\frac{15}{42}$	1

二、連續型隨機變數的條件分佈

設 (X, Y) 爲 $(\Omega, \mathscr{F}, P)$ 上的二維連續型隨機變數，若其聯合機率密度函數爲 $f(x, y)$，同時 X、Y 的邊際機率密度函數爲 $f_X(x)$、$f_Y(y)$，且 $f_Y(y) > 0$，則在事件 $Y = y_1$ 發生的條件下，X 的條件機率密度函數(conditional probability density function)爲

$$f_{X|Y}(x \mid y_1) = \frac{f(x, y_1)}{f_Y(y_1)}$$

而條件累積分配函數為 $F_{X|Y}(x|y_1)=\int_{-\infty}^{x} f_{X|Y}(x|y_1)\,dx=\dfrac{P(X<x, Y=y_1)}{P(Y=y_1)}$

若 $f_X(x)>0$，則在事件 $X=x_1$ 發生的條件下，Y 的條件機率密度函數為

$$f_{Y|X}(y|x_1)=\frac{f(x_1, y)}{f_X(x_1)}$$

而條件累積分配函數為 $F_{Y|X}(y|x_1)=\int_{-\infty}^{y} f_{Y|X}(y|x_1)\,dy=\dfrac{P(X=x_1, Y<y)}{P(X=x_1)}$ 。

範例 7

聯合 r.v.(X, Y)之機率密度函數為 $f(x, y)=\begin{cases} x+y\,, 0\le x\le 1, 0\le y\le 1 \\ 0 \quad\quad ,\text{其他} \end{cases}$

(1) 求 $f(x|y)$。 (2) 求 $f(y|x)$。 (3) 求 $F(x|y)$。

(4) 求 $F(y|x)$。 (5) 求 $P(0\le x\le \frac{1}{2}\Big|\frac{1}{2}\le Y\le 1)$。

解

$f(x)=\int_0^1 (x+y)dy=x+\dfrac{1}{2}$ ，$0\le x\le 1$ ，$f(y)=\int_0^1 (x+y)dx=y+\dfrac{1}{2}$ ，$0\le y\le 1$ ，

(1) $f(x|y)=\dfrac{f(x, y)}{f(y)}=\dfrac{x+y}{y+\frac{1}{2}}$ ，$0\le x\le 1$ 、$0\le y\le 1$ 。

(2) $f(y|x)=\dfrac{f(x, y)}{f(x)}=\dfrac{x+y}{x+\frac{1}{2}}$ ，$0\le x\le 1$ 、$0\le y\le 1$ 。

(3) $F(x|y)=\int_{-\infty}^{x} f(x|y)dx=\int_0^x \dfrac{2(x+y)}{2y+1}dx=\dfrac{x^2+2xy}{2y+1}$ 。

(4) $F(y|x)=\int_{-\infty}^{y} f(y|x)dx=\int_0^y \dfrac{2(x+y)}{2x+1}dy=\dfrac{y^2+2xy}{2x+1}$ ，$0\le x\le 1$ 、$0\le y\le 1$ 。

(5) $P(0\le x\le \frac{1}{2}\Big|\frac{1}{2}\le Y\le 1)=\dfrac{P(0\le X\le \frac{1}{2}, \frac{1}{2}\le Y\le 1)}{P(\frac{1}{2}\le Y\le 1)}=\dfrac{\int_0^{\frac{1}{2}}\int_{\frac{1}{2}}^{1}(x+y)dydx}{\int_{\frac{1}{2}}^{1}(y+\frac{1}{2})dy}=\dfrac{2}{5}$ 。

三、獨立隨機變數（Independent Random Variables）

我們在本書第二章中已經有談到兩事件獨立的意義，其是指在試驗中，某事件發生與否不會影響到另一事件發生，而在隨機變數中，若某一隨機變數給定現測值的條件機率分配與另一隨機變數沒有被給定現測值的機率分配是一樣的，則我們稱此兩個隨機變數為獨立隨機變數，其詳細介紹如下：

1. 離散型獨立變數

設(X, Y)為$(\Omega, \mathscr{F}, P)$上的二維離散型隨機變數，若其聯合機率質量函數為

$$f(x, y) = \begin{cases} P(X = x，Y = y) & ,\text{若}(x, y) \in \mathscr{A} \\ 0 & ,\text{若}(x, y) \in \mathbb{R}^2 \setminus \mathscr{A} \end{cases}$$

其中$\mathscr{A} \in \mathbb{R}^2$為一有限或無限可數集合，同時$X$、$Y$的邊際機率分佈函數為$f_X(x)$、$f_Y(y)$，若

$$f_{X|Y}(x_i \mid y_i) = \frac{f(x_i, y_i)}{f_Y(y_i)} = f_X(x_i)$$

$\Rightarrow f(x_i, y_j) = f_X(x_i) f_Y(y_j)$，$\forall (x_i, y_j) \in \mathscr{A}$，即

$$P(X = x_i, Y = y_j) = P(X = x_i)P(Y = y_j)，\forall (x_1, y_j) \in \mathscr{A}$$

則稱X與Y相互獨立（mutually independence），並表示成$X \perp\!\!\!\perp Y$。

推論：k個離散型隨機變數X_1、X_2、……、X_k相互獨立的條件為

$$\begin{aligned} & P(X_1 = x_1, X_2 = x_2, \cdots\cdots, X_k = x_k) \\ & = P(X_1 = x_1)P(X_2 = x_2) \cdots\cdots P(X_k = x_k) \end{aligned}$$

2. 連續型獨立變數

設(X, Y)為$(\Omega, \mathscr{F}, P)$上的二維連續型隨機變數，若其聯合機率密度函數為$f(x, y)$，同時X、Y的邊際機率密度函數為$f_X(x)$、$f_Y(y)$，若

$$f(x, y) = f_X(x) f_Y(y)$$

則稱X與Y相互獨立，並表示成$X \perp\!\!\!\perp Y$。

推論：k個離散型隨機變數X_1、X_2、……、X_k相互獨立的條件為

$$f(x_1, x_2, \cdots\cdots, x_k) = f_{X_1}(x_1) f_{X_2}(x_2) \cdots\cdots f_{X_k}(x_k)$$

其中 $f(x_1, x_2, \cdots\cdots, x_k)$爲$(X_1, X_2, \cdots\cdots, X_k)$的聯合機率密度函數，而 $f_{X_1}(x_1)$ 、 $f_{X_2}(x_2)$ 、……、 $f_{X_k}(x_k)$ 爲邊際機率密度函數。

範例 8

某網購平台最近發送簡訊給曾在該平台購買過 iphone 手機的 600 個客人，進行 iphone XS 手機促銷，發送後兩週依顧客「是否打開看過簡訊」與「有沒有上網購買 iphone XS」進行分析，其結果如下：

		X	
		未打開	有打開
Y	未買	198	108
	有買	132	162

其中 r.v. X 表示是否打開看過簡訊、r.v. Y 表示有沒有上網購買 iphone XS，

(1) 求其聯合機率函數。

(2) 求看過簡訊後，有上網購買 iphone XS 的機率。

(3) 兩隨機變數是否獨立？

解

(1) 依據題意可得聯合機率分配函數如下表：

		X		$f_X(x)$
		0（未打開）	1（有打開）	
Y	0（未買）	0.33	0.18	0.51
	1（有買）	0.22	0.27	0.49
	$f_Y(y)$	0.55	0.45	1

(2) $f_{Y|X}(y \mid X=1)=\dfrac{f(1,1)}{f_X(x=1)}=\dfrac{0.27}{0.49}=0.55$ 。

(3) $f_{XY}(0,0)=0.33$，又 $f_X(0)=0.51$，$f_Y(0)=0.55$ 且 $f_{XY}(0,0) \neq f_X(0)\times f_Y(0)$，

$\therefore X$ 與 Y 不獨立。

範例 9

設 X、Y 為兩個相互獨立的隨機變數，其聯合密度函數為

$$f(x, y)=\begin{cases}1 & ,0<x<1，0<y<1 \\ 0 & ,\text{其他}\end{cases}$$

(1) 求 $P(2X+Y\geq 1)$。

(2) 求 $P(\max(2X, Y)\geq\frac{1}{3})$。

(3) 求 $P(|\frac{X}{Y}-1|\leq\frac{1}{3})$。

(4) 求 $P(\min(X, Y)=X\mid Y\geq\frac{1}{3})$。

【提示】因聯合密度為 1，故計算機率測度時，即求區域所圍的面積。

解

(1) 因

$$P(2X+Y\geq 1)=\iint_{D_1} f(x, y)dxdy=\iint_{D_1} dxdy=A(D_1)，$$

其中

$D_1=\{(x, y)\mid 2x+y\geq 1，0<x<1、0<y<1\}$，

而 $A(D_1)$ 為 D_1 的面積，由圖可知

$$A(D_1)=1-\frac{1}{2}\times 1\times\frac{1}{2}=\frac{3}{4}，$$

故

$$P(2X+Y\geq 1)=\frac{3}{4}。$$

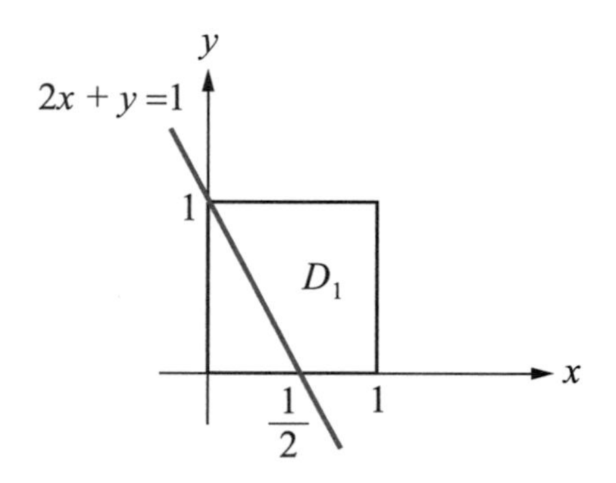

(2) $P(\max(2X, Y)\geq\frac{1}{3})=1-P(\max(2X, Y)<\frac{1}{3})$（∵$X$ 與 Y 獨立）

$$=1-P(2X<\frac{1}{3})\,P(Y<\frac{1}{3})$$

$$=1-\frac{1}{6}\frac{1}{3}=\frac{17}{18}。$$

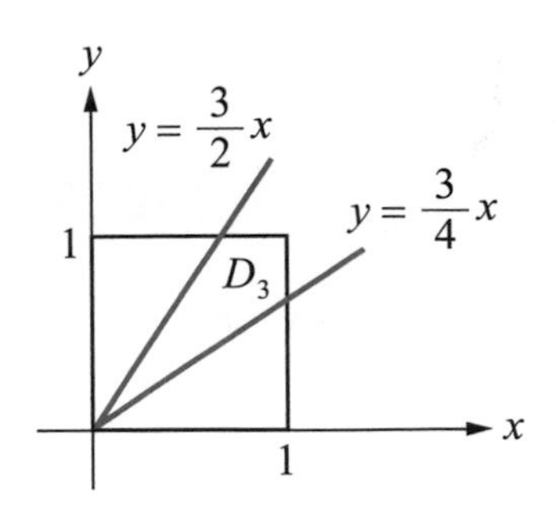

(3) $P(|\frac{X}{Y}-1|\le\frac{1}{3})=P(-\frac{1}{3}\le\frac{X}{Y}-1\le\frac{1}{3})$

$=P(\frac{2}{3}\le\frac{X}{Y}\le\frac{4}{3})$

$=1-\frac{1}{2}\frac{2}{3}-\frac{1}{2}\frac{3}{4}$（如圖 D_3 的面積）

$=\frac{7}{24}$。

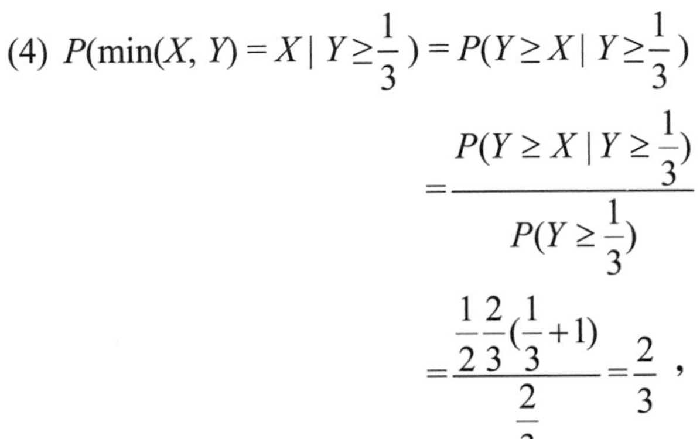

(4) $P(\min(X,Y)=X\mid Y\ge\frac{1}{3})=P(Y\ge X\mid Y\ge\frac{1}{3})$

$=\dfrac{P(Y\ge X\mid Y\ge\frac{1}{3})}{P(Y\ge\frac{1}{3})}$

$=\dfrac{\frac{1}{2}\frac{2}{3}(\frac{1}{3}+1)}{\frac{2}{3}}=\frac{2}{3}$，

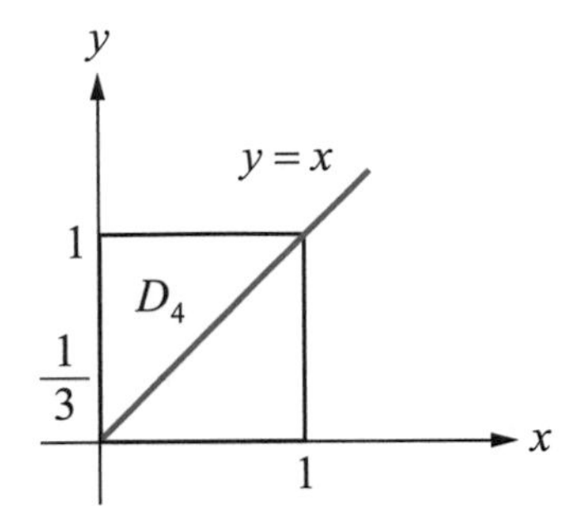

其中 $P(Y\ge X\mid Y\ge\frac{1}{3})$ 為圖中 D_4 的面積。

範例 10

設 X 與 Y 互為獨立隨機變數，皆呈現均勻分配，且數值區間皆為(0, 1)，試問：

(1) $P(|X-Y|\leq 0.5)$。 (2) $P(|\frac{X}{Y}-1|\leq 0.5)$。 (3) $P(Y\geq X-1|\ Y\geq \frac{1}{2})$。

解

因 X、Y 為獨立的且具(0, 1)的均勻分配的隨機變數，故其聯合機率密度函數為

$$f(x,y)=f_X(x)f_Y(y)=\begin{cases}1 & ,0<x<1，0<y<1\\ 0 & ,\text{其他}\end{cases}，$$

(1) $P(|X-Y|\leq 0.5)$

$=P(-0.5\leq X-Y\leq 0.5)$

$=1-2(\frac{1}{2}\times\frac{1}{2}\times\frac{1}{2})=\frac{3}{4}$。

（如圖中 D_1 的面積）。

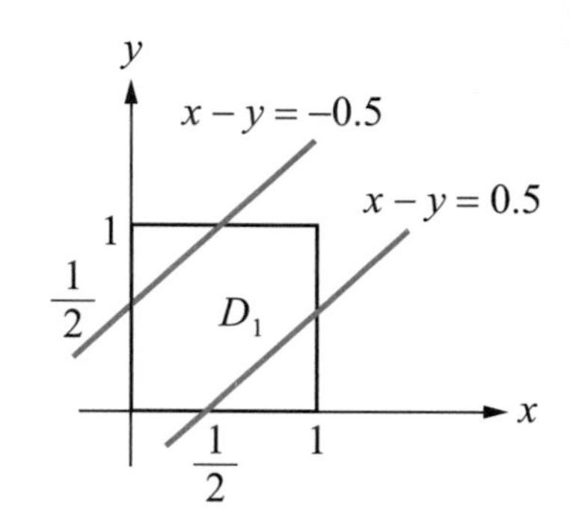

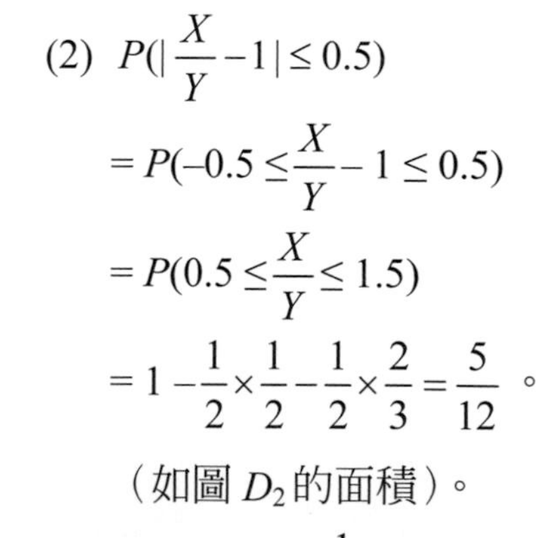

(2) $P(|\frac{X}{Y}-1|\leq 0.5)$

$=P(-0.5\leq\frac{X}{Y}-1\leq 0.5)$

$=P(0.5\leq\frac{X}{Y}\leq 1.5)$

$=1-\frac{1}{2}\times\frac{1}{2}-\frac{1}{2}\times\frac{2}{3}=\frac{5}{12}$。

（如圖 D_2 的面積）。

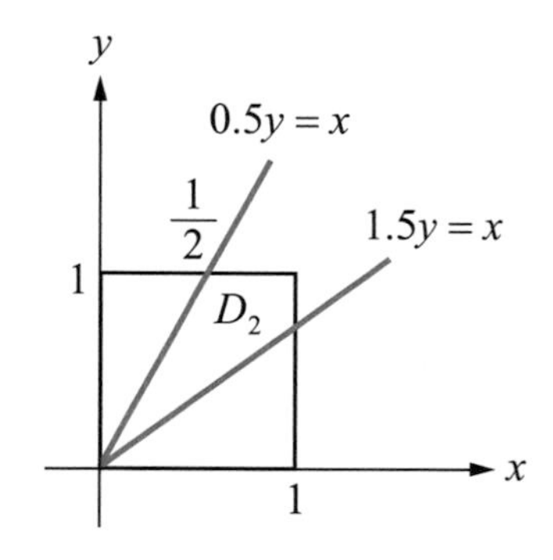

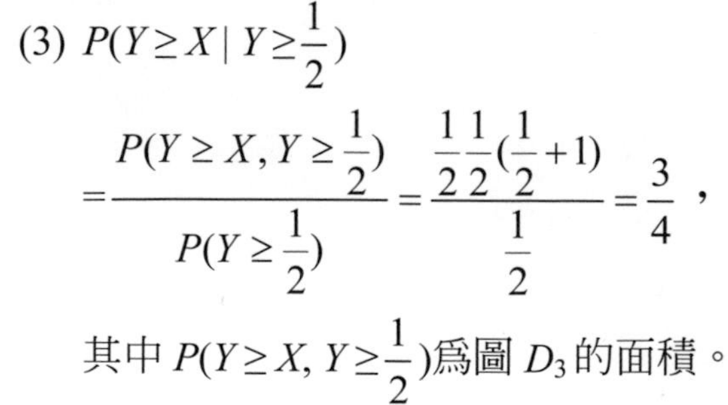

(3) $P(Y\geq X|\ Y\geq\frac{1}{2})$

$$=\frac{P(Y\geq X, Y\geq\frac{1}{2})}{P(Y\geq\frac{1}{2})}=\frac{\frac{1}{2}\frac{1}{2}(\frac{1}{2}+1)}{\frac{1}{2}}=\frac{3}{4}，$$

其中 $P(Y\geq X, Y\geq\frac{1}{2})$為圖 D_3 的面積。

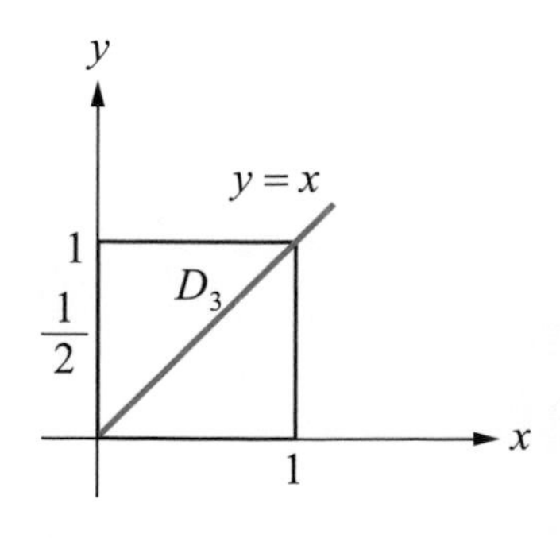

範例 11

X與Y兩隨機變數之聯合密度函數如下：

$$f_{XY}(x, y)=\begin{cases} cx & ,0\le x\le 1,\ 0\le y\le 1-x \\ 0 & ,\text{所有其他情況} \end{cases}$$

請問c爲何？又請證明X與Y非互爲獨立。

解

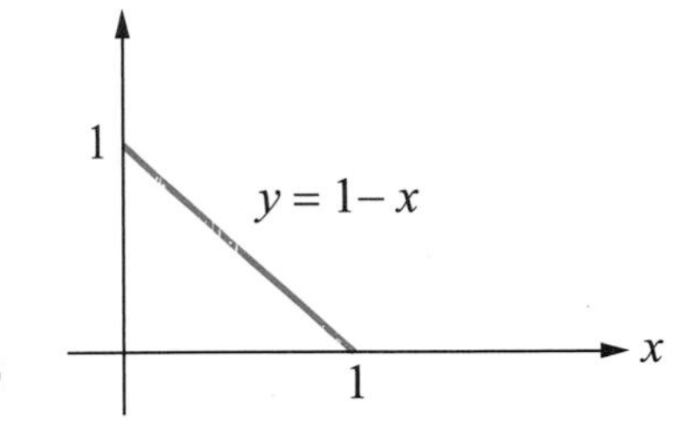

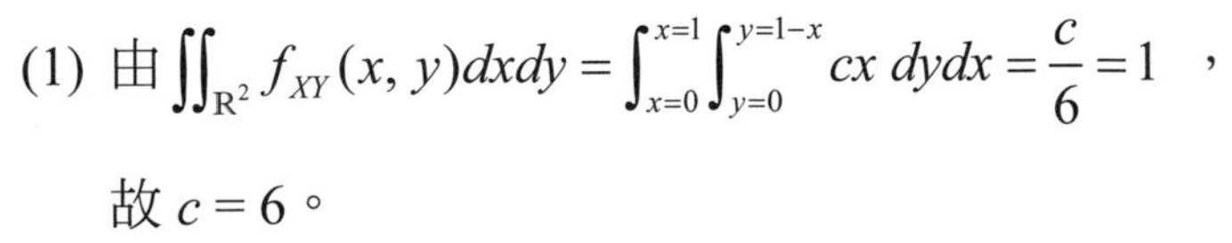

(1) 由 $\iint_{\mathrm{R}^2} f_{XY}(x, y)dxdy=\int_{x=0}^{x=1}\int_{y=0}^{y=1-x} cx\ dydx=\dfrac{c}{6}=1$，

故 $c=6$。

(2) $f_X\ (x)\ =\int_{y=0}^{y=1-x} f_{XY}(x, y)dy=\int_0^{1-x} 6x\ dy=\ 6x(1\ -\ x)$

（$0\le x\le 1$），

$f_Y(x)=\int_{x=0}^{x=1-y} f_{XY}(x, y)\ dy=\int_0^{1-y} 6x\ dx=3(1-y)^2$ （$0\le x\le 1$），

因 $f_{XY}(x, y)=6x\neq f_X(x)\times f_Y(x)=6x(1-x)\times 3(1-y)^2$，故$X$與$Y$不獨立。

範例 12

設X與Y兩隨機變數的聯合機率密度函數爲

$$f_{XY}(x, y)=\begin{cases} 6xy^2 & ,0\le x\le 1\text{、}0\le y\le 1 \\ 0 & ,\text{其他} \end{cases}$$，求證兩隨機變數獨立。

解

$f_X(x)=\int_{-\infty}^{\infty} f_{XY}(x, y)dy=\int_0^1 6xy^2dy=2x$，

$f_Y(y)=\int_{-\infty}^{\infty} f_{XY}(x, y)dx=\int_0^1 6xy^2dx=3y^2$，

$\therefore f_X(x)=\begin{cases} 2x & ,0\le x\le 1 \\ 0 & ,\text{其他} \end{cases}$、$f_Y(y)=\begin{cases} 3y^2 & ,0\le y\le 1 \\ 0 & ,\text{其他} \end{cases}$，

則 $f_X(x)\times f_Y(y)=2x\times 3y^2=6xy^2=f_{XY}(x, y)$，在 $0\le x\le 1$、$0\le y\le 1$，

故X與Y爲獨立。

習　題

一、基礎題：

1. 若 X 和 Y 的聯合機率分配函數為 $f_{XY}(x,y)=\dfrac{x+y}{30}$ 對於 $x=0, 1, 2, 3$；$y=0, 1, 2$；

   求

   (1) 求 X 的邊際分配。

   (2) 求 Y 的邊際分配。

2. 請確認 5-1 習題第 15 題的兩個隨機變數是否獨立。

3. 隨機變數 X 和 Y 的聯合機率密度函數為

   $$f_{XY}(x,y)=\begin{cases}6x, & 0<x<1, 0<y<1-x\\ 0, & \text{其他}\end{cases}$$

   (1) 證明 X 和 Y 不是獨立的。

   (2) 求 $P(X>0.3 \mid Y=0.5)$。

4. 某汽車公司的汽車每個後輪胎應該充氣到 40 磅／平方英寸（psi）的壓力。令 X 表示左輪胎的實際空氣壓力，Y 表示右輪胎的實際空氣壓力。假設隨機變數 X 和 Y 是具有聯合機率密度函數

   $$f_{XY}(x,y)=\begin{cases}k(x^2+y^2), & 30\le x<50, 30\le y<50\\ 0, & \text{其他}\end{cases}$$

   判定兩個隨機變數是否獨立。

5. 隨機變數 X、Y 和 Z 的聯合機率密度函數為

   $$f_{XYZ}(x,y,z)=\begin{cases}\dfrac{4}{9}xyz^2, & 0<x, y<1, 0<z<3\\ 0, & \text{其他}\end{cases}$$

   (1) X 和 Y 的聯合邊際密度函數。

   (2) Z 的邊際密度。

   (3) $P(\frac{1}{4}<X<2, Y>\frac{1}{3}, 2<Z<3)$。

   (4) $P(0<Z<2 \mid X=\frac{1}{2}, Y=\frac{1}{2})$。

6. 隨機變數 X 和 Y 的聯合機率密度函數為

$$f_{XY}(x, y) = \begin{cases} x + y, 0 \le x \le 1；0 \le y \le 1 \\ 0 \quad ,其他 \end{cases}$$

(1) 求 X 和 Y 的邊際分配。

(2) 求 $P(X > 0.25, Y > 0.5)$。

7. 考慮隨機變數 X 和 Y 之聯合機率密度函數：

$$f_{XY}(x, y) = \begin{cases} \dfrac{3x - y}{11}, 1 < x < 3, 0 < y < 1 \\ 0 \quad ,其他 \end{cases}$$

(1) 求 X 和 Y 的邊際密度函數。

(2) X 和 Y 是獨立的嗎？

(3) 求 $P(X > 2)$。

8. 但假設兩個隨機變數的聯合分配如下

$$f(x_1, x_2) = \begin{cases} 6x_2, 0 < x_2 < x_1 < 1 \\ 0 \quad ,其他 \end{cases}$$

(1) 求出 X_1 的邊際分配 $f_{X_1}(x_1)$，並驗證它是有效的密度函數。

(2) 假設 X_1 是 0.7，那麼比例 X_2 小於 0.5 的機率是多少？

9. 隨機變數 X 和 Y 之聯合機率累積分配函數

$$F_{X,Y}(x, y) = \begin{cases} (1 - e^{-x})(1 - e^{-y}), x \ge 0, y \ge 0 \\ 0 \quad ,其他 \end{cases}$$

(1) $P[X \le 2, Y \le 3]$為何？

(2) 邊界累積分配函數 $F_X(x)$為何？

(3) 邊界累積分配函數 $F_Y(y)$為何？

10. 兩個連續隨機變數 X、Y，其聯合累積分配函數為 $F_{X,Y}(x, y)$，且邊界累積分配函數為 $F_X(x)$和 $F_Y(y)$。求 $P[x_1 \le X < x_2 \cup y_1 \le Y < y_2]$，也就是如下圖中陰影「十字」區域的機率。

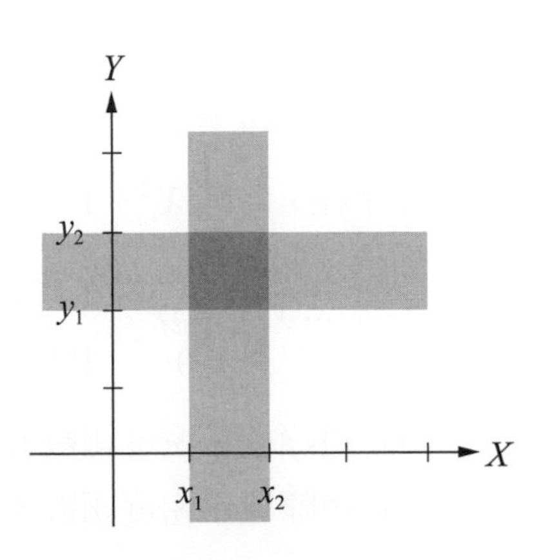

11. 對 $n = 0, 1, \cdots\cdots$ 且 $0 \le k \le 100$ 來說，隨機變數 N 和 K 的聯合機率質量函數爲

$$P_{N,K}(n,k) = \frac{100^n e^{-100}}{n!}\binom{100}{k} p^k (1-p)^{100-k}$$

其餘之 $P_{N,K}(n,k) = 0$。求邊界機率質量函數 $P_N(n)$和 $P_K(k)$。

12. 隨機變數 N 和 K 有聯合機率質量函數

$$P_{N,K}(n,k) = \begin{cases} \dfrac{(1-p)^{n-1} p}{n} & , k = 1, \cdots\cdots, n \text{ , } n = 1, 2, \cdots\cdots, 0 < k < n < \infty \\ 0 & ,\text{其他} \end{cases}$$

求邊際機率質量函數 $P_N(n)$和 $P_K(k)$。

13. 隨機變數 N 和 K 有聯合機率質量函數

$$P_{N,K}(n,k) = \begin{cases} \dfrac{100^n e^{-100}}{(n+1)!} & , k = 0, 1, \cdots\cdots, n \text{ , } n = 0, 1, \cdots\cdots \\ 0 & ,\text{其他} \end{cases}$$

求邊際機率質量函數 $P_N(n)$。證明邊際機率質量函數 $P_K(k)$滿足 $P_K(k) = \dfrac{P[N > k]}{100}$。

14. 隨機變數 X 和 Y 之聯合機率密度函數爲

$$f_{X,Y}(x,y) = \begin{cases} cx & , 0 \le x \le 1,\ 0 \le y \le 1 \\ 0 & ,\text{其他} \end{cases}$$

(1) 求常數 c。

(2) 求邊際機率密度函數 $f_X(x)$。

(3) 驗證 X 和 Y 是否互相獨立？

15. 隨機變數 X 和 Y 有聯合機率密度函數

$$f_{X,Y}(x,y) = \begin{cases} 2 , & x + y \le 1,\ x \ge 0,\ y \ge 0 \\ 0 , & \text{其他} \end{cases}$$

(1) 邊際機率密度函數 $f_X(x)$爲何？

(2) 邊際機率密度函數 $f_Y(y)$爲何？

16. 在半徑 r 的圓 $X^2 + Y^2 \le r^2$ 上，隨機變數 X 和 Y 有聯合機率密度函數

$$f_{X,Y}(x,y) = \begin{cases} \dfrac{1}{\pi r^2} & , x^2 + y^2 \le r^2 \\ 0 & ,\text{其他} \end{cases}$$

(1) 邊際機率密度函數 $f_X(x)$爲何？

(2) 邊際機率密度函數 $f_Y(y)$爲何？

17. 隨機變數 X 和 Y 有聯合機率密度函數

$$f_{X,Y}(x,y)=\begin{cases}\dfrac{5x^2}{2}, & -1\le x\le 1, 0\le y\le x^2\\ 0 & ,\text{其他}\end{cases}$$

(1) 邊際機率密度函數 $f_X(x)$爲何？

(2) 邊際機率密度函數 $f_Y(y)$爲何？

18. X 和 Y 有聯合機率密度函數

$$f_{X,Y}(x,y)=\begin{cases}cy, & 0\le y\le x\le 1\\ 0 & ,\text{其他}\end{cases}$$

(1) 常數 c 的值是多少？

(2) $F_X(x)$爲何？

(3) $F_Y(y)$爲何？

(4) $P[Y\le\dfrac{X}{2}]$爲何？

19. 小明投擲一公平硬幣 100 次，每次都是獨立的投擲。令 X 表示前 75 次裡面出現正面的次數，令 Y 表示剩下的 25 次裡面出現正面的次數。求 $P_X(x)$和 $P_Y(y)$並確認 X 和 Y 是否獨立？求 $P_{X,Y}(x,y)$。

20. 小明投擲一公平硬幣，每次都是獨立的投擲， 直到正面出現 2 次。令 X_1 表示含第一次出現正面在內的丟擲次數。令 X_2 表示含第二次出現正面在內的額外丟擲次數。 $P_{X_1}(x_1)$ 和 $P_{X_2}(x_2)$ 爲何？X_1 和 X_2 是否獨立？求 $P_{X_1,X_2}(x_1,x_2)$ 。

21. X 爲在[0, 2]之連續均勻隨機變數。Y 爲在[0, 5]之連續均勻的隨機函數，並且獨立於 X。聯合機率密度函數 $f_{X,Y}(x,y)$爲何？

22. X_1 和 X_2 爲獨立隨機變數，且 X_i 之機率密度函數爲（$i=1,2$）

$$f_{X_i}(x)=\begin{cases}\lambda_i e^{-\lambda_i x}, & x\ge 0\\ 0 & ,\text{其他}\end{cases}$$

則 $P[X_2<X_1]$爲何？

23. 隨機變數 X 和 Y 具聯合機率密度函數爲

$$f_{X,Y}(x,y)=\begin{cases} k+3x^2, -\frac{1}{2}\le x\le\frac{1}{2}, -\frac{1}{2}\le y\le\frac{1}{2} \\ 0 \quad ,\text{其他} \end{cases}$$

(1) k 是多少？

(2) X 的邊界機率密度函數爲何？

(3) Y 的邊界機率密度函數爲何？

(4) X 和 Y 是否獨立？

二、進階題：

1. 假設你的手機可接收兩種信號，一種是語音信號，另一種是簡訊信號，設收到語音信號的機率爲 p；設隨機變數 X 代表你每收到幾則信號，然後才收到第一通語音信號（換個說法就是，你每次都是收到 $X-1$ 則簡訊後，才收到第 1 則語音信號），Y 代表你接著又收到幾則信號，然後才收到第二通語音信號，

   (1) 求解條件機率密度函數 $P_{X|Y}(x \mid Y)$（亦即設 $Y=y$，則 $X=x$ 的機率）。

   (2) 求解 $P_{Y|X}(y \mid x)$（亦即設 $X=x$，則 $Y=y$ 的機率）。

   註：假設所收到信號的則數互爲獨立。

2. 隨機向量(X, Y)之聯合機率密度函數(pdf)如下：

$$f_{XY}(x,y)=\begin{cases} 2e^{-x}e^{-2y} & x<0,\ y\ge 0 \\ 0 & \text{所有其他情況} \end{cases}$$

   (1) 請問邊際機率密度函數 $f_X(x)$ 及 $f_Y(y)$ 各爲何？並證明(X, Y)互爲獨立。

   (2) 請問機率 $P(X+Y\le 8)$爲何？

3. 三隨機變數 X、Y、Z 的聯合機率密度函數如下：

$$f(x,y,z)=\begin{cases} \dfrac{4x}{yz^2} & ,0<x<1, 0<y<1, 0<z<3 \\ 0 & ,\text{其他} \end{cases}$$

   請問

   (1) Y 與 Z 的聯合邊際密度函數爲何？

   (2) $P(0<X<\frac{1}{2}) \mid Y=\frac{1}{4}, Z=2)$爲何？

4. 設(X, Y, Z)為 3 維隨機變數，且其聯合機率密度函數為

$$f(x, y, z) = \begin{cases} \dfrac{24}{(1+x+y+z)^5} & x>0、y>0、z>0 \\ 0 & \text{其他} \end{cases}$$

求 $W = X + Y + Z$ 的機率密度函數。

5. 考慮下列二變數函數：

$$\begin{cases} f_{XY}(x, y) = Axy & ,0<x<y,\ 0<y<1 \\ 0 & ,\text{所有其他情況} \end{cases}$$

(1) 請問若欲令此式為一正常機率密度函數，則 A 應為何？

(2) 請問 $0<X<0.5$ 且 $0.5<Y<1$ 的機率為何？

(3) 試求 X 及 Y 的邊際機率密度函數。

6. 設(X, Y)的聯合機率密度函數為：

$$f_{XY}(x, y) = xe^{-x(1+y)} \qquad (x>0, y>0)$$

試求 X 及 Y 的邊際機率密度函數。

7. 思考功機率皆為 p 的 $n+m$ 次試驗，在試驗進行之前 p 的數值為未知，而是從某均等分佈母體$(0, 1)$中所任選；假設在 $n+m$ 次試驗中已確實見到 n 次成功，請問 p 的條件分配是屬於何種分配？以上 n 及 m 皆為正整數。

8. 設 X 與 Y 是兩個互為獨立的波氏分配隨機變數，參數分別為 λ_1 及 λ_2，請計算下列分配函數：

(1) $P\{X+Y=n\}$的分配函數。

(2) 給定 $X+Y=n$ 時，X 條件的分配函數，即 $P\{X=k \mid X+Y=n\}$。

9. 隨機變數 X、Y 及 Z 的聯合機率密度函數為：

$$f_{XYZ}(x, y, z) = \begin{cases} \dfrac{4xyz^2}{9} & ,0<x<1,\ 0<y<1,\ 0<z<3 \\ 0 & ,\text{其他} \end{cases}$$

(1) 試求 Y 與 Z 兩隨機變數的聯合邊際機率密度函數。

(2) 試求隨機變數 Y 的邊際機率密度函數。

(3) 試求條件機率 $P(0<X<\frac{1}{2}, 0<Z<1 \mid Y=\frac{1}{2})$。

10. 某工廠有某型機器 n 台，設 p 爲任一部機器在任一天開工作業的機率，同時設 N 爲任一天開工作業之機器的總台數，再設 T 爲將某品項製造完成所需要的時間，且爲指數分配型隨機變數，k 台機器同時作業時的速率爲 ka。
    (1) 試求 $P[N=k, T\le t]$及 $P[T\le t]$.
    (2) 試求 $P[T\le t]$，$t\to\infty$，並請解釋所得結果。

11. 設 $Y=N+X$，其中 X 與 N 爲互相獨立的隨機變數，兩者機率密度函數分別如下：

$$f_X(x)=\frac{1}{2}\times\{\delta(x-1)+\delta(x+1)\}\text{及 } f_N(n)=\frac{1}{2}\times e^{-|n|},\ -\infty<n<\infty$$

    (1) 分別求算(N, X)與(X, Y)的聯合機率密度函數。
    (2) 試算 $P(X=1|\,y)$及 $P(X=-1|\,y)$各爲何。

【提示】$\delta(x-1)=\begin{cases}1 & x=1\\ 0 & x\neq 1\end{cases}$

12. 設聯合機率密度函數 $f(x, y)$如下：

$$f(x,y)=\begin{cases}\dfrac{x(1+3y^2)}{4} & ,0<x<2\text{、}0<y<1\\ 0 & ,\text{其他}\end{cases}$$

試求邊際密度函數及條件密度函數 $f_{X|Y}(x\,|\,y)$。

5-3 期望值及其性質

我們在前面第三章中介紹了單變數隨機變數的期望值計算，接下來將介紹多變數隨機變數的期望值計算及其應用。

一、期望值

1. 離散型聯合隨機變數的期望值：

設(X, Y)為$(\Omega, \mathscr{F}, P)$上的二維離散型隨機變數，若聯合機率質量函數為

$$f(x, y) = \begin{cases} P(X = x，Y = y) & ,\text{若}(x, y) \in \mathscr{A} \\ 0 & ,\text{若}(x, y) \in \mathbb{R}^2 \setminus \mathscr{A} \end{cases}$$

其中$\mathscr{A} \in \mathbb{R}^2$為一有限或無限可數集合，若

$$\sum_x \sum_y | g(x, y) | f(x, y) < \infty \quad (\forall (x, y) \in \mathscr{A})$$

則$g(X, Y)$的期望值定義成

$$g(X, Y) = \sum_x \sum_y g(x, y) f(x, y) \quad (\forall (x, y) \in \mathscr{A})$$

例如：r.v. X與 r.v. Y的聯合機率分配如下表，

f_{XY}		Y		$f_X(x)$
		0	1	
X	0	$\frac{5}{18}$	$\frac{2}{9}$	$\frac{1}{2}$
	1	$\frac{2}{9}$	$\frac{5}{18}$	$\frac{1}{2}$
$f_Y(y)$		$\frac{1}{2}$	$\frac{1}{2}$	1

則$E[XY] = \sum_{x=0}^{1} \sum_{y=0}^{1} xy\, f_{XY}(x, y) = 1 \times 1 \times f_{XY}(1,1) = \frac{5}{18}$，

又$f_{XY}(1,1) = \frac{5}{18} \neq f_X(1) \times f_Y(1) = \frac{1}{2} \times \frac{1}{2} = \frac{1}{4}$，

$\therefore$ X與Y不獨立。

2. 連續型聯合隨機變數的期望值：

設(X, Y)為$(\Omega, \mathscr{F}, P)$上的二維連續型隨機變數，若其聯合機率密度函數為$f(x, y)$，若

$$\int_{-\infty}^{\infty}\int_{-\infty}^{\infty}|g(x, y)|f(x, y)dxdy < \infty$$

則

$$E[g(X, Y)] = \int_{-\infty}^{\infty}\int_{-\infty}^{\infty}g(x, y)f(x, y)dxdy$$

例如：r.v. X與 r.v. Y的聯合機率密度函數為

$$f_{XY}(x, y) = \begin{cases} \dfrac{x(1+3y^2)}{4}, & 0 < x < 2、0 < y < 1 \\ 0, & \text{其他} \end{cases}$$

則 $E\left[\dfrac{Y}{X}\right] = \int_0^1\int_0^2 \dfrac{y}{x} \times \dfrac{x(1+3y^2)}{4}dxdy = \int_0^1 \dfrac{y(1+3y^2)}{2}dy = \dfrac{5}{8}$。

3. 聯合動差生成函數：

設(X, Y)為$(\Omega, \mathscr{F}, P)$上的二維連續型隨機變數，若其聯合機率密度函數為$f(x, y)$，則(X, Y)的聯合動差生成函數

$$M_{X,Y}(t_1, t_2) = E[e^{t_1X+t_2Y}]$$

且

$$E[X^mY^n] = \frac{\partial^{m+n}}{\partial x^m \partial y^n}M_{X,Y}(t_1, t_2)\bigg|_{t_1=t_2=0}$$

例如：r.v. X與Y的聯合動差母函數（生成函數）為

$$M(t_1, t_2) = \left[\frac{1}{3}(e^{t_1+t_2}+1) + \frac{1}{6}(e^{t_1}+e^{t_2})\right]^2$$

則$E[X] = \dfrac{d}{dt_1}M(t_1, 0)\bigg|_{t_1=0} = 2\left[\dfrac{1}{3}(e^{t_1}+1) + \dfrac{1}{6}(e^{t_1}+1)\right] \times \left[\dfrac{1}{3}e^{t_1} + \dfrac{1}{6}e^{t_1}\right]\bigg|_{t_1=0} = 1$，

$$E[X^2] = \frac{d^2}{dt_1^2}M(t_1, 0)\bigg|_{t_1=0} = \frac{3}{2}，$$

$$E[XY] = \frac{\partial^2}{\partial t_1 \partial t_2}M(t_1, t_2)\bigg|_{t_1=t_2=0} = \frac{7}{6}。$$

二、期望值的性質

1. 設(X, Y)爲$(\Omega, \mathscr{F}, P)$上的隨機變數，且$f_X(x)$爲X的邊際分佈函數，則

$$E[g(X)] = \begin{cases} \sum_x g(x) f_X(x) & ,若(X,Y)為離散型 \\ \int_{-\infty}^{\infty} g(x) f_X(x) dx & ,若(X,Y)為連續型 \end{cases}$$

2. 設(X, Y)爲$(\Omega, \mathscr{F}, P)$上的隨機變數，a、b、c爲常數，則

$$E[aX + bY + c] = aE[X] + bE[Y] + c$$

3. 設(X, Y)爲$(\Omega, \mathscr{F}, P)$上的二維相互獨立的隨機變數，且g、h爲任意可測的函數，則

$$E[g(X)h(Y)] = E[g(X)]E[h(Y)]$$

Note：上述定理爲充分非必要。

範例 13

設(X, Y)爲$(\Omega, \mathscr{F}, P)$上的二維隨機變數，證明$E[X + Y] = E[X] + E[Y]$。

解

設(X, Y)爲連續型隨機變數，其聯合機率密度函數爲$f(x, y)$，故

$$\begin{aligned} E[X + Y] &= \int_{-\infty}^{\infty}\int_{-\infty}^{\infty} (x + y) f(x, y)\, dx\, dy \\ &= \int_{-\infty}^{\infty}\int_{-\infty}^{\infty} x f(x, y)\, dy\, dx + \int_{-\infty}^{\infty}\int_{-\infty}^{\infty} y f(x, y)\, dx\, dy \\ &= \int_{-\infty}^{\infty} x f_X(x)\, dx + \int_{-\infty}^{\infty} y f_Y(y)\, dy \\ &= E[X] + E[Y]。 \end{aligned}$$

範例 14

設(X, Y)爲$(\Omega, \mathscr{F}, P)$上的二維相互獨立的隨機變數，且 g、h 爲任意的函數，則 $E[g(X)h(Y)] = E[g(X)]E[h(Y)]$。

解

設 X、Y 的聯合機率密度函數爲 $f(x, y)$，因 X、Y 爲相互獨立，故

$f(x, y) = f_X(x) f_Y(y)$，

則

$$\begin{aligned} E[g(X)h(Y)] &= \int_{-\infty}^{\infty}\int_{-\infty}^{\infty} g(x)h(y)f(x, y)\, dx\, dy \\ &= \int_{-\infty}^{\infty}\int_{-\infty}^{\infty} g(x)h(y)f_X(x)f_Y(y)\, dx\, dy \\ &= \int_{-\infty}^{\infty} g(x)f_X(x)\, dx \int_{-\infty}^{\infty} h(y)f_Y(y)\, dy \\ &= E[g(X)]E[h(Y)] \end{aligned}$$
。

三、共變異數（Covariance）、相關係數（Correlations Coefficient）

兩個隨機變數可能獨立或不獨立，若獨立，則其中一隨機變數的值對另一隨機變數的值毫無影響，但若兩隨機變數不獨立，則兩隨機變數間便有關係，其關係可能強也可能弱，而接下來要介紹的共變異數與相關係數可以用來評估兩隨機變數間關係的強弱。

1. 變異數：設(X, Y)爲$(\Omega, \mathscr{F}, P)$上的二維隨機變數，則 $g(X, Y)$的變異數（variance）定義成

$$\mathrm{Var}\{g(X, Y)\} = E[\{g(X, Y) - E[g(X, Y)]\}^2]$$

2. 共變異數：設(X, Y)爲$(\Omega, \mathscr{F}, P)$上的二維隨機變數，則

$$\sigma_{XY} = \mathrm{Cov}(X, Y) = E[\{X - E(X)\}\{Y - E(Y)\}] = E[XY] - E[X]\cdot E[Y]$$

稱爲(X, Y)的共變異數（covariance）。

較大且正的共變異數，表示兩隨機變數大致上以線性的方式同時增大或減少，而

較大且負的共變異數，則表示兩隨機變數大致上呈現一增大時另一減少的線性方式，而共變異數很小趨近於 0，則表示兩隨機變數的線性關係很弱，其中 $\text{Cov}(X, Y) = 0$ 時，表示兩隨機變數 X 與 Y 為獨立。

例如：台中市的運動人口中，男性佔比為隨機變數 X，女性佔比例為隨機變數 Y，且其聯合密度函數為

$$f_{XY} = \begin{cases} 8x\ , 0 \le x \le 1 \\ 0\ , 0 \le y \le x \end{cases}$$

(1) $f_X(x) = \begin{cases} 4x^3\ , 0 \le x \le 1 \\ 0\ \ ,\text{其他} \end{cases}$，$f_Y(y) = \begin{cases} 4y(1-y^2)\ , 0 \le y \le 1 \\ 0\ \ ,\text{其他} \end{cases}$

(2) $E[X] = \int_0^1 4x^4 dx = \dfrac{4}{5}$，$E[Y] = \int_0^1 4y^2(1-y^2)dy = \dfrac{8}{15}$，

$$E[XY] = \int_0^1 \int_y^1 8x^2 y^2 dxdy = \frac{4}{9}$$

(3) $\text{Cov}(X, Y) = E[XY] - E[X] \times E[Y] = \dfrac{4}{9} - \dfrac{4}{5} \times \dfrac{8}{15} = \dfrac{4}{225}$

$\Rightarrow$此數值表示男性運動人口與女性運動人口之關係很小。

對於量測兩隨機變數 X 與 Y 之變化情形，共變異數有一大缺，就是其數值大小與隨機變數的尺度相關，即使用不同的尺度去評估會造成很大落差，為了解決這個問題，我們引入相關係數，來消除這種困擾，它的值永遠在[– 1, 1]之間，定義如下：

3. 相關係數：設(X, Y)為$(\Omega, \mathscr{F}, P)$上的二維隨機變數，則

$$\rho(X, Y) = \frac{\text{Cov}(X, Y)}{\sqrt{\text{Var}(X)}\sqrt{\text{Var}(Y)}}$$

稱為(X, Y)的相關係數（correlations coefficient）。

範例 15

設 r.v.(X, Y)的聯合機率密度函數為 $f_{XY}(x, y)=\begin{cases}2y & ,0\le x\le 1、0\le y\le 1\\ 0 & ,其他\end{cases}$，

求 $\rho(x, y)=$？

解

$f_X(x)=\int_0^1 2ydy=1$，$f_Y(y)=\int_0^1 2ydx=2y$，

$E[x]=\int_0^1 x\times 1dx=\frac{1}{2}$，$E[Y]=\int_0^1 2y^2dy=\frac{2}{3}$，

$E[XY]=\int_0^1\int_0^1 xy\times 2ydxdy=\frac{1}{2}\times\frac{2}{3}=\frac{1}{3}$，

$\therefore \text{Cov}(X, Y)=E[XY]-E[X]\times E[Y]=\frac{1}{3}-\frac{1}{2}\times\frac{2}{3}=0$，

故 $\rho(x, y)=\frac{\text{Cov}(X,Y)}{\sqrt{\text{Var}[X]}\sqrt{\text{Var}[Y]}}=0$，

即 X 與 Y 相關係數為 0。

Note：可自行證明本題中 X 與 Y 獨立。

範例 16

設 $f_{XY}(x, y)=\begin{cases}A & ,0<y<1、0<x<y\\ 0 & ,所有其他情況\end{cases}$，其中 A 為常數，試求 X 與 Y 的相關係數 ρ_{XY}。

解

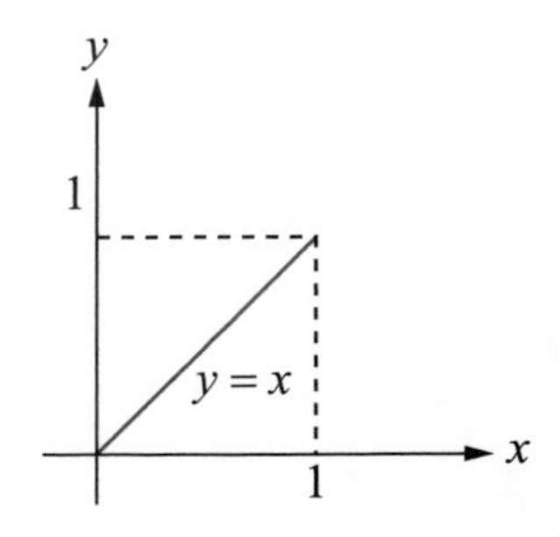

由 $\iint_{R^2} f_{XY}\,dxdy=\int_{y=0}^{y=1}\int_{x=0}^{x=y}A\,dx\,dy=\frac{A}{2}=1$，

可得 $A=2$，

故 $f_{XY}(x, y)=\begin{cases}2 & ,0<y<1、0<x<y\\ 0 & ,\text{elsewhere}\end{cases}$

且 $f_X(x)=\int_{y=x}^{y=1}2\,dy=2(1-x)\quad(0<x<1)$，

$$f_Y(y)=\int_{x=0}^{x=y} 2\,dx = 2y \quad (0<y<1),$$

$$E[X]=\int_{x=0}^{x=1} x f_X(x)\,dx=\int_{x=0}^{1} x2(1-x)\,dx=\frac{1}{3},$$

$$E[Y]=\int_{y=0}^{y=1} y f_Y(y)\,dy=\int_{y=0}^{1} y2y\,dy=\frac{2}{3},$$

$$E[XY]=\iint_{\mathrm{R}^2} xyf_{XY}(x,y)\,dxdy$$

$$=\int_{y=0}^{y=1}\int_{x=0}^{x=y} xy2\,dx\,dy=\frac{1}{4},$$

故 $\mathrm{Cov}(X,Y)=\sigma_{XY}=E[XY]-E[X]E[Y]$

$$=\frac{1}{4}-\frac{1}{3}\times\frac{2}{3}=\frac{1}{36},$$

又 $E[X^2]=\int_{x=0}^{x=1} x^2 f_X(x)\,dx=\int_{x=0}^{1} x^2 2(1-x)\,dx=\frac{1}{6}$，

$$E[Y^2]=\int_{y=0}^{y=1} y^2 f_Y(y)\,dy=\int_{y=0}^{1} y^2 2y\,dy=\frac{1}{2},$$

故 $\mathrm{Var}[X]=E[X^2]-E[X]^2=\frac{1}{6}-\frac{1}{9}=\frac{1}{18}$，

$$\mathrm{Var}[Y]=E[Y^2]-E[Y]^2=\frac{1}{2}-\frac{4}{9}=\frac{1}{18},$$

因此 $\rho_{XY}=\dfrac{\mathrm{Cov}(X,Y)}{\sigma_X\sigma_Y}=\dfrac{\frac{1}{36}}{\sqrt{\frac{1}{18}}\sqrt{\frac{1}{18}}}=\dfrac{1}{2}$。

四、重要定理性質

1. 設(X, Y)爲$(\Omega,\mathscr{F}, P)$上的二維隨機變數，g 爲可測函數，且 a、b 爲常數

   (1) 若 $\mathrm{Var}\{g(X, Y)\}<\infty$，則

   $$\mathrm{Var}\{g(X,Y)\}=E[g(X,Y)]^2-(E[g(X,Y)])^2。$$

   (2) $\mathrm{Var}(a)=0$。

   (3) $\mathrm{Var}\{ag(X,Y)+b\}=a^2\mathrm{Var}\{g(X,Y)\}$。

(4) $\mathrm{Var}(aX+bY)=a^2\mathrm{Var}(X)+2ab\mathrm{Cov}(X,Y)+b^2\mathrm{Var}(Y)$

推論：若 X、Y、Z 爲隨機變數，a、b、c 爲常數，則

$$\mathrm{Var}(aX+bY+cZ)=a^2\mathrm{Var}(X)+b^2\mathrm{Var}(Y)+c^2\mathrm{Var}(Z)+2ab\mathrm{Cov}(X,Y)+2ac\mathrm{Cov}(X,Z)+2bc\mathrm{Cov}(Y,Z)。$$

2. 設(X, Y)爲$(\Omega,\mathscr{F},P)$上的二維隨機變數，g 爲可測函數，且 a 爲常數

(1) $\mathrm{Cov}(X,Y)=E[XY]-E[X]E[Y]$。

(2) $\mathrm{Cov}(X,Y)=\mathrm{Cov}(Y,X)$。

(3) $\mathrm{Cov}(aX,Y)=a\mathrm{Cov}(X,Y)$。

(4) $\mathrm{Cov}(X,X)=\mathrm{Var}(X)$。

(5) $\mathrm{Cov}(X,a)=0$。

(6) 若 X 與 Y 爲相互獨立時，則 $\mathrm{Cov}(X,Y)=0$。（逆定理不恆眞）

(7) $\mathrm{Cov}(X+a,Y)=\mathrm{Cov}(X,Y)+\mathrm{Cov}(a,Y)=\mathrm{Cov}(X,Y)$

推論：若 X_1、X_2、Y_1、Y_2 爲隨機變數，則

$$\mathrm{Cov}(X_1+X_2,Y_1+Y_2)=\mathrm{Cov}(X_1,Y_1)+\mathrm{Cov}(X_1,Y_2)+\mathrm{Cov}(X_2,Y_1)+\mathrm{Cov}(X_2,Y_2)。$$

(8) $\mathrm{Cov}(X+Y,X-Y)=0$ 若且唯若 $\mathrm{Var}(X)=\mathrm{Var}(Y)$。

3. 設(X, Y)爲$(\Omega,\mathscr{F},P)$上的二維隨機變數，

(1) $-1\le\rho(X,Y)\le 1$，如圖 5-3、5-4。

(2) $\mathrm{Cov}(X,Y)=0$ 若且唯若 $\rho(X,Y)=0$，如圖 5-5。

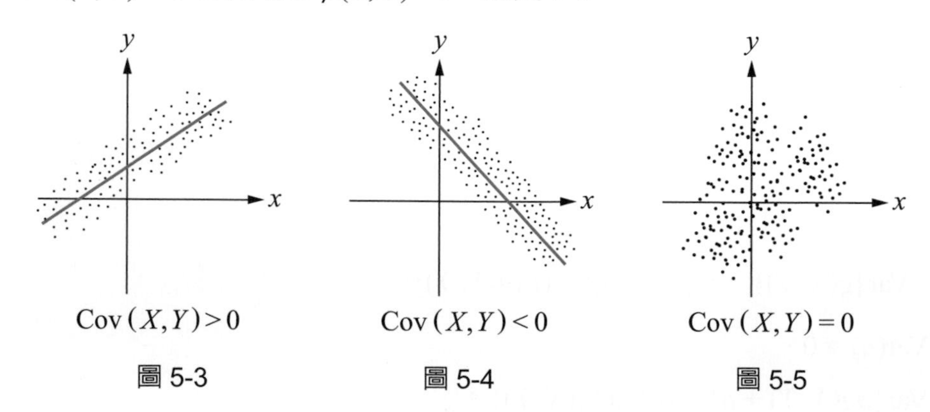

圖 5-3　圖 5-4　圖 5-5

範例 17

設(X, Y)爲$(\Omega, \mathscr{F}, P)$上的二維隨機變數，且 a 爲常數，則

(1) $\mathrm{Cov}(X, Y) = E[XY] - E[X]E[Y]$ 。

(2) $\mathrm{Cov}(aX, Y) = a\mathrm{Cov}(X, Y)$ 。

(3) $\mathrm{Cov}(X, a) = 0$。

解

(1)
$$\begin{aligned}\mathrm{Cov}(X, Y) &= E[\{X - E[X]\}\{Y - E[Y]\}] \\ &= E[XY - E[X]Y + XE[Y] - E[X]E[Y]] \\ &= E[XY] - E[X]E[Y] + E[X]E[Y] - E[X]E[Y] \\ &= E[XY] - E[X]E[Y]\end{aligned}$$ 。

(2)
$$\begin{aligned}\mathrm{Cov}(aX, Y) &= E[(aXY)] - E[aX]E[Y] \\ &= a(E[XY] - E[X]E[Y]) \\ &= a\mathrm{Cov}(X, Y)\end{aligned}$$ 。

(3) $\mathrm{Cov}(X, a) = E[aX] - E[X]E[a] = aE[X] - aE[X] = 0$。

範例 18

隨機變數 X 與 Y 的聯合密度函數：

$$f_{XY}(x, y) = \begin{cases} x+y & ,0<x<1,\ 0<y<1 \\ 0 & ,\text{其他} \end{cases}$$

(1) 試求隨機變數 X 與 Y 的共變異數。

(2) 試求隨機變數 $4X+7$ 與 $9Y-12$ 的共變異數。

解

(1) 因 $E[XY] = \int_{x=0}^{x=1}\int_{y=0}^{y=1} xy(x+y)\,dy\,dx = \dfrac{1}{3}$，

$E[X] = \int_{x=0}^{x=1}\int_{y=0}^{y=1} x(x+y)\,dy\,dx = \dfrac{7}{12} = E[Y]$，

故

$\text{Cov}(X, Y) = E[XY] - E[X]E[Y] = \dfrac{1}{3} - (\dfrac{7}{12})^2 = -\dfrac{1}{144}$ 。

(b) $\text{Cov}(4X+7, 9Y-12) = E[(4X+7)(9Y-12)] - E[4X+7]E[9Y-12]$

$= 36E[XY] + 63E[Y] - 48E[X] - 84 - (4E[X]+7)(9E[Y]-12)$

$= 36E[XY] - 36E[X]E[Y]$

$= -\dfrac{36}{144} = -\dfrac{1}{4}$ 。

五、條件期望值（Conditional Expectation）

在機率中，條件期望值可以來討論兩個互有影響的隨機變數中，如果已知其中一個隨機變數的值，我們可依此去估計或預測另一個隨機變數的期望值，其詳細介紹如下：

1. 定義

設(X, Y)為$(\Omega, \mathscr{F}, P)$上的二維離散型或連續型隨機變數，且其聯合機率密度函數為 $f(x, y)$，同時 $f_X(x)$、$f_Y(y)$分別為 X 與 Y 的邊際密度函數，若 $f_Y(y_1) > 0$，且在事件 $Y = y_1$ 發生的條件下，X 的條件機率密度函數為

$$f_{X|Y}(x \mid y_1) = \frac{f(x, y_1)}{f_Y(y_1)}$$

則

$$E[X \mid Y = y_1] = E[X \mid y_1] = \begin{cases} \sum_x x f_{X|Y}(x \mid y_1) & ,(X,Y)\text{為離散型} \\ \int_{-\infty}^{\infty} x f_{X|Y}(x \mid y_1)\, dx & ,(X,Y)\text{為連續型} \end{cases}$$

稱爲給定 $Y = y_1$ 下 X 之條件期望值。若 g 爲可測函數，則

$$E[g(X, Y) \mid Y = y_1] = \begin{cases} \sum_x g(x, y_1) f_{X|Y}(x \mid y_1) & ,(X,Y)\text{為離散型} \\ \int_{-\infty}^{\infty} g(x, y_1) f_{X|Y}(x \mid y_1)\, dx & ,(X,Y)\text{為連續型} \end{cases}$$

稱爲給定 $Y = y_1$ 下 $g(X, Y)$之條件期望值。

範例 19

某電腦公司想了解電源壽命（X）與主機板壽命（Y）之關係，設 X 與 Y 之聯合機率密度函數爲 $f_{XY}(x, y) = \begin{cases} e^{-(x+y)} & ,x>0\text{、}y>0 \\ 0 & ,\text{其他} \end{cases}$，

(1) 求電源壽命兩年的條件下，主機板的壽命機率函數 $f(y \mid x = 2) = ?$

(2) 求主機板壽命超過兩年的條件下，電源的壽命函數 $f(x \mid y > 2) = ?$

(3) 求主機板壽命兩年下，電源壽命小於 1 年的機率函數 $f(0 \le x < 1 \mid y < 2) = ?$

解

(1) $f_X(x) = \int_0^{\infty} e^{-(x+y)} dy = e^{-x}$，$f(y \mid x = 2) = \dfrac{f(y, x = 2)}{f_X(x = 2)} = \dfrac{e^{-(2+y)}}{e^{-2}} = e^{-y}$。

(2) $f_Y(y) = \int_0^{\infty} e^{-(x+y)} dx = e^{-y}$，$f(y > 2) = \int_2^{\infty} e^{-y} dy = e^{-2}$，

$P(x, y > 2) = \int_2^{\infty} e^{-(x+y)} dy = e^{-(x+2)}$，$\therefore f(x \mid y > 2) = \dfrac{f(x, y > 2)}{f(y > 2)} = \dfrac{e^{-(x+2)}}{e^{-2}} = e^{-x}$。

(3) $f(x \mid y) = \dfrac{f(x, y)}{f_Y(y)} = e^{-x}$，

$P(0 \le x \le 1 \mid y = 2) = \int_0^1 f(x \mid y = 2) dx = \int_0^1 e^{-x} dx = 1 - e^{-1} = 0.6321$。

範例 20

設 r.v.(X, Y)之聯合機率密度函數爲 $f(X,Y)=\begin{cases}\frac{1}{2} & ,0\le x\le y\le 2\\ 0 & ,其他\end{cases}$，

求 $E[X\mid Y=1.5]=$？

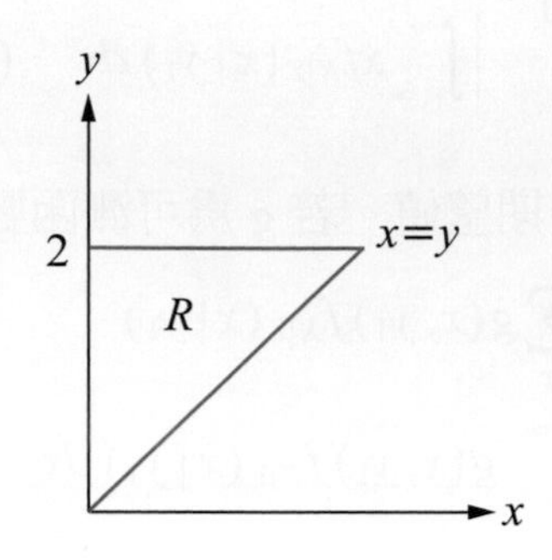

解

$$f_Y(y)=\int_{-\infty}^{\infty} f_{XY}(x,y)dx=\int_0^y \frac{1}{2}dx=\frac{1}{2}y \text{ ；} 0\le y\le 2 \text{，}$$

$$\therefore f_{X|Y}(x\mid y)=\frac{f_{XY}(x,y)}{f_Y(y)}=\frac{\frac{1}{2}}{\frac{1}{2}y}=\frac{1}{y} \text{ ；} 0\le x\le y \text{，}$$

則 $E[X\mid Y=y]=\int_0^y x\times f_{X|Y}(x\mid y)dx=\int_0^y x\times\frac{1}{y}dx=\frac{y}{2}$，

$\therefore E[X\mid Y=1.5]=\frac{1.5}{2}=0.75$ 。

範例 21

X 與 Y 的聯合機率密度函數：

$$p(x,y)=\begin{cases}\frac{1}{15}(x+y) & ,x=0,1,2\text{；}y=1,2\\ 0 & ,\text{所有其他情況}\end{cases}$$

試求 $p_{X|Y}(x|y)$。

解

因

$$p_Y(y)=\sum_{x=0}^{2}p(x,y)=\frac{1}{15}(y+1+y+2+y)=\frac{1+y}{5}\text{，}$$

故

$$p_{X|Y}(x|y)=\frac{p(x,y)}{p_Y(y)}=\frac{\frac{1}{15}(x+y)}{\frac{1}{5}(1+y)}=\frac{x+y}{3(1+y)}\quad x=0,1,2\text{；}y=1,2\text{。}$$

2. 條件變異數

設(X,Y)爲$(\Omega,\mathscr{F},P)$上的二維離散型或連續型隨機變數，且其聯合機率密度函數爲 $f(x,y)$，同時 $f_X(x)$、$f_Y(y)$分別爲 X 與 Y 的邊際密度函數，若 $f_Y(y_1)>0$，且在事件 $Y=y_1$ 發生的條件下，X 的條件機率密度函數爲

$$f_{X|Y}(x|y_1)=\frac{f(x,y_1)}{f_Y(y_1)}$$

則

$$\begin{aligned}\mathrm{Var}(X|Y=y_1)&=E[(X-E[X|Y])^2|Y]\\&=\begin{cases}\sum_x(x-E[X|Y=y_1])^2 f_{X|Y}(x|y_1) & ,(X,Y)\text{為離散型}\\ \int_{-\infty}^{\infty}(x-E[X|Y=y_1])^2 f_{X|Y}(x|y_1)\,dx & ,(X,Y)\text{為連續型}\end{cases}\end{aligned}$$

稱爲給定 $Y=y_1$ 下 X 之條件變異數。

範例 22

已知隨機變數 X 與 Y 的聯合機率密度函數為 $f_{XY}(x, y) = \begin{cases} \frac{1}{2} & ,(x, y) = (1, 0), (0, 1) \\ 0 & ,\text{其他} \end{cases}$，

求(1)$E[XY]$ = ? (2)$\text{Cov}(X, Y)$ = ? (3)$E[X \mid Y = 1]$ = ? (4)$\text{Var}[X \mid Y = 1]$ = ?

解

Y \ X	0	1
0	0	$\frac{1}{2}$
1	$\frac{1}{2}$	0

X	0	1
$f_X(x)$	$\frac{1}{2}$	$\frac{1}{2}$

Y	0	1
$f_Y(y)$	$\frac{1}{2}$	$\frac{1}{2}$

X	0	1
$f_{X\mid Y}(X \mid Y = 1)$	$\frac{1}{2}$	0

(1) $E[XY] = \sum_x \sum_y xy f_{XY}(x, y) = 0$。

(2) $E[X] = \sum_x x \times f_X(x) = \frac{1}{2}$，$E[Y] = \sum_y y \times f_Y(y) = \frac{1}{2}$，

$\therefore \text{Cov}(X, Y) = E[XY] - E[X]E[Y] = -\frac{1}{4}$。

(3) $E[X \mid Y = 1] = \sum_x x \times f_{X|Y}(x \mid y = 1) = 0 \times \frac{1}{2} + 1 \times 0 = 0$。

(4) $\text{Var}[X \mid Y = 1] = E[X^2 \mid Y = 1] - (E[X \mid Y = 1])^2 = 0 - 0^2 = 0$。

範例 23

若隨機變數 X 與 Y 的聯合機率密度函數為

$$f_{XY}(x, y) = \begin{cases} \frac{3x - y}{9} & ,0 < x < 3,\ 1 < y < 2 \\ 0 & ,\text{其他} \end{cases}$$

(1) 試求隨機變數 Y 的邊際機率密度函數。

(2) 試求當隨機變數 Y 給定時，隨機變數 X 的條件機率密度函數。

解

(1) $f_Y(y)=\int_0^3 \frac{3x-y}{9}\,dx=(\frac{1}{6}x^2-\frac{1}{9}yx)\Big|_0^3=\frac{3}{2}-\frac{1}{3}y$　（$1<y<2$）。

(2) $f(x\mid y)=\frac{f_{XY}(x,y)}{f_Y(y)}=\frac{\frac{3x-y}{9}}{\frac{3}{2}-\frac{1}{3}y}=\frac{6x-2y}{27-6y}$　（$0<x<3$，$1<y<2$）。

3. 性質

(1) 設(X, Y)爲$(\Omega,\mathscr{F}, P)$上的二維隨機變數，且其聯合機率密度函數爲$f(x, y)$，同時$f_X(x)$、$f_Y(y)$分別爲X與Y的邊際密度函數，若$E[|X|]<\infty$，則

$$E[X]=E[E(X\mid Y)]=\begin{cases}\sum_y E[X\mid Y=y]f_Y(y) & \text{,若}(X,Y)\text{爲離散型}\\ \int_{-\infty}^{\infty} E[X\mid Y=y]f_Y(y)\,dy & \text{,若}(X,Y)\text{爲連續型}\end{cases}$$

同理，當$E[|g(X)|]=\infty$，則

$$E[g(X)]=E[E[g(X)\mid Y]]=\begin{cases}\sum_y E[g(X)\mid Y=y]f_Y(y) & \text{,若}(X,Y)\text{爲離散型}\\ \int_{-\infty}^{\infty} E[g(X)\mid Y=y]f_Y(y)\,dy & \text{,若}(X,Y)\text{爲連續型}\end{cases}$$

(2) 設(X, Y)爲$(\Omega,\mathscr{F}, P)$上的二維隨機變數，則

① $\mathrm{Var}(X\mid Y=y)=E[X^2\mid Y=y]-(E[X\mid Y=y])^2$。

② $\mathrm{Var}(X)=E[\mathrm{Var}(X\mid Y)]+\mathrm{Var}(E[X\mid Y])$。

③ $E[X^n]=E[E[X^n\mid Y]]$。

④ $E[h(x)]=E[E[h(x)\mid Y]]$。

範例 24

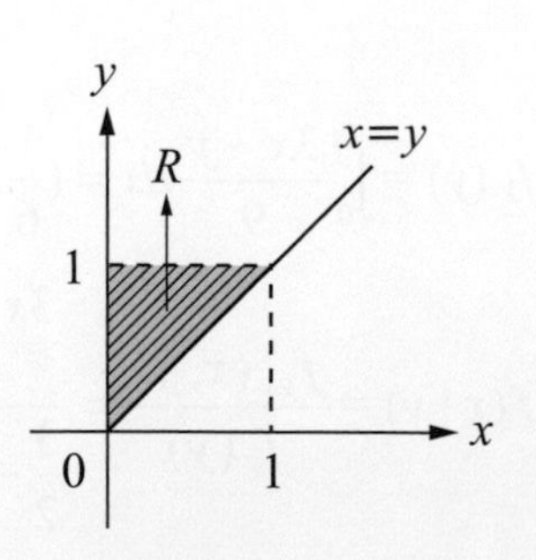

設隨機變數 X 與 Y 之聯合機率密度函數

$$f_{XY}(x,y)=\begin{cases}2 & ,0\le x\le y\le 1\\ 0 & ,\text{其他}\end{cases}，$$

(1)求 $E[Y\,|\,X]$。(2)求$[X\,|\,Y]$。

(3)驗證 $E[Y]=E[E[Y\,|\,X]\,]$。(4)求 $\mathrm{Var}[X\,|\,Y]$。

解

(1) $f_X(x)=\int_x^1 2dy=2(1-x)$，$0\le x\le 1$，$\therefore f_{Y|X}(y\,|\,x)=\dfrac{f(x,y)}{f_X(x)}=\dfrac{1}{1-x}$，$x\le y\le 1$，

$$E[Y\,|\,X=x]=\int_x^1 y\times f_{Y|X}(y\,|\,x)dy=\frac{1}{1-x}\times\frac{1}{2}y^2\bigg|_{y=x}^{y=1}=\frac{1+x}{2}，$$

$$\therefore E[Y\,|\,X]=\frac{1+x}{2}\text{。}$$

(2) $f_Y(y)=\int_{x=0}^{y}2dx=2y$，$0<y\le 1$，$f_{X|Y}(x\,|\,y)=\dfrac{f(x,y)}{f_Y(y)}=\dfrac{2}{2y}=\dfrac{1}{y}$，$0\le x<y$，

$$\therefore E[X\,|\,Y=y]=\int_0^y x\times\frac{1}{y}dx=\frac{y}{2}，\therefore E[X\,|\,Y]=\frac{Y}{2}\text{。}$$

(3) $E[Y]=\int_R y\times f_Y(y)dy=\int_0^1 y\times 2ydy=\dfrac{2}{3}$，

$$E[E[Y\,|\,X]]=E[\frac{1+X}{2}]=\frac{1}{2}+\frac{1}{2}E[X]，$$

又 $E[X]=\int_0^1 x\times 2(1-x)dx=\dfrac{1}{3}$，

$$\therefore E[E[Y\,|\,X]]=\frac{1}{2}+\frac{1}{6}=\frac{2}{3}，\text{故 }E[Y]=E[E[Y\,|\,X]]\text{。}$$

(4) $\mathrm{Var}[X\,|\,Y]=E[X^2\,|\,Y]-(E[X\,|\,Y])^2$

$$=\int_R x^2 f(x\,|\,y)dx-(\frac{y}{2})^2$$

$$=\int_0^y x^2\times\frac{1}{y}dx-(\frac{y}{2})^2$$

$$=\frac{y^2}{12}\text{。}$$

範例 25

就 Y 及 Z 兩隨機變數，設 $X=Y$ 機率爲 p，$X=Z$ 機率爲 $1-p$，

$$X=\begin{cases} Y \text{ 機率爲 } p \\ Z \text{ 機率爲 } 1-p \end{cases}$$

請以 $E(Y)$及 $E(Z)$表達 $E(X)$之值。

解

令 $X=W=\begin{cases} Y \text{ 機率爲 } p \\ Z \text{ 機率爲 } 1-p \end{cases}$，

故

$$E[X]=E[E[X\mid W]]=\sum_{W=Y,Z} E[X\mid W]P(W)$$

$$=E[X\mid Y]P\{W=Y\}+E[X\mid Z]P\{W=Z\}$$

$$=E[Y]p+E[Z](1-p)\text{。}$$

範例 26

設有一條 iphone 的組裝產線，每天隨機抽出 $n=10$ 個成品進行抽測不良品，其爲不良品的數目爲 X，若該產線每天生產 iphone 的數量遠大於 10 件，令 P 爲抽測產品觀察到不良品的機率，且不良品數目 X 呈現二項分配，而其中 P 爲 0 到 $\frac{1}{4}$ 的均匀分配，求 X 的期望值爲？X 的變異數爲？

解

(1) $P\sim U(0,\frac{1}{4})$，且在 P 已知下，$X\sim B(n,p)$，則 $E[X\mid P]=np$，

而 $E[X]=E[E[X\mid P]]=E[np]=nE[p]=n\times\dfrac{0+\frac{1}{4}}{2}=\dfrac{n}{8}$，

故 $n=10$ 時，$E[X]=\dfrac{10}{8}=1.25$ 。

(2) $\text{Var}[X \mid P] = np(1-p)$，

$\text{Var}[X] = E[\text{Var}[X \mid P]] + \text{Var}[E[X \mid P]] = \text{E}[np(1-p)] + \text{Var}[np]$

$= n(E[P] - E[P^2]) - n^2\text{Var}[P]$，

又 $P \sim U(0, \frac{1}{4})$，$\therefore E[P] = \frac{1}{8}$，$\text{Var}[P] = \frac{1}{12}(\frac{1}{4} - 0)^2 = \frac{1}{192}$，

$E[P^2] = \text{Var}[P] + (E[P])^2 = \frac{1}{192} + (\frac{1}{8})^2 = \frac{1}{48}$，

又 $n = 10$，$\therefore \text{Var}[X] = 10(\frac{1}{8} - \frac{1}{48}) + 10^2 \times \frac{1}{192} = \frac{25}{16}$。

範例 27

隨機變數 X 與 Y 的聯合機率密度函數爲：

$$f_{XY}(x, y) = \begin{cases} \frac{1}{2} y e^{-xy} & ,0 < x < \infty,\ 0 < y < 2 \\ 0 & ,\text{所有其他情況} \end{cases}$$

試求 $E[e^{\frac{X}{4}} \mid Y = 1]$。

解

$f_Y(y) = \int_0^\infty \frac{1}{2} y e^{-xy}\, dx = \frac{1}{2} y$ （$0 < y < 2$），

故

$$f_{X|Y}(x \mid y) = \frac{f_{XY}(x, y)}{f_Y(y)} = \frac{\frac{1}{2} y e^{-xy}}{\frac{1}{2} y} = e^{-xy} \quad （0 < x < \infty，0 < y < 2），$$

則

$$E[e^{\frac{X}{4}} \mid Y = 1] = \int_0^\infty e^{\frac{x}{4}} e^{-x}\, dx = \int_0^\infty e^{-\frac{3x}{4}}\, dx = \frac{4}{3}。$$

範例 28

設 X 為波氏分配隨機變數，均數為 α；又設給定 $X=k$ 時，Y 條件機率質量函數為下例函數：

$$P[Y=j \mid X=k]=\begin{cases}0 & ,j>k \\ C_j^k p^j(1-p)^{k-j} & ,0 \le j \le k\end{cases}$$

試求 Y 的均數為何？

解

因 $X \sim Poi(\alpha)$，故 $E[X]=\alpha$，又$(Y \mid X=k) \sim B(k,p)$，故 $E[Y \mid X=k]=kp$，因此

$E[Y]=E[E[Y \mid X]]=E[X \times p]=pE[X]=\alpha p$。

範例 29

某科技大學辦理機器鼠走迷宮競賽，其可選擇往左或往右，且任何時刻選擇左右的機會均等，若選擇往右則三分鐘後會回到原點，若選擇往左則有 $\frac{1}{3}$ 的機會可在兩分鐘脫困，有 $\frac{2}{3}$ 的機會在 5 分鐘後回到原點，求該機器鼠由原點開始，平均多少分鐘可以脫困。

解

令 r.v. X 表示機器鼠在迷宮中脫困所需的時間，而 $Y=1$ 表示選擇向左，$Y=2$ 表示向右，則

$$E[X]=E[E[X \mid Y]]=E[X \mid Y=1] \times P(Y=1)+E[X \mid Y=2] \times P(Y=2)$$
$$=(\frac{1}{3} \times 2+\frac{2}{3}E[5+x]) \times \frac{1}{2}+(3+E[X]) \times \frac{1}{2}，$$

$$E[X]=\frac{1}{3}+\frac{1}{3}(5+E[X])+\frac{3}{2}+\frac{1}{2}E[X]，$$

$$\frac{1}{6}E[X]=\frac{21}{6} \Rightarrow E[X]=21。$$

範例 30

設 W 為高斯隨機變數，均數 $\mu=0$，變異數 $\mathrm{Var}[W]=4$；又設事件 $C=\{W>0\}$

(1) 試求條件期望值 $E[W|C]$。

(2) 試求條件變異數 $\mathrm{Var}[W|C]$。

解

因 $W \sim N(0,4)$，故

$$f_W(w)=\frac{1}{2\sqrt{2\pi}}e^{-\frac{w^2}{8}} \qquad (-\infty<w<\infty)$$

(1) 因 $f_{W|C}(w|c)=\dfrac{f_W(w)}{P(C)}=\dfrac{\frac{1}{2\sqrt{2\pi}}e^{-\frac{w^2}{8}}}{\frac{1}{2}}=\dfrac{1}{\sqrt{2\pi}}e^{-\frac{w^2}{8}} \quad (w>0)$

故 $E[W|C]=\int_0^\infty w\cdot f_{W|C}(w|c)\,dw=\dfrac{1}{\sqrt{2\pi}}\int_0^\infty we^{-\frac{w^2}{8}}\,dw=\dfrac{4}{\sqrt{2\pi}}$。

(2) $$\begin{aligned}\mathrm{Var}[W|C]&=E[W^2|C]-(W[W|C])^2\\&=\frac{1}{\sqrt{2\pi}}\int_0^\infty w^2e^{-\frac{w^2}{8}}\,dw-\left(\frac{4}{\sqrt{2\pi}}\right)^2\\&=\frac{1}{\sqrt{2\pi}}\frac{\sqrt{\pi}}{4}\left(\frac{1}{8}\right)^{-\frac{3}{2}}-\left(\frac{4}{\sqrt{2\pi}}\right)^2\\&=4-\frac{8}{\pi}\end{aligned}$$

因 $\int_0^\infty e^{-\alpha x^2}\,dx=\dfrac{1}{2}\sqrt{\dfrac{\pi}{\alpha}}$，故由 Leibniz 微分（對 α 微）可得

$\int_0^\infty x^2e^{-\alpha x^2}\,dx=\dfrac{\sqrt{\pi}}{4\alpha^{\frac{3}{2}}}$。

習 題

一、基礎題：

1. 隨機變數 X 和 Y 有聯合機率質量函數

$$P_{X,Y}(x, y) = \begin{cases} cxy\ , x = 1, 2, 4\ , y = 1, 3 \\ 0\ \ \ ,\text{其他} \end{cases}$$

求

(1) 邊界機率質量函數 $P_X(x)$和 $P_Y(y)$。

(2) 期望值 $E[X]$和 $E[Y]$。

(3) X與 Y的變異數。

2. 隨機變數 X 和 Y 有聯合機率密度函數

$$f_{X,Y}(x, y) = \begin{cases} \dfrac{x+y}{3}\ , 0 \le x \le 1\ , 0 \le y \le 2 \\ 0\ \ \ \ ,\text{其他} \end{cases}$$

(1) 求邊際機率密度函數 $f_X(x)$和 $f_Y(y)$。

(2) $E[X]$和 $\mathrm{Var}[X]$爲何？

(3) $E[Y]$和 $\mathrm{Var}[Y]$爲何？

3. 隨機變數 X 和 Y 有聯合機率質量函數

$$P_{X,Y}(x, y) = \begin{cases} c\,|\,x+y\,|\ , x = -2, 0, 2\ , y = -1, 0, 1 \\ 0\ \ \ \ \ \ ,\text{其他} \end{cases}$$

求

(1) 邊際機率質量函數 $P_X(x)$和 $P_Y(y)$。

(2) 期望值 $E[X]$和 $E[Y]$。

(3) 標準差 σ_X和 σ_Y。

4. 隨機變數 X 和 Y 有聯合機率質量函數

$$P_{XY}(x, y) = \begin{cases} \dfrac{1}{21}\ , x = 0, 1, 2, 3, 4, 5\ , y = 0, 1, \cdots, x \\ 0\ \ ,\text{其他} \end{cases}$$

求

(1) 邊際機率質量函數 $P_X(x)$和 $P_Y(y)$。

(2) 期望值 $E[X]$和 $E[Y]$。

5. 隨機變數 X 和 Y 有聯合機率密度函數

$$f_{X,Y}(x,y)=\begin{cases}\frac{1}{2} & ,-1\le x\le y\le 1\\ 0 & ,\text{其他}\end{cases}$$

畫出機率不為 0 的區域，並回答下列問題

(1) $P[X>0]$是多少？

(2) $f_X(x)$為何？

(3) $E[X]$是多少？

6. 一個隨機的電機系二年級生身高 X（四捨五入到最接近的英呎），且體重為 Y（四捨五入到最接近的整數)。這些隨機變數有聯合 PMF

$P_{X,Y}(x,y)$	$y=1$	$y=2$	$y=3$	$y=4$
$x=5$	0.05	0.1	0.2	0.05
$x=6$	0.1	0.1	0.3	0.1

求 $E[X+Y]$和 $\mathrm{Var}[X+Y]$。

7. X 和 Y 為獨立、有相同分布的隨機變數，其機率質量函數為

$$P_X(k)=P_Y(k)=\begin{cases}\frac{3}{4}, & k=0\\ \frac{1}{4}, & k=20\\ 0, & \text{其他}\end{cases}$$

求以下的量

(1) $E[X]$、$\mathrm{Var}[X]$。

(2) $E[X+Y]$、$\mathrm{Var}[X+Y]$。

(3) $E[XY2^{X+Y}]$。

8. X 和 Y 為隨機變數，其 $E[X]=E[Y]=0$ 且 $\mathrm{Var}[X]=1$，$\mathrm{Var}[Y]=4$ 且相關係數 $\rho=\frac{1}{2}$。求 $\mathrm{Var}[X+Y]$。

9. X 和 Y 為隨機變數，且設 X 之期望值 $\mu_X=0$ 和標準差 $\sigma_X=3$；而 Y 之期望值 $\mu_Y=1$ 和標準差 $\sigma_Y=4$。此外，X 和 Y 有共變異數 $\mathrm{Cov}[X,Y]=-3$。求 $W=2X+2Y$ 的期望值和標準差。

10. 小明投擲一公正硬幣，每次都是獨立的投擲，直到正面出現 2 次。令 X_1 表示含第一次出現正面在內的丟擲次數。令 X_2 表示含第二次出現正面在內的額外投擲次數。令
$Y = X_1 - X_2$，求 $E[Y]$和 $\text{Var}[Y]$。Hint：不要去求 $P_Y(y)$。

11. X_1 和 X_2 是獨立、有相同分布的隨機變數，有期望值 $E[X] = \mu$ 和變異數 $\text{Var}[X] = \sigma^2$。
   (1) $E[X_1 - X_2]$爲何？
   (2) $\text{Var}[X_1 - X_2]$爲何？

12. X 和 Y 是獨立、有相同分布的隨機變數，$E[X] = E[Y] = 0$，共變異數 $\text{Cov}[X, Y] = 3$，且相關係數 $\rho_{XY} = \dfrac{1}{2}$。令 $U = aX$ 且 $V = bY$，其中 a、b 均不爲 0 之常數。
   (1) 求 $\text{Cov}[U, V]$。
   (2) 求相關係數$\rho_{U,V}$。

13. 隨機變數 X 和 Y 的 $E[X] = E[Y] = 0$，且 X 有標準差爲 2，而 Y 有標準差爲 4。
   (1) 對 $V = X - Y$ 而言，$\text{Var}[V]$的最小和最大可能值是多少？
   (2) 對 $W = X - 2Y$ 而言，$\text{Var}[W]$的最小和最大可能值是多少？

14. 隨機變數 X 和 Y 有聯合機率密度函數

$$f_{X,Y}(x, y) = \begin{cases} 4xy, & 0 \le x \le 1,\ 0 \le y \le 1 \\ 0, & \text{其他} \end{cases}$$

   (1) $E[X]$和 $\text{Var}[X]$爲何？
   (2) $E[Y]$和 $\text{Var}[Y]$爲何？
   (3) $\text{Cov}[X, Y]$爲何？
   (4) $E[X + Y]$爲何？
   (5) $\text{Var}[X + Y]$爲何？

15. 隨機變數 X 和 Y 有聯合機率密度函數

$$f_{X,Y}(x,y)=\begin{cases}\dfrac{5x^2}{2}, & -1\le x\le 1;0\le y\le x^2\\ 0, & 其他\end{cases}$$

回答下列問題：

(1) $E[X]$和 $\text{Var}[X]$爲何？

(2) $E[Y]$和 $\text{Var}[Y]$爲何？

(3) $\text{Cov}[X,Y]$爲何？

(4) $E[X+Y]$爲何？

(5) $\text{Var}[X+Y]$爲何？

16. X 和 Y 有聯合機率密度函數，

$$f_{X,Y}(x,y)=\begin{cases}\dfrac{x+y}{3}, & 0\le x\le 1, 0\le y\le 2\\ 0, & 其他\end{cases}$$

令 $A=\{Y\le 1\}$，

(1) $P[A]=$？

(2) 求 $f_{X,Y|A}(x,y)$。

(3) 求 $f_{X|A}(x)$和 $f_{Y|A}(y)$。

17. 隨機變數 X 和 Y 有聯合機率密度函數 $f_{X,Y}(x,y)=\begin{cases}\dfrac{4x+2y}{3}, & 0\le x\le 1, 0\le y\le 1\\ 0, & 其他\end{cases}$

令 $A=\{Y\le \frac{1}{2}\}$，

(1) $P[A]=$？

(2) 求 $f_{X,Y|A}(x,y)$。

(3) 求 $f_{X|A}(x)$和 $f_{Y|A}(y)$。

18. 隨機變數 X 和 Y 有聯合機率密度函數

$$f_{X,Y}(x,y)=\begin{cases}\dfrac{5x^2}{2}, & -1\le x\le 1, 0\le y\le x^2\\ 0, & 其他\end{cases},$$

令 $A=\{Y\le \frac{1}{4}\}$，

(1) 求條件機率密度函數 $f_{X,Y|A}(x,y)$。

(2) 求 $f_{Y|A}(y)$ 和 $E[Y|A]$。

(3) 求 $f_{X|A}(x)$ 和 $E[X|A]$。

19. r.v. X 是二項 $B(5,\ \frac{1}{2})$ 之隨機變數，求 $P_{X|B}(x)$，其中條件 $B=\{X\geq\mu_X\}$。

$E[X|B]$ 和 $\mathrm{Var}[X|B]$ 爲何？

20. X 和 Y 爲獨立隨機變數具有機率密度函數，

$$f_X(x)=\begin{cases}2x\ ,\ 0\leq x\leq 1\\ 0\quad ,\text{其他}\end{cases}$$

$$f_Y(y)=\begin{cases}3y^2\ ,\ 0\leq y\leq 1\\ 0\quad ,\text{其他}\end{cases}$$

令 $A=\{X>Y\}$，

(1) $E[X]$ 和 $E[Y]$ 爲何？

(2) $E[X|A]$ 和 $E[Y|A]$ 爲何？

二、進階題：

1. 假設手中現有兩枚非均質硬幣，其中一枚投擲時出現人頭的機率爲 $p=\frac{1}{3}$，另一枚出現人頭的機率 $p=\frac{2}{3}$，現在開始拿這兩枚硬幣執行以下試驗：從兩枚中隨機選取一枚（任一枚被選到的可能性皆相等），然後將這枚硬幣投擲兩次；設 X 爲隨機變數，若第一枚硬幣出現人頭則其值爲 1，反之爲 0；又設 Y 爲另一個與之相似，但是屬於第二枚硬幣的隨機變數。

(1) 請問 $E(X)$ 爲何？

(2) 請問 $E(XY)$ 爲何？

(3) X 與 Y 是否互爲獨立？請證明你的答案。

2. 假定三個不連續隨機變數 X、Y、Z 的數值區間皆爲{0, 1, 2}，且三者的聯合機率密度函數 $P_{X,Y,Z}(x, y, z)$爲

$P_{X,Y,Z}(0, 0, 1)=\frac{1}{8}$　$P_{X,Y,Z}(0, 1, 1)=\frac{1}{16}$　$P_{X,Y,Z}(0, 1, 2)=\frac{1}{8}$

$P_{X,Y,Z}(1, 0, 0)=\frac{1}{36}$　$P_{X,Y,Z}(1, 0, 1)=\frac{1}{8}$　$P_{X,Y,Z}(1, 1, 1)=\frac{1}{16}$

$P_{X,Y,Z}(1, 2, 0)=\frac{1}{8}$　$P_{X,Y,Z}(1, 2, 2)=\frac{1}{32}$　$P_{X,Y,Z}(2, 0, 0)=\frac{1}{8}$

$P_{X,Y,Z}(2, 0, 1)=\frac{1}{16}$　$P_{X,Y,Z}(2, 2, 1)=\frac{1}{32}$　$P_{X,Y,Z}(2, 2, 2)=\frac{1}{16}$

X, Y, Z 其餘 15 種組態的機率皆爲 0，請問：

(1) X 與 Z 是否互爲統計獨立？爲什麼？

(2) X 對 Y 的條件期望值 $E[X \mid Y=y]$爲何？

3. 設 X 與 Y 皆爲隨機變數，互變數爲 σ_{XY}，標準差分別爲 σ_X 及 σ_Y；假定 X 與 Y 的聯合密度函數爲：

$$f(x, y)=\begin{cases}\dfrac{16y}{x^3} & ,x>2,\ 0<y<2\\ 0 & ,\text{其他}\end{cases}$$

請計算相關係數 $\rho_{XY}=\dfrac{\sigma_{XY}}{\sigma_X\sigma_Y}$ 爲何？

4. 有一群人，人數 200 人，男女人數各半，皆爲 100 人，現對此人群作隨機配對，2 人爲一組，共 100 組。設 X_1 爲隨機變數，數值如下：遇男女配對之組別，其數值爲 1，否則數值爲 0。以下需寫出計算過程，否則零分計算。

(1) 請問 $E[X_i]$爲何？

(2) 請問 $E[X_iX_j]$爲何，設 $i\neq j$？

5. 如圖所示，設限定變數 $Y=g(X)$，若 X 爲一 Laplacian 機率密度函數，即

$$f_X(x)=\frac{\beta}{2}e^{-\beta|x|}\quad ,\ -\infty<x<\infty$$

試求 Y 的機率密度函數。

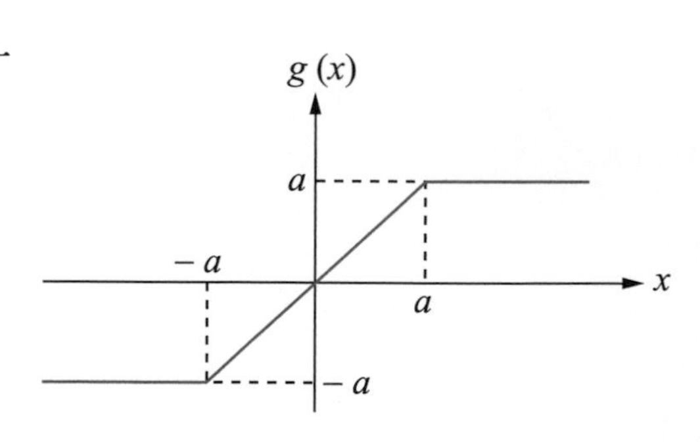

6. 以特定時間區段爲單位，計算人群進入火車站的人流數，發現此爲波氏分配隨機變數，均數爲 λt。又假設任兩輛列車進站時間（不受旅客是否已入站候車所影響）的間隔是呈現以$(0, T)$爲數值區間的均等分配，我們只想探討實際進入列車的旅客人數，假設凡是在列車到站前已經在月台等候的旅客都能上車。
   (1) 試求此數目的均數。
   (2) 試求此數目的變異數。
7. 假定從 A 地點發出信號值爲 s 的信號而爲 B 地點所接收時，相關接收點之分佈是呈現以$(s, 1)$爲參數的常態分配；又假定從 A 地點所發出信號值爲 S 的信號是呈現以(μ, σ^2)爲參數的常態分配，且 B 點所接收到的信號值爲 R；
   (1) 試求聯合機率密度函數 f_{SR}。
   (2) 請算出 $E[R]$、$\text{Var}[R]$及 $\text{Cov}(R, S)$各爲何。
8. 設 X 與 Y 是兩個互爲獨立的波氏分配隨機變數，參數分別爲 λ_1 及 λ_2，請導出 $E[X \mid X+Y=z]$的公式，其中 z 非負數之整數。
9. 設 X 與 Y 爲連續隨機變數，聯合機率密度函數（pdf）爲
   $$f_{XY}(x, y)=\begin{cases} k(x+y) & ,0 \le x \le y \le 1 \\ 0 & ,\text{其他情況} \end{cases}。$$
   (1) 試求令 $f_{XY}(x, y)$得以做爲聯合機率密度函數的 k 值。
   (2) 試求條件機率密度函數 $f_{Y|X}(y \mid x)$。
   (3) 試求 $E[X^2Y]$。
10. W 爲高斯分配隨機變數，均數 $\mu=0$，變異數 $\text{Var}(W)=4$，給定事件 $C=\{W>0\}$；
   (1) 試求條件期望值 $E[W|C]$。
   (2) 試求條件變異數 $\text{Var}[W|C]$。
11. (1) 擲一對骰子一次，在給定點數和爲 4 的條件下，試求第一顆骰子的期望值。
   (2) 擲一個銅板 n 次，設 $P(H)=p$；在給定人頭出現次數至少兩次的條件下，試求出現 H 次數的期望值。

12. 有兩個隨機變數 X 與 Y，在 Y 已給定之前提下，X 的條件機率密度函數呈現波氏分配，比率值為 y：

$$f_{Y|X}(x\mid y)=\frac{y^{x}e^{-y}}{x!}\quad ,x=0,1,2,\cdots\cdots$$

Y 的機率密度函數為：

$$f_{Y}(y)=\begin{cases}2e^{-2y} & ,0<y<\infty \\ 0 & ,\text{其他}\end{cases}$$

(1) 試求 X 與 Y 兩隨機變數的聯合機率密度函數。

(2) 試求隨機變數 X 的邊際機率密度函數。

(3) 試求在 X 已給定之前提下，Y 的條件機率密度函數。

(4) 試求條件期望值 $E[Y\mid X]$。

（你可假設 $\int_{0}^{\infty}\mu^{n}e^{-\mu}d\mu=n!$，$n$ 為正整數）

13. 設 X 與 Y 的聯合機率密度函數為：

$$f(x,y)=k(2x+y)\text{，}0<x<1\text{、}0<y<1$$

(1) 請求算 k 之值。

(2) 在給定 $Y=0.2$ 之前提下，X 的均數為何？

14. 設 X 與 Y 的聯合機率密度函數為：

$$f(x,y)=\begin{cases}kx(1+3y^{2}) & ,0<x<2\text{、}0<y<1 \\ 0 & ,\text{其他}\end{cases}$$

(1) 請求算 k 之值。

(2) 請求算 $f_{X|Y}(x\mid y)$。

(3) 在給定 $Y=\frac{1}{3}$ 之前提下，X 的期望值為何？

15. 假定兩隨機變數 X 與 Y 的聯合機率密度函數 $f(x,y)$ 為：

$$f(x,y)=\begin{cases}\dfrac{c}{x^{3}(x-1)} & ,1<y<x \\ 0 & ,\text{所有其他情況}\end{cases}$$

其中 c 為常數；

(1) 試求 c 之值。

(2) 試求 X 的邊際機率密度函數。

(3) 請求算 $E(X)$。

(4) 在給定 $X=x$ 之前提下，Y 的條件分配爲何？

(5) 請求算 $E(Y)$。

16. 可利用以下函數計算 X 與 Y 之機率：

$f(x,y)=kx$，$0<x<y<2$

(1) 試求 k 之值。

(2) 試求 X 的邊際機率。

(3) 試求 $P(X<1|Y=1.5)$ 之機率。

17. 某位應用程式工程師某日花費 X 元錢爲汽車加油，其中能夠向公司請款的金額爲 Y 元錢，此二隨機變數的聯合密度函數爲：

$$f_{XY}(x,y)=\begin{cases}\dfrac{40-x}{100x} & ,20<x<40、\dfrac{x}{2}<y<x \\ 0 & ,其他\end{cases}$$

(1) 試求 X 的邊際密度。

(2) 試求 Y 的邊際密度。

(3) 請在不動用 Y 邊際密度的情形下，求算 Y 的期望值。

(4) 若今天這位應用程式工程師又花了 32 元錢爲汽車加油，試求他能請款取回之金額的期望值。

18. 一個竊賊被關在一間有三扇門的牢房裡，他若能逃出第一扇門 *OneDayTrip*，那將可走進一條通道，可惜這條通道只能讓他在裡面逃竄 1 天，最後還是會回到牢房；若能逃出第二扇門 *ThreeDayTrip*，那同樣會走進一條通道，這條通道還不錯，能讓他在裡面逃竄 3 天，可惜最後仍得回到牢房；若能逃出第三扇門 *OneDayTicket* 則是逃獄成功，可再度出外闖蕩。這個竊賊開始作選擇時，會選擇第一扇門 *OneDayTrip* 的機率是 0.25，第二扇門 *ThreeDayTrip* 的機率是 0.5，第三扇門 *OneDayTicket* 的機率是 0.25，求算這個竊賊在牢房裡所需待上天數的期望值。

19. 一位漁夫在一個魚群豐富的大湖中捕魚時，每小時漁獲數目的波氏比率爲 λ。某日這位漁夫又來到湖中捕魚，所花費時間是界於 c 與 d 之間的某個隨機小時數（亦即他的捕魚時間是均等分配型隨機變數，數值區間爲 $[c,d]$），試求他漁獲數目的期望值與變異數。

20. 設隨機變數 X 與 Y 的聯合機率密度函數為：

$$f(x, y) = \frac{1}{2\pi}\exp[-(x^2 - \sqrt{3}xy + y^2)] \text{ ， } -\infty < x \text{ ， } y < \infty$$

(1) 試求 X 的邊際機率密度函數。

(2) 請問在給定 $X = x$ 之前提下，Y 的條件均數為何？

(3) 請問在給定 $X = x$ 之前提下，Y 的條件變異數為何？

(4) 試求 X 與 Y 的聯合動差生成函數，設：$M_{X,Y}(t_1, t_2) = E[\exp(t_1X + t_2Y)]$。

(5) 試證隨機變數 $X + Y$ 與 $X - Y$ 互為統計獨立。

5-4 二元常態分配

一、定義

設隨機變數 $f_{XY}(x, y)$爲連續型隨機變數 X、Y 的聯合機率密度函數，若滿足

1. 隨機變數 X 爲常態分配，即

$$f_X(x)=\frac{1}{\sqrt{2\pi}\sigma_X}\exp\{-\frac{(x-\mu_X)^2}{2\sigma_X^2}\} \qquad (-\infty<x<\infty)$$

其中 $E[X]=\mu_X$、$\text{Var}(X)=\sigma_X{}^2$ 。

2. $(Y\mid X=x)$爲常態分配$\forall x\in(-\infty,\infty)$，即 $f_{Y|X}(y\mid x)$爲常態分配密度函數$\forall x\in\mathbb{R}$。
3. $E[Y\mid X=x]$爲 x 的線性函數，即 $E[Y\mid X=x]=a+bx$，其中 a、$b\in\mathbb{R}$。
4. $\text{Var}(Y\mid X=x)$爲常數，即與 x 無關。

則稱 $f_{XY}(x, y)$爲二元常態分配機率密度函數（bivariate normal probability densiey function），一般可表成

$$f_{XY}(x,y)=\frac{1}{2\pi\sigma_X\sigma_Y\sqrt{1-\rho^2}}\exp\left\{-\frac{1}{2(1-\rho^2)}\right.$$
$$\left.[(\frac{x-\mu_X}{\sigma_X})^2-2\rho\frac{x-\mu_X}{\sigma_X}\frac{y-\mu_Y}{\sigma_Y}+(\frac{y-\mu_Y}{\sigma_Y})^2]\right\}$$
$$(-\infty<x<\infty\text{，}-\infty<y<\infty)$$

其中 $E[X]=\mu_X$、$\text{Var}(X)=\sigma_X{}^2$、$E[Y]=\mu_Y$、$\text{Var}(Y)=\sigma_Y{}^2$、$\rho$ 爲(X, Y)的相關係數（correlations coefficient），即

$$\rho=\frac{\text{Cov}(X,Y)}{\sqrt{\text{Var}(X)}\sqrt{\text{Var}(Y)}}$$

而隨機向量(X, Y)稱爲二元常態分配（bivariate normal distribution），一般表成$(X, Y)\sim BN(\mu_X,\mu_Y,\sigma_X{}^2,\sigma_Y{}^2,\rho)$。

Note：若 $f_{XY}(x, y)$ 爲二元常態分配，則 $\int_{-\infty}^{\infty}\int_{-\infty}^{\infty}f_{XY}(x,y)dxdy=1$，

即 $\int_{-\infty}^{\infty}\int_{-\infty}^{\infty}e^{-\frac{1}{2(1-\rho^2)}[(\frac{x-\mu_x}{\sigma_x})^2-2\rho\times\frac{x-\mu_x}{\sigma_x}\times\frac{y-\mu_y}{\sigma_y}+(\frac{y-\mu_y}{\sigma_y})^2]}=2\pi\sigma_x\sigma_y\sqrt{1-\rho^2}$ 。

二、性質

設$(X, Y)\sim BN(\mu_X, \mu_Y, \sigma_X{}^2, \sigma_Y{}^2, \rho)$，則

1. $f_{Y|X}(y|x)=\dfrac{1}{\sqrt{2\pi}\sigma_Y\sqrt{1-\rho^2}}\exp\left\{-\dfrac{[y-\mu_Y-\rho(\sigma_Y/\sigma_X)(x-\mu_X)]^2}{2\sigma_Y{}^2(1-\rho^2)}\right\}$

   $=\dfrac{f(x, y)}{f_X(x)}\quad(-\infty<y<\infty，-\infty<x<\infty)$

2. $E[Y|X=x]=\mu_Y+\rho\dfrac{\sigma_Y}{\sigma_X}(x-\mu_X)$、$E[X|Y=y]=\mu_X+\rho\dfrac{\sigma_X}{\sigma_Y}(y-\mu_Y)$

3. $\mathrm{Var}(Y|X=x)=(1-\rho^2)\sigma_Y{}^2$、$\mathrm{Var}(X|Y=y)=(1-\rho^2)\sigma_X{}^2$

4. $X \perp\!\!\!\perp Y \Leftrightarrow \rho=0$

5. $M_{X,Y}(t_1, t_2)=\exp\{\mu_X t_1+\mu_Y t_2+\dfrac{\sigma_X{}^2 t_1{}^2+\sigma_Y{}^2 t_2{}^2+2\rho\sigma_X\sigma_Y t_1 t_2}{2}\}$

6. 條件機率亦爲常態分配，即

   $(X|Y=y)\sim N(\mu_X+\rho\dfrac{\sigma_X}{\sigma_Y}(y-\mu_Y),\ \sigma_X{}^2(1-\rho^2))$

   $(Y|X=x)\sim N(\mu_Y+\rho\dfrac{\sigma_Y}{\sigma_X}(x-\mu_X),\ \sigma_Y{}^2(1-\rho^2))$

範例 31

設隨機變數 X 與 Y 的聯合機率密度函數爲：

$$f(x, y)=\frac{1}{8\pi}\exp\{\frac{-(x^2+y^2-6x+2y+10)}{8}\}，-\infty<x，y<\infty$$

(1) 試求 $P\{X>3|Y>0\}$。 (2) 試求 $E[Y|X\le 2]$。 (3) 試求 $\mathrm{Var}(X+Y)$。

解

因

$$f(x, y)=\frac{1}{8\pi}\exp\{\frac{-(x^2+y^2-6x+2y+10)}{8}\}$$

$$=\frac{1}{2\sqrt{2\pi}}e^{-\frac{(x-3)^2}{2\times 4}}\frac{1}{2\sqrt{2\pi}}e^{-\frac{(y+1)^2}{2\times 4}}$$

$$=f_X(x)f_Y(y)，$$

其中

$$f_X(x)=\frac{1}{2\sqrt{2\pi}}e^{-\frac{(x-3)^2}{2\times 4}}\text{，}-\infty<x<\infty\text{，}$$

$$f_Y(y)=\frac{1}{2\sqrt{2\pi}}e^{-\frac{(y+1)^2}{2\times 4}}\text{，}-\infty<y<\infty\text{，}$$

故 $X\sim N(3,4)$、$Y\sim N(-1,4)$，且 X、Y 為獨立。

(1) $P\{X>3\mid Y>0\}=P\{X>3\}=1-P\{X\le 3\}=1-P\{\frac{X-3}{2}\le\frac{3-3}{2}\}$

$$=1-\Phi(0)=1-\frac{1}{2}=\frac{1}{2}\text{。}$$

(2) $E[Y\mid X\le 2]=E[Y]=-1$。

(3) 因 X、Y 為獨立的常態分配，故 $\text{Var}(X+Y)=\text{Var}(X)+\text{Var}(Y)=4+4=8$。

範例 32

X、Y 為二元常態分配，且 $\mu_X=5$、$\mu_Y=10$、$\sigma_X{}^2=1$、$\sigma_Y{}^2=25$，$\rho>0$，

(1) $f(Y\mid X=5)\sim N(\mu,\sigma^2)$，求 μ 與 σ^2。

(2) 若 $P(4<x<6\mid X=10)=0.9544$，求 $\rho=$？

解

(1) $f(Y\mid X=5)\sim N(\mu,\sigma^2)$，$\mu=\mu_Y+\rho\times\frac{\sigma_Y}{\sigma_X}(5-\mu_X)=10+\rho\times\frac{5}{1}(5-5)=10$，

$\sigma^2=\sigma_Y{}^2(1-\rho^2)=25(1-\rho^2)$。

(2) $f(X\mid Y=10)=N(5,1-\rho^2)$，

$$P(4<x<6\mid Y=10)=P(\frac{4-5}{\sqrt{1-\rho^2}}<\frac{x-5}{\sqrt{1-\rho^2}}<\frac{6-5}{\sqrt{1-\rho^2}}\mid Y=10)$$

$$=\phi(\frac{1}{\sqrt{1-\rho^2}})-\phi(-\frac{1}{\sqrt{1-\rho^2}})=2\phi(\frac{1}{\sqrt{1-\rho^2}})-1=0.9544\text{，}$$

則 $\phi(\frac{1}{\sqrt{1-\rho^2}})=0.9772$，由查表可知 $\Rightarrow\frac{1}{\sqrt{1-\rho^2}}=2\Rightarrow 1-\rho^2=\frac{1}{4}$

$$\Rightarrow\rho=\frac{\sqrt{3}}{2}=\frac{1.732}{2}=0.866\text{。}$$

範例 33

假設某班學生國文(X)與英文(Y)成績近似一個二維常態分配，其中 $\mu_X = 80$ 、$\mu_Y = 75$ 、$\sigma_X = 10$ 、$\sigma_Y = 8$ 、$\rho = 0.8$（ρ 爲 X 與 Y 的相關係數），

(1) 若已知某學生的國文成績爲 85 分，則其英文成績在 80 分以上的機率是多少？
(2) 若兩科成績的相關性幾乎爲 0（$\rho \approx 0$），則兩科成績皆低於各科目的平均之機率大約爲多少？

解

(1) $E[Y \mid X = 85] = \mu_Y + \rho \times \dfrac{\sigma_Y}{\sigma_X}(85 - \mu_X)$

$= 75 + 0.8 \times \dfrac{8}{10}(85 - 80) = 78.2$ ，

$\text{Var}[Y \mid X = 85] = \sigma_Y{}^2(1 - \rho^2) = 64 \times (1 - 0.8^2) = 23.04$ ，

$P[Y > 80 \mid X = 85] = P(\dfrac{Y - 78.2}{\sqrt{23.04}} > \dfrac{80 - 78.2}{\sqrt{23.04}})$

$= P(z > 0.38) = 1 - \phi(0.38)$

$= 0.3526 = Q(0.38)$ ，

其中 $\varnothing(x) = P[Z \le x] = \dfrac{1}{\sqrt{2\pi}}\int_{-\infty}^{x} e^{-\frac{1}{2}t^2} dt$ 。

(2) $P[X < 80, Y < 75] = P(X < 80) \times P(Y < 75) = \dfrac{1}{2} \times \dfrac{1}{2} = \dfrac{1}{4} = 0.25$ 。

範例 34

以兩名子女的家庭做爲觀察對象，設 X 爲年紀 21 歲之第一名子女的統計學考試分數，設 Y 爲年紀 40 歲之第二名子女的年收入；假定二元變數(X, Y)是屬於二元常態分配，$E[X] = 65$、$\text{Var}(X) = 100$、$E[Y]$ =年收入 100 萬元，$\sqrt{\text{Var}(Y)}$ =每年 200,000、$corr(X, Y) = \dfrac{1}{2}$（以上數據純屬杜撰）；請問在年紀 21 歲之第一名子女的統計學考試分數爲 75 分的家庭當中，年紀 40 歲之第二名子女的年收入至少 125 萬元的家庭占全體的比率爲何？（數值無需精準，但需提供詳細之推理分析）

解

隨機變數$(X, Y)\sim BN(65, 10^6, 100, 200000^2, \frac{1}{2})$，故

$$f_{Y|X}(y|x)=\frac{f(x,y)}{f_X(x)}\sim N(\mu_Y+\rho\frac{\sigma_Y}{\sigma_X}(x-\mu_X), \sigma_Y{}^2(1-\rho^2))\text{，}$$

故$f_{Y|X}(y|x=75)\sim N(1100000, 3\times 10^{10})$，即

$$f_{Y|X}(y|x=75)=\frac{1}{\sqrt{2\pi}}e^{-\frac{(y-\mu)^2}{2\sigma^2}} \quad \text{（其中 }\mu=1100000\text{，}\sigma^2=3\times 10^{10}\text{）}$$

且

$$P(Y\geq 1250000|X=75)=\int_{1250000}^{\infty}\frac{1}{\sqrt{2\pi}\sigma}e^{-\frac{(y-\mu)^2}{2\sigma^2}}dy\text{。}$$

範例 35

設 X_1 與 X_2 是兩個高斯分配聯合隨機變數，已知 $E[X_1]=2$、$E[X_2]=1$、$\text{Var}(X_1)=5$、$\text{Var}(X_2)=3$、$E[X_1X_2]=-1$，設 $Y=(2X_1+X_2)$，試求 Y 的機率密度函數 $f_Y(y)$。

解

Y 仍為常態，故

$E[Y]=2E[X_1]+E[X_2]=2\times 2+1=5$，

$$\begin{aligned}\text{Var}[Y]&=2^2\text{Var}(X_1)+2\times 2\text{Cov}(X_1,X_2)+\text{Var}(X_2)\\&=4\times 5+4\times\{(-1)-2\times 1\}+3\\&=11\text{，}\end{aligned}$$

$$\begin{aligned}f_Y(y)&=\frac{1}{\sqrt{2\pi}\sqrt{11}}e^{-\frac{1}{2}(\frac{y-5}{\sqrt{11}})^2}\\&=\frac{1}{\sqrt{22\pi}}e^{-\frac{1}{2}\frac{(y-5)^2}{11}} \quad (-\infty<y<\infty)\text{。}\end{aligned}$$

範例 36

二元常態隨機變數(X, Y)的聯合機率分配函數爲 $f_{XY}(x, y) = ce^{-(2x^2+8y^2)}$，$-\infty < x < \infty$，$-\infty < y < \infty$，

(1)求 c。(2)求(X, Y)的相關係數。(3)求 $E[Y \mid X=3]$與 $\text{Var}[Y \mid X=3]$。

(4)求 X 的邊際分配函數。

解

(1) $f_{XY}(x, y) = c \times e^{-\frac{1}{2}[4x^2+16y^2]} = c \times e^{-\frac{1}{2}[(\frac{x-0}{1/2})^2+(\frac{y-0}{1/4})^2]}$，

則 $\mu_X = \mu_Y = 0$，$\sigma_X = \dfrac{1}{2}$，$\sigma_Y = \dfrac{1}{4}$，$1-\rho^2 = 1 \Rightarrow \rho = 0$，

$\therefore \int_{-\infty}^{\infty}\int_{-\infty}^{\infty} c \times e^{-\frac{1}{2}[(\frac{x-0}{1/2})^2+(\frac{y-0}{1/4})^2]} dxdy = c \times 2\pi\sigma_X\sigma_Y \times \sqrt{1-\rho^2} = c \times \dfrac{\pi}{4} = 1$

$\therefore c = \dfrac{4}{\pi}$。

(2) $\rho(X, Y) = 0$。

(3) $E[Y \mid X=3] = \mu_Y + \rho \times \dfrac{\sigma_Y}{\sigma_X}(3-\mu_X) = 0+0 = 0$，

$\text{Var}(Y \mid X=3) = (1-\rho^2){\sigma_Y}^2 = \dfrac{1}{16}$。

(4) $f_{XY}(x, y) = \dfrac{4}{\pi} e^{-\frac{1}{2}(\frac{x-0}{1/2})^2} \times e^{-\frac{1}{2}(\frac{y-0}{1/4})^2} = \dfrac{1}{\sqrt{2\pi} \times \frac{1}{2}} e^{-\frac{1}{2}(\frac{x-0}{1/2})^2} \times \dfrac{1}{\sqrt{2\pi} \times \frac{1}{4}} e^{-\frac{1}{2}(\frac{y-0}{1/4})^2}$

$\therefore X \sim N(0, \dfrac{1}{4})$、$Y \sim N(0, \dfrac{1}{16})$，

且 $f_X(x) = \sqrt{\dfrac{2}{\pi}} e^{-2x^2}$，$-\infty < x < \infty$。

習　題

一、基礎題：

1. 機率學成績取決於兩次考試成績：X_1 和 X_2。你第 i 次成績 X_i 是高斯分配（$\mu = 74$，$\sigma = 16$）隨機變數，獨立於任何其他考試成績。
   (1) 分數以相同權重由 $Y = \dfrac{X_1}{2} + \dfrac{X_2}{2}$ 決定，當 $Y \geq 90$ 時你得 A，$P[A] = P[Y \geq 90]$ 是多少？
   (2) 班代提議，考比較好那次才算，且成績應該根據 $M = \max(X_1, X_2)$。任課老師同意了！現在 $P[A] = P[M > 90]$是多少？
2. 假設你的機率學課成績取決於你的考試分數 X_1 和 X_2。老師是個機率學粉絲，以正規化方式公布考試成績，使得 X_1 和 X_2 爲獨立相同分布高斯分配（$\mu = 0$，$\sigma = \sqrt{2}$）隨機變數。你的學期平均是 $X = 0.5(X_1 + X_2)$。
   (1) 若 $X > 1$ 時你得到 A 的成績，$P[A]$是多少？
   (2) 爲了改善他的教學評量成績，這老師決定他應該給更多的 A。現在若 $\max(X_1, X_2) > 1$ 時你就拿 A，則 $P[A]$是多少？
   (3) 這老師發現他在學校論壇不太受歡迎，並決定若 $X > 1$ 或 $\max(X_1, X_2) > 1$ 時就給 A，現在 $P[A]$是多少？
3. X 是高斯分配（$\mu = 1$、$\sigma = 2$）隨機變數，Y 也是高斯分配（$\mu = 2$、$\sigma = 4$）隨機變數，X 和 Y 互相獨立。
   (1) $V = X + Y$ 的機率密度函數爲何？
   (2) $W = 3X + 2Y$ 的機率密度函數爲何？
4. Z 是與 X 無關的高斯(0, 1)雜訊隨機變數，且 $Y = X + Z$ 是 X 的一個帶有雜訊 Z 的隨機變數，則條件機率密度函數 $f_{Y|X}(y \mid x)$爲何？
5. X 與 Y 爲二元常態分配，其中 $\mu_X = 5$、$\mu_Y = 10$、$\sigma_X{}^2 = 1$、$\sigma_Y{}^2 = 25$、$\rho > 0$，若 $P(4 < Y < 16 \mid X = 5) = 0.9544$，求 ρ。

6

函數變換與順序統計量

6-1 二維隨機變數的函數變換

設(X, Y)爲$(\Omega, \mathscr{F}, P)$上的二維連續型隨機變數，而 $z = h(x, y)$爲實值可測的函數，則

$$Z = h(X, Y)$$

亦爲$(\Omega, \mathscr{F}, P)$上的隨機變數。

一、離散型隨機變數函數變換

若(X, Y)的聯合機率分佈爲

$$P(X = x_i, Y = y_j) = p_{ij} \quad (i, j = 1, 2, \cdots\cdots)$$

且 $z_{ij} = h(x_i, y_i)$ 均爲相異時，則 $Z = h(X, Y)$的機率分佈爲

$$P(Z = z_{ij}) = p_{ij} \quad (i, j = 1, 2, \cdots\cdots)$$

若不同的(x_i, y_j)對應相同的 z_{ij} 時，則應列表後將各相同值對應的機率分佈合併，此法稱爲列表法。

例如：r.v. X 與 Y 的聯合機率密度函數如下表：

$f(x, y)$		Y	
		0	1
X	-1	$\frac{1}{10}$	$\frac{2}{10}$
	1	$\frac{2}{10}$	$\frac{1}{10}$
	2	$\frac{3}{10}$	$\frac{1}{10}$

則 $X + Y$ 與 $2X - Y$ 的機率質量函數如下表：

(X, Y)	$(-1, 0)$	$(-1, 1)$	$(1, 0)$	$(1, 1)$	$(2, 0)$	$(2, 1)$
$X + Y$	-1	0	1	2	2	3
$2X - Y$	-2	-3	2	1	4	3
P_{ij}	$\frac{1}{10}$	$\frac{2}{10}$	$\frac{2}{10}$	$\frac{1}{10}$	$\frac{3}{10}$	$\frac{1}{10}$

則

$Z=X+Y$	-1	0	1	2	3
$P(Z)=f_Z$	$\frac{1}{10}$	$\frac{2}{10}$	$\frac{2}{10}$	$\frac{4}{10}$	$\frac{1}{10}$

$Z=2X-Y$	-3	-2	1	2	3	4
$P(Z)=f_Z$	$\frac{2}{10}$	$\frac{1}{10}$	$\frac{1}{10}$	$\frac{2}{10}$	$\frac{1}{10}$	$\frac{3}{10}$

二、連續型隨機變數函數變換

若(X, Y)的聯合密度函數為$f(x, y)$，則$Z=h(X, Y)$的分配函數為

$$F_Z(z)=P(h(X, Y)<z)=\iint_D f(x, y)dxdy \text{，}-\infty<z<\infty$$

其中$D=\{(x, y)\mid h(x, y)<z\text{，}\forall(x, y)\in\mathbb{R}^2\}$，且$f_Z(z)=F_Z'(z)$，此法稱為累積函數法。

例如：r.v. X與Y為$X\sim U(0, 1)$，$Y\sim U(0, 1)$，且X、Y獨立，

$\therefore f_X(x)=1$，$f_Y(y)=1$，$f_{XY}(x, y)=1$，若令$Z=X+Y$，則$0\le z\le 2$，

(1) $0\le z\le 1$，如圖 6-1，

$$F_Z(z)=P\{Z\le z\}=P\{X+Y\le Z\}$$
$$=\int_{y=0}^{y=z}\int_{x=0}^{x=z-y}1\cdot dxdy$$
$$=\frac{z^2}{2}\text{，}$$

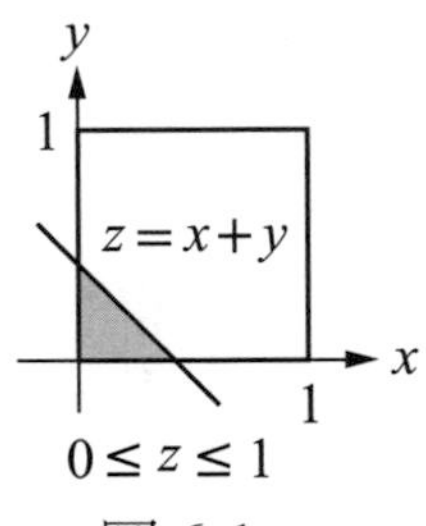

圖 6-1

(2) $1\le z\le 2$，如圖 6-2，

$$F_Z(z)=P\{X+Y\le Z\}$$
$$=1-\int_{x=z-1}^{x=1}\int_{y=z-x}^{y=1}1\,dydx$$
$$=-\frac{z^2}{2}+2z-1\text{，}$$

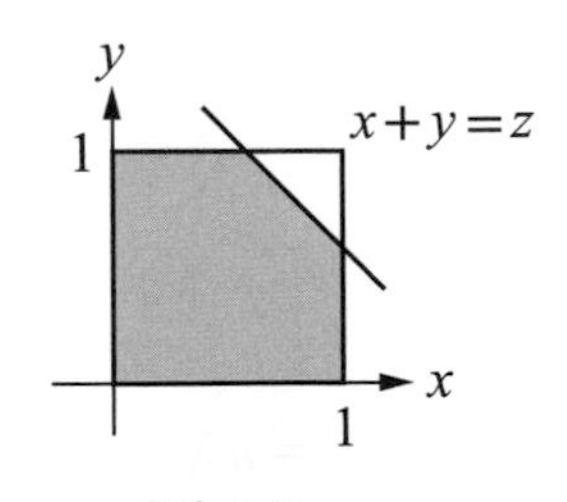

圖 6-2

(3) $F_Z(z)=\begin{cases}\frac{z^2}{2} & ,0\le z\le 1\\ -\frac{z^2}{2}+2z-1 & ,1\le z\le 2\end{cases}$，

(4) $f_Z(z)=\frac{dF_Z(z)}{dz}=\begin{cases}z & ,0\le z\le 1\\ -z+2 & ,1\le z\le 2\end{cases}$。

三、常見的連續型隨機變數函數變換

除了累積函數法外，我們亦可利用公式法介紹如下：

設(X, Y)的聯合機率密度函數爲$f(x, y)$，且X、Y的邊際機率密度函數爲$f_X(x)$、$f_Y(y)$。

Note：若$Y = h(x)$爲單調函數，則

$$f_Y(y) = f_X(x) \times \left|\frac{dx}{dy}\right| = f_X(h^{-1}(y)) \times \left|\frac{dx}{dy}\right| \text{。}$$

1. $Z = X + Y$的分佈

$$F_Z(z) = \int_{x=-\infty}^{x=\infty} \int_{y=-\infty}^{y=z-x} f(x, y)dydx = \int_{y=-\infty}^{y=\infty} \int_{x=-\infty}^{x=z-y} f(x, y)dxdy$$

且

$$f_Z(z) = \int_{-\infty}^{\infty} f(x, z-x)dx = \int_{-\infty}^{\infty} f(z-y, y)dy$$

若X與Y爲獨立時，則

$$f_Z(z) = \int_{-\infty}^{\infty} f_X(x) f_Y(z-x)dx = \int_{-\infty}^{\infty} f_X(z-y) f_Y(y)dy$$

爲 Fourier 轉換中的 Convolution 積分。

2. $Z = X - Y$的分佈

$$f_Z(z) = \int_{-\infty}^{\infty} f(x, x-z)dx = \int_{-\infty}^{\infty} f(z+y, y)dy$$

若X與Y爲獨立時，則

$$f_Z(z) = \int_{-\infty}^{\infty} f_X(x) f_Y(x-z)dx = \int_{-\infty}^{\infty} f_X(z+y) f_Y(y)dy \text{。}$$

3. $Z = \alpha X + \beta Y$的分佈

$$f_Z(z) = \int_{-\infty}^{\infty} f(x, \frac{1}{\beta}(z-\alpha x))\frac{1}{|\beta|}dx = \int_{-\infty}^{\infty} f(\frac{1}{\alpha}(z-\beta y), y)\frac{1}{|\alpha|}dy \text{，}$$

若 X 與 Y 爲獨立時，則

$$f_Z(z)=\int_{-\infty}^{\infty} f_X(x)f_Y(\frac{1}{\beta}(z-\alpha x))\frac{1}{|\beta|}dx$$
$$=\int_{-\infty}^{\infty} f_X(\frac{1}{\alpha}(z-\beta y))f_Y(y)\frac{1}{|\alpha|}dy \text{ 。}$$

4. $Z=XY$ 的分佈

$$f_Z(z)=\int_{-\infty}^{\infty} f(x,\frac{z}{x})\frac{1}{|x|}dx=\int_{-\infty}^{\infty} f(\frac{z}{y},y)\frac{1}{|y|}dy \text{ ，}$$

若 X 與 Y 爲獨立時，則

$$f_Z(z)=\int_{-\infty}^{\infty} f_X(x)f_Y(\frac{z}{x})\frac{1}{|x|}dx=\int_{-\infty}^{\infty} f_X(\frac{z}{y})f_Y(y)\frac{1}{|y|}dy \text{ 。}$$

5. $Z=\frac{X}{Y}$ 的分佈

$$f_Z(z)=\int_{-\infty}^{\infty} f(yz,y)|y|dy \text{ ，}$$

若 X 與 Y 爲獨立時，則

$$f_Z(z)=\int_{-\infty}^{\infty} f_X(yz)f_Y(y)|y|dy \text{ 。}$$

6. $Z=\max(X,Y)$ 的分佈

$$F_Z(z)=P(Z<z)=P(\max(X,Y)<z)=P(X<z,Y<z) \text{，}$$

若 X、Y 爲獨立時，則

$$F_Z(z)=P(X<z,Y<z)=P(X<z)P(Y<z)=F_X(z)F_Y(z)$$

故

$$f_Z(z)=F_Z'(z)=f_X(z)F_Y(z)+F_X(z)f_Y(z) \text{ 。}$$

7. $Z=\min(X, Y)$的分佈

$$F_Z(z)=P(Z<z)=P(\min(X,Y)<z)=P\{(X<z)\cup(Y<z)\}$$
$$=1-P\{(X>z)\cap(Y>z)\}=1-P(X>z, Y>z)，$$

若 X、Y 爲獨立時，則

$$F_Z(z)=1-P(X>z, Y>z)=1-P(X>z)P(Y>z)$$
$$=1-[1-F_X(z)][1-F_Y(z)]，$$

故

$$f_Z(z)=F_Z'(z)=f_X(z)[1-F_Y(z)]+[1-F_X(z)]f_Y(z)。$$

範例 1

隨機變數 X 與 Y 的聯合密度函數爲

$$f(x,y)=xe^{-x(y+1)}，x>0，y>0$$

(1) 若設 $X=x$，則請問 Y 的條件密度爲何？

(2) 請問 $Z=XY$ 的密度函數爲何？

解

(1) 因 $f_X(x)=\int_{-\infty}^{\infty} f(x,y)\,dy=\int_0^{\infty} xe^{-x(y+1)}\,dy$

$$=-e^{-x}e^{-xy}\Big|_{y=0}^{\infty}=e^{-x} \quad (x>0)，$$

故 $f_{Y|X}(y\,|\,x)=\dfrac{f(x,y)}{f_X(x)}=\dfrac{xe^{-x(y+1)}}{e^{-x}}=xe^{-xy} \quad (y>0)。$

(2) 因 $f_Z(z)=\int_0^{\infty} xe^{-x(\frac{z}{x}+1)}\dfrac{1}{x}\,dx=e^{-z}\int_0^{\infty} e^{-x}\,dx$

$$=e^{-z}(-e^{-x})\Big|_0^{\infty}=e^{-z} \quad (z>0)。$$

範例 2

設隨機變數 X 與 Y 的聯合機率密度函數(pdf)為

$$f_{XY}(x,y)=\begin{cases}K & ,-1<x<0,\ 0<y<2\\ 0 & ,\text{其他}\end{cases}$$

請問 K 值和隨機變數 $Z=X-Y$ 的機率密度函數各為何？清楚列出你的演算步驟。

解

由 $\int_{\mathrm{R}}\int_{\mathrm{R}} f_{XY}(x,y)\,dxdy=\int_{y=0}^{y=2}\int_{x=-1}^{x=0} K\,dxdy=2K=1$，

故 $K=\dfrac{1}{2}$。

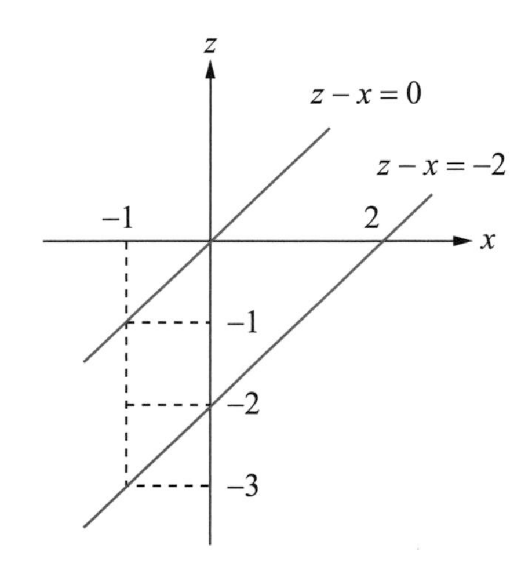

(1) $-3<z<-2$ 時，$f_Z(z)=\int_{x=-1}^{x=z+2}\dfrac{1}{2}\,dx=\dfrac{z+3}{2}$，

(2) $-2<z<-1$ 時，$f_Z(z)=\int_{x=-1}^{x=0}\dfrac{1}{2}\,dx=\dfrac{1}{2}$，

(3) $-1<z<0$ 時，$f_Z(z)=\int_{x=z}^{x=0}\dfrac{1}{2}\,dx=-\dfrac{z}{2}$，

(4) 其他：$f_Z(z)=0$。

範例 3

兩個互為獨立的隨機變數 X 及 Y，機率密度函數分別為 $f_X(x)=\alpha e^{-\alpha x}u(x)$ 及 $f_Y(y)=1$ 若 $0<y\leq 1$，請問隨機變數 $Z=X+Y$ 的機率密度函數 $f_Z(z)$ 為何？

解

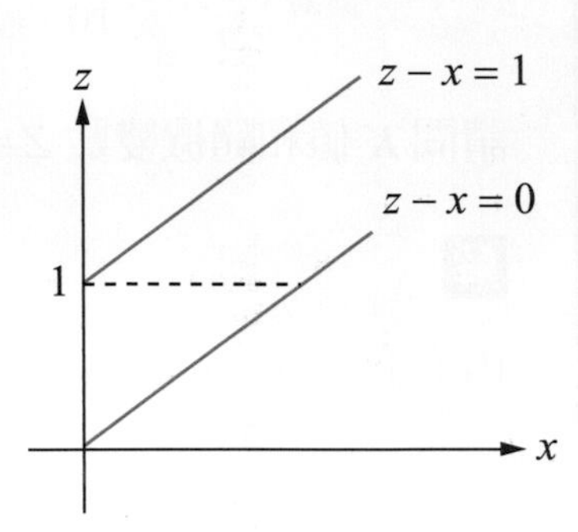

因 X、Y 為獨立的隨機變數，故其聯合機率密度函數為

$$f(x,y)=f_X(x)f_Y(y)=\alpha e^{-\alpha x}\quad（0<x<\infty，0<y<1），$$

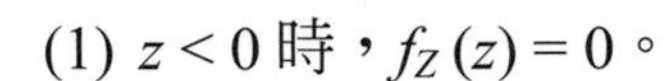

(1) $z<0$ 時，$f_Z(z)=0$。

(2) $0<z<1$ 時，

$$f_Z(z)=\int_{x=0}^{x=z}\alpha e^{-\alpha x}\,dx=-e^{-\alpha x}\Big|_{x=0}^{x=z}=1-e^{-\alpha z}。$$

(3) $z>1$ 時，

$$f_Z(z)=\int_{x=z-1}^{x=z}\alpha e^{-\alpha x}\,dx=-e^{-\alpha x}\Big|_{x=z-1}^{x=z}=e^{-\alpha z}(e^{\alpha}-1)。$$

範例 4

設 (X,Y) 為二維隨機變數，其聯合機率密度為

$$f(x,y)=\begin{cases}4e^{-2(x+y)} & ,x>0、y>0\\ 0 & ,其他\end{cases}$$

求 $Z=\dfrac{1}{2}(X+Y)$ 的機率密度函數。

解

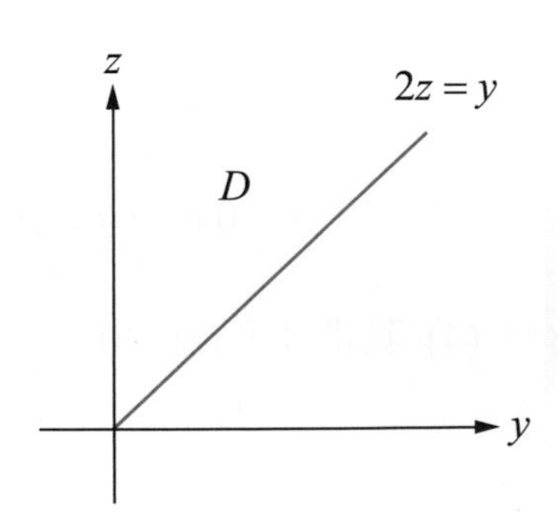

當 $0\leq z<\infty$，

$$f_Z(z)=\int_D f(2z-y,y)2dy=\int_{y=0}^{y=2z}4e^{-4z}2\,dy=e^{-4z}16z，$$

故 $f_Z(z)=\begin{cases}16ze^{-4z} & ,0\leq z<\infty\\ 0 & ,z<0\end{cases}$。

範例 5

設隨機變數 X 與 Y 的聯合機率密度函數（pdf）如下：

$$f_{XY}(x, y)=\begin{cases} Cxy & ,0 \le x \le a,\ 0 \le y \le b \\ 0 & ,\text{其他} \end{cases}$$

(1) 爲 C 值求解。

(2) 爲隨機變數 $Z=\max\{2X, 3Y\}$ 的機率密度函數求解，其中運算 $\max\{A, B\}$ 是指 A 與 B 二者的最大值。

解

(1) 由

$$\int_{-\infty}^{\infty}\int_{-\infty}^{\infty} f_{XY}(x, y)\, dxdy=\int_0^b\int_0^a Cxy\, dxdy=\frac{Ca^2b^2}{4}=1，$$

故 $C=\dfrac{4}{a^2b^2}$ 。

(2) 因

$$f_{XY}(x, y)=\begin{cases} \dfrac{4xy}{a^2b^2} & ,0 \le x \le a，0 \le y \le b \\ 0 & ,\text{elsewhere} \end{cases}$$

則

$$f_X(x)=\int_0^b f_{XY}(x, y)\, dy=\int_0^b \frac{4xy}{a^2b^2}\, dy=\frac{2x}{a^2} \qquad (0 \le x \le a)，$$

$$f_Y(y)=\int_0^a f_{XY}(x, y)\, dx=\int_0^a \frac{4xy}{a^2b^2}\, dx=\frac{2y}{b^2} \qquad (0 \le y \le b)，$$

因 $f_{XY}(x, y)=f_X(x)f_Y(y)$ 故 X、Y 爲獨立的隨機變數，又

$$\begin{aligned} F_Z(z) &= P\{\max(2X, 3Y) \le z\}=P\{2X \le z, 3Y \le z\} \\ &= P\{2X \le z\}P\{3Y \le z\}=P\{X \le \frac{z}{2}\}P\{Y \le \frac{z}{3}\} \\ &= \int_0^{\frac{z}{2}} \frac{2x}{a^2}\, dx \times \int_0^{\frac{z}{3}} \frac{2y}{b^2}\, dy=\frac{z^4}{36a^2b^2}, \end{aligned}$$

$$\text{故 } f_Z(z)=\begin{cases} \dfrac{dF_z}{dz}=\dfrac{z^3}{9a^2b^2} & ,0 \le z \le \max\{2a, 3b\} \\ 0 & ,\text{elsewhere} \end{cases} 。$$

範例 6

隨機變數 X 與 Y 的聯合密度函數：

$$f_{XY}(x, y) = \begin{cases} 1 & ,0 < x < 1,\ 0 < y < 1 \\ 0 & ,\text{其他} \end{cases}$$

(1) 請問隨機變數 $Z_1 = \max(X, Y)$的機率密度函數為何？

(2) 請問隨機變數 $Z_2 = \min(X, Y)$的機率密度函數為何？

(3) 請問 $P(Z_1 < \frac{2}{3}, Z_2 < \frac{1}{3})$ 為何？

解

(1) 因 $Z_1 = \max(X, Y)$，故

$F_{Z_1}(z_1) = P\{\max(X, Y) \le z\} = P\{X \le z_1\}P\{Y \le z_1\} = z_1 z_2 = z_1^{\ 2}$，

故

$$f_{z_1}(z_1) = \frac{dF_{Z_1}(z_1)}{dz_1} = 2z_1 \quad (0 < z_1 < 1)。$$

(2) 因 $Z_2 = \min(X, Y)$，故

$$\begin{aligned} F_{Z_2}(z_2) &= P\{Z_2 \le z_2\} = 1 - P\{Z_2 > z_2\} \\ &= 1 - P\{\min(X, Y) > z_2\} \\ &= 1 - P\{X > z_2\}P\{Y > z_2\} \\ &= 1 - (1 - z_2)(1 - z_2) = 1 - (1 - z_2)^2， \end{aligned}$$

故 $f_{Z_2}(z_2) = \dfrac{dF_{Z_2}(z_2)}{dz_2} = 2(1 - z_2) \quad (0 < z_2 < 1)$。

(3)

$$\begin{aligned} P\{Z_1 < \tfrac{2}{3}, Z_2 < \tfrac{1}{3}\} &= P\{\max(X, Y) < \tfrac{2}{3}, \min(X, Y) < \tfrac{1}{3}\} \\ &= P\{\max(X, Y) < \tfrac{2}{3}\} - P\{\max(X, Y) < \tfrac{2}{3}, \min(X, Y) \ge \tfrac{1}{3}\} \\ &= (\tfrac{2}{3})^2 - P\{\tfrac{1}{3} < X, Y < \tfrac{2}{3}\} \\ &= (\tfrac{2}{3})^2 - \tfrac{1}{3} \times \tfrac{1}{3} = \tfrac{1}{3}\ 。 \end{aligned}$$

四、雙變數函數組的變換

設(X, Y)為$(\Omega, \mathscr{F}, P)$上的二維隨機變數，且其聯合機率密度函數為$f(x, y)$，若

$$u = g(x, y)、v = h(x, y)$$

為實值可測的函數，且具有唯一的反函數為

$$x = x(u, v)、y = y(u, v)$$

同時x、y對u、v的一階偏導數連續，令其 Jacobian 行列式為

$$J = \begin{vmatrix} \dfrac{\partial x}{\partial u} & \dfrac{\partial x}{\partial v} \\ \dfrac{\partial y}{\partial u} & \dfrac{\partial y}{\partial v} \end{vmatrix}$$

則 $U = g(X, Y)$、$V = h(X, Y)$

的聯合機率密度函數為

$$f_{(U, V)}(u, v) = f(x(u, v), y(u, v)) \times |J|$$

當反函數不唯一時，則將$x - y$平面分成數個不相交的區域R_i，使得$u = g(x, y)$、$v = h(x, y)$在R_i上具有唯一的反函數$x = x_i(u, v)$、$y = y_i(u, v)$，則

$$U = g(X, Y)、V = h(X, Y)$$

的聯合機率密度函數為

$$f_{(U, V)}(u, v) = \sum_i f(x_i(u, v), y_i(u, v)) \times |J_i|。$$

範例 7

設(X, Y)爲$(\Omega, \mathscr{F}, P)$上的二維隨機變數，且其聯合機率密度爲

$$f_{XY}(x, y) = \begin{cases} f(x, y) & , a \le x \le b、c \le y \le d \\ 0 & ,\text{其他} \end{cases}$$

證明 $Z = \dfrac{X}{Y}$ 的機率密度函數爲

$$f_Z(z) = \begin{cases} \int_D f(yz, y)\,|\,y\,|\,dy & ,(y, z) \in D \\ 0 & ,\text{其他} \end{cases}$$

其中 $D = \{(y, z) \mid a \le yz \le b, c \le y \le d\}$。

解

令 $Z = \dfrac{X}{Y}$、$U = Y$，由

$$\begin{cases} z = \dfrac{x}{y} \\ u = y \end{cases} \text{，故} \begin{cases} x = uz \\ y = u \end{cases} ,$$

Jacobian 行列式爲

$$J = \begin{vmatrix} \dfrac{\partial x}{\partial z} & \dfrac{\partial x}{\partial u} \\ \dfrac{\partial y}{\partial z} & \dfrac{\partial y}{\partial u} \end{vmatrix} = \begin{vmatrix} u & z \\ 0 & 1 \end{vmatrix} = u ,$$

故(Z, U)的聯合密度爲

$$f_{ZU}(z, u) = f_{XY}(x, y)|\,J\,| = f_{XY}(uz, u)\,|\,u\,| ,$$

因此 $f_Z(z) = \int_{\mathrm{R}} f_{ZU}(z, u)\,du = \int_{\mathrm{R}} f_{XY}(uz, u)\,|\,u\,|\,du$

$$= \int_{\mathrm{R}} f_{XY}(yz, y)\,|\,y\,|\,dy \quad (\because u = y)$$

$$= \begin{cases} \int_D f(yz, y)\,|\,y\,|\,dy & ,(y, z) \in D \\ 0 & ,\text{其他} \end{cases}$$

其中 $D = \{(y, z) \mid a \le yz \le b, c \le y \le d\}$。

範例 8

設 X_1 與 X_2 是兩個連續隨機變數，聯合機率密度函數如下：

$$f(x_1, x_2) = \begin{cases} 4x_1x_2 & ,0 < x_1 < 1,\ 0 < x_2 < 1 \\ 0 & ,\text{其他} \end{cases}$$

請問 $Y_1 = X_1^2$ 與 $Y_2 = X_1X_2$ 的聯合機率密度函數爲何？

解

$$\begin{cases} y_1 = x_1^2 \\ y_2 = x_1x_2 \end{cases} \Rightarrow \begin{cases} x_1 = \sqrt{y_1} \\ x_2 = y_2 / \sqrt{y_1} \end{cases},$$

$$\text{故} |J| = \left| \begin{vmatrix} \dfrac{\partial x_1}{\partial y_1} & \dfrac{\partial x_1}{\partial y_2} \\ \dfrac{\partial x_2}{\partial y_1} & \dfrac{\partial x_2}{\partial y_2} \end{vmatrix} \right| = \left| \begin{vmatrix} \dfrac{1}{2\sqrt{y_1}} & 0 \\ -\dfrac{y_2}{2\sqrt{y_1^3}} & \dfrac{1}{\sqrt{y_1}} \end{vmatrix} \right| = \left| \dfrac{1}{2y_1} \right|,$$

因此 Y_1、Y_2 的聯合機率密度函數爲

$$f_{Y_1Y_2}(y_1, y_2) = f(x_1, x_2)\,|J| = f(\sqrt{y_1}, \frac{y_2}{\sqrt{y_1}})\left|\frac{1}{2y_1}\right|$$

$$= \begin{cases} 4\sqrt{y_1}\dfrac{y_2}{\sqrt{y_1}}\dfrac{1}{2y_1} & ,0 < \sqrt{y_1} < 1，0 < \dfrac{y_2}{\sqrt{y_1}} < 1 \\ 0 & ,\text{其他} \end{cases}$$

$$= \begin{cases} 2\dfrac{y_2}{y_1} & ,0 < y_2 < \sqrt{y_1} < 1 \\ 0 & ,\text{其他} \end{cases}。$$

範例 9

設 X 與 Y 是兩個互爲獨立的幾何分配隨機變數，且二者均數皆爲 q，請問 $X+Y$ 與 $X-Y$ 的聯合機率函數爲何？

解

因 X、Y 爲期望值爲 q 的幾何分配，故

$$f_X(x)=(\frac{1}{q})(1-\frac{1}{q})^{x-1}\text{，}x=1,2,3,\cdots\cdots$$

$$f_Y(y)=(\frac{1}{q})(1-\frac{1}{q})^{y-1}\text{，}y=1,2,3,\cdots\cdots$$

令 $u=x+y$、$w=x-y$ 故 $x=\frac{u+w}{2}$、$y=\frac{u-w}{2}$，則

$$|J|=|\begin{vmatrix}\frac{\partial x}{\partial u} & \frac{\partial y}{\partial u}\\ \frac{\partial x}{\partial w} & \frac{\partial y}{\partial w}\end{vmatrix}|=|\begin{vmatrix}\frac{1}{2} & \frac{1}{2}\\ \frac{1}{2} & -\frac{1}{2}\end{vmatrix}|=\frac{1}{2}\text{，}$$

因此 $U=X+Y$、$W=X-Y$ 的聯合機率函數爲

$$\begin{aligned}f_{UW}(u,w)&=f_X(\frac{u+w}{2})f_Y(\frac{u-w}{2})|J|\\&=(\frac{1}{q})(1-\frac{1}{q})^{\frac{u+w}{2}-1}(\frac{1}{q})(1-\frac{1}{q})^{\frac{u-w}{2}-1}\frac{1}{2}\\&=\frac{1}{2}(\frac{1}{q})^2(1-\frac{1}{q})^{u-2}\quad (u=2,3,\cdots\cdots;w\in\mathbb{Z})\text{。}\end{aligned}$$

範例 10

設 X、Y 是互爲獨立的隨機變數，且二者機率分配同爲

$$p(x)=\begin{cases} e^{-x} & ,x>0 \\ 0 & ,x\le 0 \end{cases}$$

設 $U=X+Y$、$V=\dfrac{X}{Y}$，請證明 U、V 二者互爲獨立。

解

因 $\begin{cases} u=x+y \\ v=\dfrac{x}{y} \end{cases} \Rightarrow \begin{cases} x=\dfrac{uv}{1+v} \\ y=\dfrac{u}{1+v} \end{cases}$，

故 $|J(\dfrac{x,y}{u,v})|=|\begin{vmatrix} \dfrac{\partial x}{\partial u} & \dfrac{\partial x}{\partial v} \\ \dfrac{\partial y}{\partial u} & \dfrac{\partial y}{\partial v} \end{vmatrix}|=\dfrac{u}{(1+v)^2}$，

又 $f_{XY}(x,y)=f_X(x)\times f_Y(y)=e^{-x}e^{-y}=e^{-(x+y)}$ （$x>0$、$y>0$），

故 $f_{UV}(u,v)=f_{XY}(x,y)|J(\dfrac{x,y}{u,v})|=e^{-u}\dfrac{u}{(1+v)^2}$ （$u>0$、$v>0$），

且 $f_U(u)=\displaystyle\int_0^{\infty}\frac{e^{-u}u}{(1+v)^2}dv=ue^{-u}$，

$f_V(v)=\displaystyle\int_0^{\infty}\frac{e^{-u}u}{(1+v)^2}du=\frac{1}{(1+v)^2}$，

因 $f_{UV}=e^{-u}\dfrac{u}{(1+v)^2}=f_U(u)\times f_V(v)$，

故 U、V 爲獨立的隨機變數。

習　題

一、基礎題：

1. 設 r.v. X 與 Y 的聯合機率密度函數如下表

   令 $U=|X|$，$V=Y^2$，

   (1)求(U, V)的聯合機率密度函數。　(2)求 U 與 V 的邊際密度函數。

Y \ X	−1	0	1
−2	$\frac{1}{6}$	$\frac{1}{12}$	$\frac{1}{6}$
1	$\frac{1}{6}$	$\frac{1}{12}$	$\frac{1}{6}$
2	$\frac{1}{12}$	0	$\frac{1}{12}$

2. 隨機變數 X 和 Y 有聯合機率質量函數

$$P_{X,Y}(x, y)=\begin{cases}\dfrac{|x+y|}{14}, & x=-2, 0, 2,\ y=-1, 0, 1\\ 0 & ,\text{其他}\end{cases}$$

   (1)求 $W=X-Y$ 的機率質量函數。　(2)求 $W=X+2Y$ 的機率質量函數。

3. 令 X 和 Y 為離散隨機變數，其聯合機率質量函數為

$$P_{X,Y}(x, y)=\begin{cases}0.01, & x=1, 2, \cdots\cdots, 10,\ y=1, 2, \cdots\cdots, 10\\ 0 & ,\text{其他}\end{cases}$$

   (1) $W=\min(X, Y)$的機率質量函數為何？

   (2) $V=\max(X, Y)$的機率質量函數為何？

4. 隨機變數 X 和 Y 有聯合機率密度函數

$$f_{X,Y}(x, y)=\begin{cases}6y, & 0\le y\le x\le 1\\ 0 & ,\text{其他}\end{cases}$$

   令 $W=Y-X$，

   (1) W 的值域 S_W 為何？

   (2) 求 $F_W(w)$和 $f_W(w)$。

5. 隨機變數 X 和 Y 有聯合機率密度函數 $f_{X,Y}(x, y)=\begin{cases}2, 0\le y\le x\le 1\\0, 其他\end{cases}$，令 $W=\dfrac{Y}{X}$。

   (1) W 的值域 S_W 爲何？

   (2) 求 $F_W(w)$、$f_W(w)$。

6. 隨機變數 X 和 Y 有聯合機率密度函數

   $$f_{X,Y}(x, y)=\begin{cases}2, 0\le y\le x\le 1\\0, 其他\end{cases}$$

   令 $W=\dfrac{X}{Y}$，

   (1) W 的值域 S_W 爲何？

   (2) 求 $F_W(w)$、$f_W(w)$。

7. 隨機變數 X 和 Y 有聯合機率密度函數

   $$f_{X,Y}(x, y)=\begin{cases}6xy^2, & 0\le x, y\le 1\\0, & 其他\end{cases}$$

   (1) 令 $V=\max(X, Y)$，求 V 的累積分配函數和機率密度函數。

   (2) 求 $W=\min(X, Y)$ 的累積分配函數和機率密度函數。

8. X 和 Y 有聯合機率密度函數

   $$f_{X,Y}(x, y)=\begin{cases}2, & x\ge 0, y\ge 0, x+y\le 1\\0, & 其他\end{cases}$$

   (1) X 和 Y 互相獨立嗎？

   (2) 令 $U=\min(X, Y)$，求 U 的累積分配函數和機率密度函數。

   (3) 令 $V=\max(X, Y)$，求 V 的累積分配函數和機率密度函數。

9. X 和 Y 的聯合機率密度函數爲

   $$f_{X,Y}(x, y)=\begin{cases}\lambda^2 e^{-\lambda y}, & 0\le x< y\\0, & 其他\end{cases}$$

   $W=Y-X$ 的機率密度函數爲何？

10. r.v. X 與 Y 的聯合機率密度函數爲

   $$f_{X,Y}(x, y)=\begin{cases}2(x+y), & 0\le x\le y\le 1\\0, & 其他\end{cases}$$

   令 $Z=X+Y$，求 r.v. Z 的機率密度函數。

11. 設 r.v. X 與 Y 的聯合機率密度函數爲

$$f_{X,Y}(x,y)=\begin{cases}2, & 0\le y\le 1, 0\le x\le 1, x+y\le 1\\ 0, & 其他\end{cases}$$

令 r.v. $W=X+Y$，求 W 的機率密度函數。

12. 設 r.v. X 與 Y 的聯合機率密度函數爲

$$f_{X,Y}(x,y)=\begin{cases}\alpha\beta e^{-(\alpha x+\beta y)}, & x\ge 0, y\ge 0\\ 0, & 其他\end{cases}$$

令 $W=\dfrac{Y}{X}$，求 W 的機率密度函數。

13. 設 r.v. X 與 Y 的聯合機率密度函數爲

$$f_{X,Y}(x,y)=\begin{cases}\dfrac{1}{15}, & 0\le x\le 5、0\le y\le 3\\ 0, & 其他\end{cases}$$

令 $W=\max(X,Y)$，求 W 的機率密度函數。

14. X 和 Y 有聯合機率密度函數

$$f_{X,Y}(x,y)=\begin{cases}2, & 0\le x\le y\le 1\\ 0, & 其他\end{cases}$$

求 $W=X+Y$ 的機率密度函數。

15. X 和 Y 有聯合機率密度函數

$$f_{X,Y}(x,y)=\begin{cases}1, & 0\le x\le 1, 0\le y\le 1\\ 0, & 其他\end{cases}$$

求 $W=X+Y$ 的機率密度函數。

16. 隨機變數 X 和 Y 有聯合機率密度函數

$$f_{X,Y}(x,y)=\begin{cases}8xy, & 0\le y\le x\le 1\\ 0, & 其他\end{cases}$$

$W=X+Y$ 的機率密度函數爲何？

17. 設 r.v. Y_1 與 Y_2 的聯名機率密度函數爲

$$f_{Y_1Y_2}(y_1,y_2)=\begin{cases}e^{-(y_1+y_2)}, & 0\le y_1, 0\le y_2\\ 0, & 其他\end{cases}$$

求 $U=Y_1+Y_2$ 的機率密度函數。

18. X_1 和 X_2 爲獨立且有相同分布的隨機變數，其機率密度函數爲

$$f_X(x)=\begin{cases}\dfrac{x}{2}, 0\le x\le 2\\ 0 \text{ ,其他}\end{cases}$$

(1) 求累積分佈函數 $F_X(x)$。

(2) X_1 和 X_2 兩者的機率都小於或等於 1 的機率 $P[X_1\le 1, X_2\le 1]$爲何？

(3) 令 $W=\max(X_1, X_2)$。W 的累積分配函數在 $w=1$ 的值 $F_W(1)$爲何？

(4) 求 W 的累積分配函數 $F_W(w)$。

19. r.v. X～Exp(1)，Y～Exp(1)，$x\ge 0$，$y\ge 0$ 且 X、Y 獨立，求下列的聯合機率密度函數

(1) $U=X+Y$，$V=\dfrac{X}{Y}$。

(2) $U=X+Y$，$T=\dfrac{X}{X+Y}$。

20. r.v. X、Y 爲兩個獨立的變數，且 X～$U(0, 1)$，Y～Exp(1)，若 $W=XY$，$Z=X$，求 $f_{WZ}(w, z)=$？

二、進階題：

1. 設 R 是以 1 爲參數的指數型隨機變數，Θ 是以$[0, 2\pi)$爲數值區間的均等分配隨機變數，R 與 Θ 互爲獨立；又設 $X=R\cos(\Theta)$及 $Y=R\sin(\Theta)$：

(1) 請問(X, Y)的聯合機率密度函數爲何？

(2) 請問 X 與 Y 的相關係數爲何？

2. $Z=\sqrt{X^2+Y^2}$，$W=\dfrac{X}{Y}$，設 X、Y 爲隨機變數且

$$f_{XY}(x,y)=\frac{1}{2\pi\sigma^2}e^{\frac{(x^2+y^2)}{2\sigma^2}}$$

請問 $f_Z(z)$及 $f_W(w)$爲何？

3. 設隨機變數 X、Y 的聯合機率密度函數爲

$$f(x,y)=\begin{cases}\dfrac{1}{4a^2} & ,-a\le x\le a、-a\le y\le a\\ 0 & \text{,其他}\end{cases}$$

其中 $a>0$，試求 $Z=XY$ 的機率密度函數。

4. 設 X 與 Y 為獨立的隨機變數，且其個別的機率密度函數為

$$f_X(x)=\begin{cases}\dfrac{1}{\pi\sqrt{1-x^2}} & |x|\le 1\\ 0 & \text{其他}\end{cases}，f_Y(y)=\begin{cases}ye^{-\frac{y^2}{2}} & y>0\\ 0 & \text{其他}\end{cases}$$

求 $Z=XY$ 的機率密度函數。

5. 設 X 為某電子裝置的壽命長度，假定 X 為連續隨機變數，機率密度函數為：

$$f(x)=\begin{cases}\dfrac{1}{x^2} & ,x>1\\ 0 & ,\text{其他}\end{cases}$$

又設 X_1 及 X_2 為上述隨機變數 X 的兩個獨立判定數值；請問隨機變數 $W=\dfrac{X_1}{X_2}$ 的機率密度函數為何。

6. 設 X、Y 為 $(0,\pi)$ 上均勻分配的相互獨立的隨機變數，即其機率密度函數為

$$f_X(x)=\begin{cases}\dfrac{1}{\pi} & ,x\in(0,\pi)\\ 0 & ,\text{其他}\end{cases}、f_Y(y)=\begin{cases}\dfrac{1}{\pi} & ,y\in(0,\pi)\\ 0 & ,\text{其他}\end{cases}$$

求 $Z=\dfrac{X}{Y}$ 的機率密度函數。

7. 設 X、Y 為 $(-a,a)$ 上均勻分配的相互獨立的隨機變數，即其聯合機率密度函數為

$$f(x,y)=\begin{cases}\dfrac{1}{4a^2} & ,-a\le x\le a、-a\le y\le a\\ 0 & ,\text{其他}\end{cases}$$

求 $Z=X-2Y$ 的機率密度函數。

8. 設 U 及 V 係分別獨立選出之均等分配隨機數目，數值區間為[0, 1]；請問下列兩變數的累積分配函數及密度函數各為何？

(1) $Y=U+V$。

(2) $Y=|U-V|$。

9. X 與 Y 是兩個互為統計獨立的均等分配連續隨機變數，X 的數值區間為[0, 20]；Y 的數值區間為[50, 80]，

(1) 請問 $X+Y$ 的機率密度函數為何？

(2) 整數 K 至少必須小到多小，才能讓 $P(X+Y\ge K)\le\dfrac{1}{30}$。

10. X 與 Y 是兩個互爲獨立的隨機變數，二者的指數密度函數分別如下：

$$f_X(x) = \alpha \exp(-\alpha x)U(x)、f_Y(y) = \beta \exp(-\beta y)U(y)$$

其中 $U(x)$ 是 $x = 0$ 的一階函數，

(1) 請問隨機變數 $Z = 2X + Y$ 的密度函數爲何？

(2) 請問隨機變數 $W = X - Y$ 的密度函數爲何？

11. 隨機變數 X 與 Y 的聯合機率密度函數：

$$f_{XY}(x, y) = 2e^{-(x+y)}，\ 0 \le y \le x < \infty$$

(1) 請問邊際機率密度函數 $f_X(x)$ 及 $f_Y(y)$ 分別爲何？

(2) 請問 $Z = X + Y$ 的機率密度函數爲何？

12. 設 X、Y 爲[0, 1]上均勻分配的相互獨立的隨機變數，求 $U = \sqrt{-2\ln X}\sin(2\pi Y)$ 的機率密度函數。

13. X 與 Y 是兩個互爲獨立的均等分配隨機變數，數值區間爲[0, 1]；另兩個隨機變數 W 與 V 則分別定義如下：

$$W = \sqrt{-2\log X}\sin(2\pi Y)$$

及

$$V = \sqrt{-2\log X}\cos(2\pi Y)$$

證明 W 與 V 兩者互爲獨立且皆爲標準常態分配。

14. 設 X 與 Y 兩者互爲獨立，且均屬單元常態分配，請求算 T 的密度及分配函數，$T = \dfrac{1}{\sqrt{X^2 + Y^2}}$。

15. 設 X 與 Y 是兩個互爲獨立的高斯分配隨機變數，均數皆爲 0，變異數皆爲 σ^2；

$$f_X(x) = f_Y(x) = \frac{1}{\sqrt{2\pi\sigma^2}}\exp\{-\frac{x^2}{2\sigma^2}\}$$

定義新的隨機變數 Z 爲 $Z = XY$；

(1) 試求給定 Y 時，Z 的條件機率密度函數。

(2) 請問 Z 的機率密度函數爲何？

16. 設 $X = \cos\Theta$ 及 $Y = \sin\Theta$，其中 Θ 爲呈現均等分配的角度值，數值區間爲$(0, 2\pi)$；試求條件機率密度函數 $f(y|x)$。

6-2 順序統計量(Order Statistics)

一、定義

順序統計量：設 X_1、X_2、……、X_n為$(\Omega, \mathscr{F}, P)$上的一組具相同分配且獨立的隨機變數（independent identically distribution 簡稱 iid），若有序組$(Y_1, Y_2, \cdots, Y_n)$為 X_1、X_2、…、X_n的重排，且滿足

$$Y_1 \le Y_2 \le \cdots\cdots \le Y_n$$

則稱$(Y_1, Y_2, \cdots\cdots, Y_n)$為順序統計量（order statistic）。其中

$$Y_1 = \min(X_1, X_2, \cdots\cdots, X_n)$$
$$Y_n = \max(X_1, X_2, \cdots\cdots, X_n)$$

分別稱為最小順序統計量及最大順序統計量。

二、性質

1. 設 X_1、X_2、……、X_n為具相同分配且連續型的獨立隨機變數，設 X_i的機率密度函數為

$$f_X(x) = \begin{cases} f(x) & ,a \le x \le b \\ 0 & ,\text{其他} \end{cases}$$

則順序統計量$(Y_1, Y_2, \cdots\cdots, Y_n)$的聯合機率密度函數為

$$f_Y(y_1, y_2, \cdots, y_n) = n!\prod_{i=1}^{n} f_X(y_i)$$
$$= \begin{cases} n!\prod_{i=1}^{n} f(y_i) & ,a < y_1 < y_2 < \cdots\cdots < y_n < b \\ 0 & ,\text{其他} \end{cases}$$

2. 設 $X_1, X_2, \cdots\cdots, X_n$為具相同分配且連續型的獨立隨機變數，設 X_i的機率密度函數為

$$f_X(x) = \begin{cases} f(x) & a \le x \le b \\ 0 & \text{其他} \end{cases}$$

且分配函數為 $F(x)$，則順序統計量$(Y_1, Y_2, \cdots\cdots, Y_n)$的邊際機率密度函數

$$f_{Y_n}(y_n)=\int_{-\infty}^{y_n}\int_{-\infty}^{y_{n-1}}\cdots\cdots\int_{-\infty}^{y_2} n!f_X(y_1)f_X(y_2)\cdots\cdots f_X(y_n)dy_1dy_2\cdots\cdots dy_{n-1}$$

$$=n[F(y_n)]^{n-1}f_X(y_n)$$

$$f_{Y_1}(y_1)=\int_{y_1}^{\infty}\int_{y_2}^{\infty}\cdots\cdots\int_{y_{n-1}}^{\infty} n!f_X(y_1)f_X(y_2)\cdots\cdots f_X(y_n)dy_ndy_{n-1}\cdots\cdots dy_2$$

$$=n[1-F(y_1)]^{n-1}f_X(y_1)$$

$$f_{Y_k}(y_k)=\int_{y_k}^{\infty}\int_{y_{k+1}}^{\infty}\cdots\cdots\int_{y_{n-1}}^{\infty}\int_{-\infty}^{y_k}\int_{-\infty}^{y_{k-1}}\cdots\cdots\int_{-\infty}^{y_2} n!f_X(y_1)f_X(y_2)\cdots\cdots f_X(y_n)dy_1dy_2$$

$$\cdots\cdots dy_{k-1}dy_n\cdots\cdots dy_{k+2}dy_{k+1}$$

$$=\frac{n!}{(k-1)!(n-k)!}[F(y_k)]^{k-1}[1-F(y_k)]^{n-k}f_X(y_k)$$

Note：

$F_{Y_n}(y_n)=P[Y_n\le y_n]=P\{\max\{x_1,x_2,\cdots\cdots,x_n\}\le y_n\}=P\{x_1\le y_n$ 且 $x_2\le y_n,\cdots\cdots,x_n\le y_n\}=[F_X(y_n)]^n$

則 $f_{Y_n}(y_n)=\dfrac{dF_{Y_n}(y_n)}{dy_2}=n[F_X(y_n)]^{n-1}\times f_X(y_n)$

且 $F_{Y_1}(y_1)=P[\min\{x_1,x_2,\cdots\cdots,x_n\}\le y_1]=1-P[\min\{x_1,x_2,\cdots\cdots,x_n\}\ge y_1]=1-[1-F_X(y_1)]^n$，

則 $f_{Y_1}(y_1)=\dfrac{dF_{Y_1}(y_1)}{dy_1}=n[1-F_X(y_1)]^{n-1}\times f_X(y_1)$

記憶方法 Y_k 大於 $k-1$ 個隨機變數（用 max 公式），小於 $n-k$ 個隨機變數（用 min 公式）。

Note：常考題 $Y_1=\min(X_1,X_2)$、$Y_2=\max(X_1,X_2)$

$$f_{Y_1}(y_1)=\int_{y_1}^{b}2f(y_1)f(y_2)dy_2=2f(y_1)\times[1-F(y_1)]$$

$$f_{Y_2}(y_2)=\int_{a}^{y_2}2f(y_1)f(y_2)dy_1=2f(y_2)F(y_2)$$

範例 11

設 X_1、X_2、X_3 為具相同分配且連續型的獨立隨機變數，設 X_1 的機率密度函數為 $f_X(x)$，且分配函數為 $F(x)$，則順序統計量(Y_1, Y_2, Y_3)的邊際機率密度函數

$$f_{Y_3} = 3[F(y_3)]^2 f_X(y_3)$$

$$f_{Y_1}(y_1) = 3[1 - F(y_1)]^2 f_X(y_1)。$$

解

$$f_{Y_3}(y_3) = \int_{-\infty}^{y_3}\int_{-\infty}^{y_2} 3!\, f_X(y_1) f_X(y_2) f_X(y_3)\, dy_1\, dy_2 = 3!\, f_X(y_3)\int_{-\infty}^{y_3} F(y_2) f_X(y_2)\, dy_2$$

$$= 3[F(y_3)]^2 f_X(y_3)\text{；} -\infty < y_1 < y_2 < y_3 < \infty$$

$$f_{Y_1}(y_1) = \int_{y_1}^{\infty}\int_{y_2}^{\infty} 3!\, f_X(y_1) f_X(y_2) f_X(y_3)\, dy_3\, dy_2 = 3!\, f_X(y_1)\int_{y_1}^{\infty} [1 - F(y_2)] f_X(y_2)\, dy_2$$

$$= 3[1 - F(y_1)]^2 f_X(y_1)。$$

範例 12

設 X 與 Y 是兩個互為獨立的均勻密度連續隨機變數，數值區間為(0, 1)，請問 $\min(X, Y)$的機率密度函數為何？

解

因 X 的機率密度函數為

$$f(x) = \begin{cases} 1 & ,0 < x < 1 \\ 0 & ,\text{其他} \end{cases},$$

故令 $Z = \min(X, Y)$、$U = \max(X, Y)$，則 Z 的密度函數為

$$f_Z(z) = \int_z^1 2f(z)f(u)\, du = 2\int_z^1 du = 2(1 - z) \quad (0 < z < u < 1),$$

故 $f_Z(z) = \begin{cases} 2(1 - z) & ,0 < z < 1 \\ 0 & ,\text{其他} \end{cases}$，$f_U(u) = \int_0^u 2f(z)f(u)dz = 2u$。

範例 13

設 $X_1, X_2, \cdots\cdots, X_{2n}$（$n$ 爲正整數）爲同種類、互相獨立且分配式(iid)的均等連續隨機變數，各變數的機率密度函數(PDF)爲 $f_X(x)$，累積分配函數(CDF)爲 $F_X(x)$：

$$F_X(x)=\begin{cases}0 & ,x\le 0\\ x & ,0\le x\le 1\\ 1 & ,x\ge 1\end{cases}，\quad f_X(x)=\begin{cases}1 & ,0\le x\le 1\\ 0 & ,\text{其他}\end{cases}$$

又設 $Y_1=\max\{X_1, X_2, \cdots\cdots, X_n\}$, $Y_2=\max\{X_{n+1}, X_{n+2}, \cdots\cdots, X_{2n}\}$及 $Z=\max\{Y_1, Y_2\}$，試求 Z 的機率密度函數 $f_Z(z)$。

解

因 $Z=\max\{Y_1, Y_2\}=\max\{X_1, X_2, \cdots\cdots, X_{2n}\}$

故 $f_Z(z)=2n[F_X(z)]^{2n-1}f_X(z)=\begin{cases}2nz^{2n-1} & ,0\le x\le 1\\ 0 & ,\text{其他}\end{cases}$。

習 題

一、基礎題：

1. X_1、X_2、X_3、X_4 爲定義在[1, 2]之獨立均勻分佈隨機變數（iid），且 $Y=\max\{X_1, X_2, X_3, X_4\}$，求 Y 的機率密度函數。
2. 設 $X_i \overset{iid}{\sim} U(0,1)$，$i=1, 2, 3, 4, 5$，若令 $U=\min\{X_i\}$，$W=\max\{X_i\}$，$i=1, 2, 3, 4, 5$，求 U 與 W 的聯合機率密度函數。
3. 獨立的隨機變數 $X_1, \cdots\cdots, X_n$ 有聯合機率密度函數

$$f_{X_1,\cdots\cdots,X_n}(x_1,\cdots\cdots,x_n)=\begin{cases}1\ , 0\le x_i\le 1; i=1,\cdots\cdots,n\\ 0\ ,\text{其他}\end{cases}$$

若 $n=3$，求

(1) $P[\min(X_1, X_2, X_3)\le \frac{3}{4}]$。

(2) $P[\max(X_1, X_2, X_3)]\le \frac{3}{4}$。

4. X_1、X_2、X_3爲相同分配之獨立（iid）指數(λ)隨機變數，求
   (1) $V=\min(X_1, X_2, X_3)$的機率密度函數。
   (2) $W=\max(X_1, X_2, X_3)$的機率密度函數。
5. 十輛賽車的比賽，所有車到終點的時間 X_i，$i=1, 2, \cdots\cdots, 10$ 是 iid 高斯隨機變數，期望值 35 分鐘，標準差 5 分鐘。
   (1) 領先的車會在 25 分鐘內結束比賽的機率是多少？
   (2) 最後一輛車會超過 50 分鐘才抵達終點的機率是多少？
6. 設某種手機晶片的壽命 X 呈現指數分配如下（單位爲天數）

$$f_X(x)=\begin{cases}0.01e^{-\frac{x}{\beta}} & ,x>0\\ 0 & ,\text{其他}\end{cases}$$

   (1) 求此手機晶片的壽命小於 50 天的機率？
   (2) 若一手機包含有三個此手機晶片串聯，則此手機壽命小於 100 天的機率？

二、進階題：

1. 設 X 與 Y 是兩個互爲獨立的幾何分配隨機變數，二者參數皆爲 p，請問 $\min(X, Y)$ 的分配函數爲何。
2. 設 X 與 Y 是兩個互爲獨立的指數分配隨機變數，且 X 與 Y 的密度函數分別如下：

$$f_X(x)=\alpha e^{-\alpha x},\quad (x>0)$$

$$f_Y(y)=\beta e^{-\beta y},\quad (y>0)$$

   (1) 請計算 $P[X<Y]$。
   (2) 設 $Z=\min(X, Y)$，請問 $P[Z<z]$，$z>0$ 爲何？
3. (1) 設隨機變數 X 和 Y 互相獨立，都服從 $N(0, \sigma^2)$，求 $Z=\sqrt{X^2+Y^2}$ 的分配密度。
   (2) 已知隨機變數 U、V 均爲上小題 Z 的分配，試求 $M=\max(U, V)$及 $N=\min(U, V)$的分配函數。
4. 設 $P\{X=a\}=r$，$P\{\max(X; Y)=a\}=s$，及 $P\{\min(X; Y)=a\}=t$，試問你如何利用 r, s 及 t 確定 $u=P\{Y=a\}$？

取樣與極限定理

7-1 取樣與基本統計量

7-2 柴比雪夫不等式(Chebyshev's Inequality)

(選讀) 7-3 大數定律(The Law of Large Numbers)

7-4 中央極限定理(The Central Limit Theorem)

在機率論中，最重要的理論就是極限定理，其包含了柴比雪夫不等式、大數法則與中央極限定理等。就大數法則而論，一個公正硬幣，投擲出現正面與反面的機率均爲 $\frac{1}{2}$，也就是說如果擲十次，應該正反面各出現 5 次才能符合古典機率的結果，但是眞實世界上確無法完全符合，即便經過漫長的歲月投擲正反面的出現次數仍無法一致，會存在很小的差異，因此數學家 Jakob Bernoulli 提出大數法則，說明了若投擲的次數夠大的情況下，硬幣出現正反面的機率都非常接近 $\frac{1}{2}$，另外數學家亦發現很多的連續機率模型，在試驗的次數夠多的情況下，均爲近似於常態分配，這就是鼎鼎大名的中央極限定理，以下本章節將介紹在機率論中常見的極限定理。

7-1 取樣與基本統計量

假設我們想了解全台所有民眾肝指數的正常情形，若我們針對全台所有的民眾一個一個去調查，這將是曠日費時且沒有效率的，這時候我們就會由全台各縣市中，選取一些人進行調查，再由這些調查來估計全台肝指數的正常情形，此時我們所研究的全體稱爲母體，即全台民眾，而所選取的調查民眾，則稱爲樣本，此種方式即爲取樣調查，我們將在下面介紹取樣調查

一、母體（population）與樣本（sample）

1. 定義：母體

我們所研究之對象所有全體形式的集合。

2. 定義：樣本

母體的集合。

Note:

(1)利用取樣方式對母體進行估計，會存在高估或低估的狀況，我們稱其爲偏差（Biased）。

(2)爲了去除偏差的影響，取樣的過程中必須確保其獨立性與隨機性，此時較理想的方式稱爲隨機取樣。

3. 定義：設隨機變數 X_1、X_2、……、X_n 爲來自母體之大小爲 n 的獨立且同分佈（independent and identically distributed. *i.i.d*）$f_{X_i}(x_i)$ 隨機變數，則其聯合機率密度函數 $f_{X_1X_2\cdots\cdots X_n}(x_1, x_2, \cdots\cdots, x_n) = f_{X_1}(x_1)\times f_{X_2}(x_2)\times\cdots\cdots\times f_{X_n}(x_n)$。

範例 1

假設某公司生產之電池壽命 X 呈現指數分配，$f_X(x)=e^{-x}$，$x>0$，設該公司之所有電池的製造過程序相同，若從其生產的電池中隨機取出5個樣本測試其壽命分別爲 X_i，則此 5 個樣本之聯合機率密度函數爲何？

解

X_1、X_2、X_3、X_4、$X_5 \xrightarrow{i.i.d} f_{X_i}(x_i)=e^{-x_i}$，$i=1,2,3,4,5$，

$$\therefore f_{X_1X_2\cdots\cdots X_5}(x_1,x_2,\cdots\cdots,x_5)=f_{X_1}(x_1)\times f_{X_2}(x_2)\times\cdots\cdots\times f_{X_5}(x_5)$$

$$=e^{-x_1}\times e^{-x_2}\times\cdots\cdots\times e^{-x_5}=e^{-(x_1+x_2+\cdots\cdots+x_5)}$$ 。

二、常用的統計量

假設某即溶咖啡公司想要了解台灣的民眾喜歡喝的咖啡與糖的比例 P，該公司不可能訪問全台所有喝咖啡的人，只能選擇大量的隨機樣本，由這些人所喜歡的比例 $\widehat{P}$ 來推論全台喜歡的比例 P，此即爲統計量，下面將介紹常用的統計量。

1. 樣本平均值（Sample Mean）

$\overline{X}=\frac{1}{n}\sum_{i=1}^{n}X_i$，其中 X_i（$i=1,2,\cdots\cdots,n$）爲取樣的樣本。

2. 樣本中位數（Sample Mediam）

$$\tilde{x}=\begin{cases} x_{(\frac{n+1}{2})} & \text{，}n\text{為正奇數} \\ \dfrac{x_{\frac{n}{2}}+x_{(\frac{n+1}{2})}}{2} & \text{，}n\text{為正偶數} \end{cases}$$ 。

3. 樣本眾數（Sample Mode）

樣本中出現頻率最高的數值。

4. 樣本變異數（Sample Variance）

$$S^2=\frac{1}{n-1}\sum_{i=1}^{n}(X_i-\overline{X})^2$$ 。

5. 樣本標準差（Sample Standard Deviation）

$$S=\sqrt{S^2}=\sqrt{\frac{1}{n-1}\sum_{i=1}^{n}(X_i-\overline{X})^2}\ 。$$

6. 樣本的全距（Sample Range）

$R=X_{\max}-X_{\min}$，其中 $X_{\max}$ 爲樣本 X_i 的最大值，而 $X_{\min}$ 則爲最小值。

範例 2

全球某四家最大鋼鐵生產公司進行鋼鐵價格報價，比價發現最近鋼鐵價格呈現持續上升，一噸鋼鐵的價格比上個月漲了12、15、17及20美金，求其樣本漲價的變異數？

解

平均漲價值爲 $\overline{X}=\dfrac{12+15+17+20}{4}=16$（美元），

則 $S^2=\dfrac{1}{3}\sum_{i=1}^{4}(X_i-\overline{X})^2=\dfrac{1}{3}[(12-16)^2+(15-16)^2+(17-16)^2+(20-16)^2]=\dfrac{34}{3}$ 。

7. 定理：

大小爲 n 之樣本的變異數 S^2 可以改寫爲 $S^2=\dfrac{1}{n(n-1)}[n\sum_{i=1}^{n}X_i^2-(\sum_{i=1}^{n}X_i)^2]$ 。

證明：

$$\begin{aligned}S^2&=\frac{1}{n-1}\sum_{i=1}^{n}(X_i-\overline{X})^2=\frac{1}{n-1}\sum_{i=1}^{n}(X_i^2-2X_i\overline{X}+\overline{X}^2)\\&=\frac{1}{n-1}[\sum_{i=1}^{n}X_i^2-2\overline{X}\sum_{i=1}^{n}X_i+n\overline{X}^2]\\&=\frac{1}{n-1}[\frac{n}{n}\sum_{i=1}^{n}X_i^2-2\overline{X}\times n\overline{X}+n\overline{X}^2]\\&=\frac{1}{n-1}[\frac{n}{n}\sum_{i=1}^{n}X_i^2-n\overline{X}^2]\\&=\frac{1}{n-1}[\frac{n}{n}\sum_{i=1}^{n}X_i^2-\frac{1}{n}(n\overline{X})^2]\\&=\frac{1}{n(n-1)}[n\sum_{i=1}^{n}X_i^2-(\sum_{i=1}^{n}X_i)^2]\end{aligned}$$

範例 3

設 3、4、5、6、6、7 表示隨機抽查 6 家 iphone 手機代工廠每天所生產之手機瑕疵品數，求其標準差。

解

$$\sum_{i=1}^{n} X_i^2 = 3^2 + 4^2 + 5^2 + 6^2 + 6^2 + 7^2 = 171，$$

$$\sum_{i=1}^{n} X_i = 3 + 4 + 5 + 6 + 6 + 7 = 31，$$

$\therefore S^2 = \dfrac{1}{6\times(6-1)}(6\times171 - 31^2) = \dfrac{13}{6}$，則標準差 $S = \sqrt{\dfrac{13}{6}} \doteqdot 1.47$。

Note:

樣本全距為 $7 - 3 = 4$。

習　題

一、基礎題：

1. 9 個病人對某一刺激的反應時間紀錄如下：

   2.5、3.6、3.1、4.3、2.9、2.3、2.6、4.1及3.4秒，試計算

   (1)平均值。　(2)中位數。　(3)樣本變異數。　(4)全距。

2. 某大學做 *IEET* 工程教育認證，其中機率學考試卷隨機抽得以下成績：

   45、37、68、34、50、32、89、47、97、67、79、84、43、35、68、55、72、63、68及49。試計算

   (1)平均值。　(2)眾數。　(3)中位數。

3. 試以上題之成績計算：

   (1)全距。　(2)變異數。

4. 隨機抽取某低脂牛奶瓶，其平均脂肪含量分別爲 0.65、0.72、0.45、0.55、0.58、0.39、0.68 及 0.52 克。試計算(1)平均值。(2)變異數。

5. 在 $2017-2018$ *MLB* 賽季中，美聯東區球隊12支單季比賽中獲得的勝場數如下：

   84、25、74、53、40、31、64、71、18、63、88及49，

   (1)平均勝場數。(2)勝場數的中位數。(3)勝場數的變異數。

7-2 柴比雪夫不等式(Chebyshev's Inequality)

在此我們將談談兩個在機率學中非常重要的不等式，即馬可夫不等式與柴比雪夫不等式，這兩個不等式是研究後面大數法則與中央極限定理的基礎。

一、馬可夫 Markov's 不等式

馬可夫不等式是將機率關聯到期望值，給出了隨機變數大於或等於某正值的機率上界，雖然過度保守，但仍然是有用的上界，其介紹如下：

1. 定理：

設 X 爲一非負隨機變數，對任意 $c>0$，則

$$P\{X\geq c\}\leq\frac{E[X]}{c}。$$

上式稱爲馬可夫不等式。

Note：

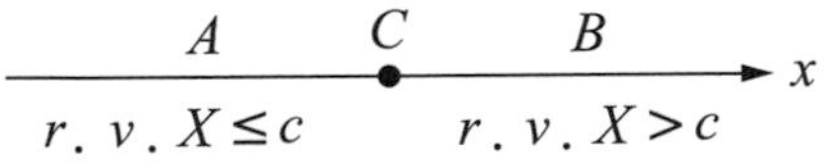

圖 7-1

令在區間 A 中，r.v. $X\leq c$，在區間 B 中 r.v. $X>c$，如圖 7-1，

則 $\frac{E[X]}{c}=\frac{1}{c}\int_{-\infty}^{\infty}x\times f_X(x)dx$

$$=\frac{1}{c}\left[\int_{-\infty}^{c}x\,f_X(x)dx+\int_{c}^{\infty}x\times f_X(x)dx\right]$$

$$\geq\frac{1}{c}\int_{c}^{\infty}x\times f_X(x)dx\geq\frac{1}{c}\times c\times\int_{c}^{\infty}f_X(x)dx$$

$$=P[X\geq c]，$$

$\therefore P[X\geq c]\geq\frac{E[X]}{c}$，

若令 $c=k\mu$，則 $P[X\geq k\mu]\leq\frac{E[X]}{k\mu}$。

範例 4

假設一工廠在一週內某產品的產量爲一隨機變數，且平均數爲 45 單位，請利用馬可夫不等式求本週產量超過 60 單位的機率至多爲何？

解

$P(X \geq 60) \leq \dfrac{E[X]}{60} = \dfrac{45}{60} = 0.75$。

2. Chebyshev's 不等式（柴比雪夫不等式）

對於一個知道其平均值與變異數的隨機變數，如果無法得知其機率函數，但我們想了解其在平均值附近幾個標準差內的機率情形，19 世紀的俄國數學家柴比雪夫提出了一個評估的法則如下：

定理：

設 X 爲一隨機變數，且 $\mu = E[X]$、$\sigma^2 = \text{Var}(X)$ 均爲有限值，對任意 $c > 0$，則

$$P\{|X-\mu| \geq c\} \leq \frac{\text{Var}(X)}{c^2} \text{。}$$

若 $\sigma > 0$，對任意 $k > 0$，則

$$P\{|X-\mu| \geq k\sigma\} \leq \frac{1}{k^2} \text{。}$$

Note：若將 r.v. X 改成 $h(x)$，則 $P[h(x) \geq c] \leq \dfrac{E[h(x)]}{c}$，

取 $h(x) = (x-\mu)^2$，$c = k^2\sigma^2$，

則 $P[(X-\mu)^2 \geq k^2\sigma^2] \leq \dfrac{E[(X-\mu)^2]}{k^2\sigma^2} \to P[|x-\mu| \leq k\sigma] \leq \dfrac{\sigma^2}{k^2\sigma^2} = \dfrac{1}{k^2}$，

$\therefore P[|X-\mu| \leq k\sigma] \geq 1 - \dfrac{1}{k^2}$，如圖 7-2。

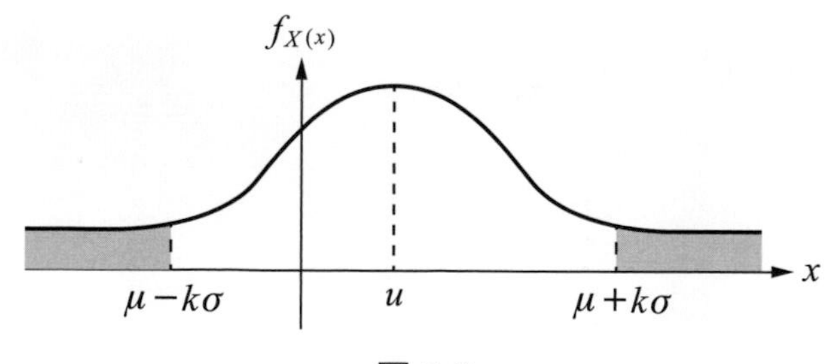

圖 7-2

例如：r.v. $X \sim N(\mu, \sigma)$，則 X 的取值超過其平均值 3 個標準差機率爲

$$P[|x-\mu| \geq 3\sigma] \leq \frac{1}{9} \fallingdotseq 0.111$$

若精確計算，則

$$P[|X-\mu| \geq 3\sigma] = P\left[\left|\frac{X-\mu}{\sigma}\right| \geq 3\right] = 2Q(3) \fallingdotseq 0.0027 < 0.11，$$

此評估誤差不小，但在資訊不多的情況下，此評估是可用的。

3. Cauchy-Schwarz 不等式

設 X、Y 均爲隨機變數，且 $E[X^2]$、$E[Y^2]$均存在，則

$$(E[|XY|])^2 \leq E[X^2]E[Y^2]。$$

範例 5

設 iphone 手機維修時間 X 呈現 $X \sim \text{Gamma}(3.1,2)$，請利用柴比雪夫不等式評估一個新進的維修師父需 22.5 分鐘才完成維修，其是快或慢？

解

$X \sim \text{Gamma}(3.1, 2)$，

$\because \ \mu = 3.1 \times 2 = 6.2$，

$\sigma^2 = 3.1 \times 2^2 = 12.4$，

$\sigma = \sqrt{12.4} \div 3.52$，

$$P(X \geq 22.5) = P\left(\frac{X-6.2}{3.52} \geq \frac{22.5-6.2}{3.52}\right) = P(X-6.2 \geq 4.63 \times 3.52)$$

$$= P(X-6.2 \geq 4.63\sigma) \leq P(|X-6.2| \geq 4.63\sigma)$$

$$\leq \frac{\sigma^2}{(4.63\sigma)^2} = \frac{1}{(4.63)^2} = 0.0466，$$

此機率很小，可以推論此新手師父的動作是慢了些。

範例 6

X 爲隨機變數，a、n 是兩個任意數字，試證：

$$P\{|X-a|\geq\xi\}\leq\frac{E\{|X-a|^n\}}{\xi^n}$$

解

令 $Z=|X-a|$，且 Z 爲非負值域的隨機變數（$z\geq 0$），則

$$\begin{aligned}
E[|X-a|^n]&=E[Z^n]\\
&=\int_{-\infty}^{\infty}z^n f(z)\,dz\\
&=\int_0^{\infty}z^n f_Z(z)\,dz\\
&=\int_0^{z}z^n f_Z(z)\,dz+\int_z^{\infty}z^n f_Z(z)\,dz\\
&\geq\xi^n\int_{\xi}^{\infty}f_Z(z)\,dz=\xi^n P[Z\geq\xi]\\
&=\varepsilon^n P\{|X-a|\geq\xi\}\text{，}
\end{aligned}$$

故 $P\{|X-a|\geq\xi\}\leq\dfrac{E\{|X-a|^n\}}{\xi^n}$ 。

範例 7

r.v. $X\sim\exp(1)$，請利用柴比雪夫不等式估算 X 取值超過其平均值 5 個標準差的機率，並計算其與眞實機率值之間的差距。

解

(1) $X\sim\exp(1)$，則 $\mu=1$ 、 $\sigma^2=1\Rightarrow P[|X-\mu|\geq 5\sigma]\leq\dfrac{1}{25}=0.04$ 。

(2) 實際機率 $P[|X-\mu|\geq 5\sigma]=P[X\geq 6]=\int_6^{\infty}e^{-x}dx\approx 0.00248$ 。

由此可知其眞實値與柴比雪夫估算的上限有一些差距，不精確，但計算上若不知機率密度函數，此估算結果尙可接受，且可節省很多時間。

範例 8

假定隨機變數 X 的動差生成函數爲 $M_X(t)=\dfrac{t^2+t}{2}$，請利用 Chebyshev's 不等式求算$-2<X<3$ 之機率的最小值。

解

因 $E[X^r]=M_X^{(r)}\ \ (t=0)$，故

$E[X]=\mu=M'_X(t=0)=\dfrac{1}{2}$，$E[X^2]=M''_X(t=0)=1$，

因此 $V(X)=\sigma^2=E[X^2]-(E[X])^2=1-(\dfrac{1}{2})^2=\dfrac{3}{4}$，

由 Chebyshev's 定理，

$P\{|X-\mu|\le k\sigma\}\ge 1-\dfrac{1}{k^2}$，

可知

$P\{|X-\dfrac{1}{2}|\le k\sqrt{\dfrac{3}{4}}\}\ge 1-\dfrac{1}{k^2}$，

令 $k\sqrt{\dfrac{3}{4}}=\dfrac{5}{2}$（即$-2<x<3$），因此

$k^2\times\dfrac{3}{4}=(\dfrac{5}{2})^2=\dfrac{25}{4}$，

故 $\dfrac{1}{k^2}=\dfrac{3}{25}$，則 $P\{|X-\dfrac{1}{2}|\le\dfrac{5}{2}\}=P\{-2<x<3\}\ge 1-\dfrac{3}{25}=0.88$。

範例 9

某位生物學家想要推算某種昆蟲的預期壽命 l，他先收集了一組數目為 n 的樣本，然後開始測量每隻昆蟲的壽命，最後對這些壽命數目算出了個平均數，他確信每隻昆蟲的壽命長短各為獨立的隨機變數，變異數為 1.5 天，若想要在 98%的信心水準下，讓所得平均數的精準度收窄到±0.2 天，那麼樣本數 n 必須多大？請利用 Chebyshev's 不等式計算你的答案。

解

由 Chebyshev's 不等式，

$$P\{|\overline{X}-\mu|\le 0.2\}=1-P\{|\overline{X}-\mu|\ge 0.2\}=1-\frac{1.5}{n(0.2)^2}=0.98，$$

故 $n=\dfrac{1.5}{0.04\times 0.02}=1875$。

習 題

一、基礎題

1. 設 r.v. X，其 $P(X \le 0) = 0$ 且 $E[X] = \mu$，請利用馬可夫不等式，求下列之機率值的不等式條件？
   (1) 求 $P(X \ge 2\mu)$。
   (2) 求 $P(0 \le X \le \frac{5}{2}\mu)$。
2. 設 r.v. X 滿足 $E[X] = 10$、$Var[X] = 16$，利用柴比雪夫不等式估測下列機率值？
   (1) $P(X \le 5, X \ge 15)$。
   (2) $P(4 \le X \le 16)$。
   (3) $P(X \le 2)$。
   (4) $P(X \ge 23)$。
3. 假設一家手機代工廠，在一天內某 A 品牌手機的產量爲一隨機變數 X，且 $E[X] = 50$，求
   (1) 利用馬可夫不等式計算該牌手機一天內產量超過 75 的機率。
   (2) 若每天產量的變異數 25，請利用柴比雪夫不等式計算該天產量介於 40 到 60 之間的機率。
4. 某家晶片廠，平時客戶的需求大致上有 28 款晶片，且其變異數是 16，則該晶片廠應生產多少種晶片，以便供給客戶至少 90%的需求
   (1) 請利用馬克夫不等式估算。
   (2) 請利用柴比雪夫不等式估算。
   (3) 比較其差異。
5. 某班級的機率學課程中學期成績爲一隨機變數 X，且 $E[X] = 50$，$Var[X] = 16$
   (1) 利用馬可夫不等式計算，學生修機率學及格的機率。
   (2) 利用柴比雪夫不等式重算上小題。
   (3) 計算學生修課成績在 40～60 分之機率，並與第(2)小題比較。

6. 設 X_1、X_2、……、X_n 爲具二項分配 $B(P)$ 之相同分配且獨立的隨機變數（iid），令 $\overline{X}_n = \sum_{i=1}^{n} \frac{X_i}{n}$，
   (1) 則 n 應大於多少，才能使 $P(|\overline{X}_n - P| \geq 0.1) \leq 0.01$。
   (2) 利用 $P = \frac{1}{2}$ 估算 n 的大小。
7. 設 $X_1, X_2, \cdots\cdots, X_n$ 爲具機率分配 $f_X(x)$ 之相同分配且獨立的隨機變數（iid），且 $E[X_i] = \mu$，$\text{Var}[X_i] = 100$，$\overline{X} = \frac{X_1 + X_2 + \cdots\cdots + X_n}{n}$，則應取 n 爲多少，可使得 $P[|\overline{X} - \mu| \geq 3] \leq 0.05$。
8. 若 r.v. X 的動差生成函數爲 $M_X(t) = \frac{t^2 + t}{2}$，利用柴比雪夫不等式估算 $P[-2 < X < 3] =$ ？

二、進階題

1. 根據過去經驗，一位老師知道一個學生的期末考分數會是一個平均值（mean）爲 75 分。變異數（variance）爲 25 分的隨機變數。
   (1) 試用馬可夫（Markov）不等式求出一個學生期末考分數會超過 85 分的機率之上限。
   (2) 試用切彼靴夫（Chebyshev）不等式求出一個學生的分數會落在 65 到 85 分之間的機率下限。
2. 設 Z 爲常態分配隨機變數，均數爲 0，變異數爲 $\frac{1}{4}$，因此根據 Chebychev's 不等式，以下說法是否正確：$Pr\{|Z| \geq 1 + \frac{|X|}{2}\} \leq \frac{1}{4}$。

7-3 大數定律(The Law of Large Numbers)(選讀)

擲一公正的硬幣，原則上正面與反面出現的機率應該會是$\frac{1}{2}$，但是投擲 1000 次其出現正面與反面的次數會各自是 500 次嗎？答案有很大的可能是否定的，但若是擲的次數增加，則正面與反面的比例會趨近於 1：1，也就是說出現正面或反面的機率都會接近$\frac{1}{2}$，而隨著次數的增加，正反面出現機率的絕對誤差會接近於 0，這就是大數定律，整體而言，大數定律是描述一試驗，若樣本數量越多，則其算術平均數會有越高的機率接近期望值，以下將介紹此概念。

一、隨機變數序列收斂性

1. 定義

設 X_1、X_2、…、X_n、…爲機率空間$(\Omega, \mathscr{F}, P)$上的隨機變數序列，且 X 爲$(\Omega, \mathscr{F}, P)$上的隨機變數。

(1) 機率收斂（converges in probability）：$\forall \varepsilon > 0$

$$\lim_{n\to\infty} P\{|X_n - X| > \varepsilon\} = 0$$

則稱 X_n 依機率收斂（converges in probability）於 X，一般表成

$$X_n \xrightarrow{P} X$$

(2) 分配收斂（converges in distribution）：設 $F_n(x)$、$F(x)$分別爲 X_n 及 X 的分配函數，若對 $F(x)$的所有連續點滿足

$$\lim_{n\to\infty} F_n(x) = F(x)$$

則稱 X_n 依分配收斂（converges in distribution）於 X，一般表示成

$$X_n \xrightarrow{d} X$$

(3) 幾乎確定收斂（converges almost surely）：設 $P_n(x)$爲 X_n的機率密度函數，若 $\forall \omega \in \mathbb{Z}$ 時 $P_n(\omega)$，且

$$\forall \omega \in \Omega \setminus \mathbb{Z}，\lim_{n\to\infty} X_n(\omega) = X(\omega)$$

則稱 X_n 依幾乎確定收斂（converges almost surely）於 X，一般表示成

$$X_n \xrightarrow{a.s} X$$

2. 性質

(1) 設 X_1、X_2、……、X_n、……爲機率空間$(\Omega, \mathscr{F}, P)$上的隨機變數序列，且 X 爲$(\Omega, \mathscr{F}, P)$上的隨機變數。則

$$X_n \xrightarrow{a.s} X \Rightarrow X_n \xrightarrow{P} X \Rightarrow X_n \xrightarrow{d} X$$

二、常見的大數定律

1. Bernoulli's 弱大數定律（Bernoulli's weak law of large numbers）

設 X_1、X_2、……、X_n、……均具 $B(1, p)$的獨立隨機變數序列，令

$$S_n = X_1 + X_2 + \cdots\cdots + X_n \text{ 及 } \overline{X_n} = \frac{X_1 + X_2 + \cdots\cdots + X_n}{n}$$

由二項分配具可加性知 $S_n \sim B(n, p)$，即 S_n 爲 n 次 Bernoulli 試驗中成功的次數，則 $\forall \varepsilon > 0$

$$\lim_{n\to\infty} P\{|\frac{S_n}{n} - p| < \varepsilon\} = 1$$

或

$$\lim_{n\to\infty} P\{|\overline{X_n} - p| < \varepsilon\} = 1$$

2. Chebyshev's 弱大數定律（Chebyshev's weak law of large numbers）

設 X_1、X_2、……、X_n、……爲獨立的隨機變數序列，若 $\text{Var}(X_n)$ $(n = 1, 2, 3, \cdots\cdots)$ 爲有界時，令

$$S_n = X_1 + X_2 + \cdots\cdots + X_n \text{ 及 } \overline{X_n} = \frac{X_1 + X_2 + \cdots\cdots + X_n}{n}$$

則 $\forall \varepsilon > 0$

$$\lim_{n\to\infty} P\{|\frac{S_n}{n} - \frac{1}{n}E[S_n]| < \varepsilon\} = 1$$

或

$$\lim_{n\to\infty} P\{|\overline{X_n} - E[\overline{X_n}]| < \varepsilon\} = 1$$

3. Khintchine's 弱大數定律（Khintchine's weak law of large numbers）

設 X_1、X_2、……、X_n、……爲獨立且具有相同分佈的隨機變數序列，若 $\mu = E(X_i)$ 爲有界時，令

$$S_n = X_1 + X_2 + \cdots\cdots + X_n \text{ 及 } \overline{X_n} = \frac{X_1 + X_2 + \cdots\cdots + X_n}{n}$$

則 $\forall \varepsilon > 0$

$$\lim_{n\to\infty} P\{|\frac{S_n}{n} - \mu| < \varepsilon\} = 1$$

或

$$\lim_{n\to\infty} P\{|\overline{X_n} - \mu| < \varepsilon\} = 1$$

Note：設 $\overline{X_n} = \frac{X_1 + X_2 + \cdots\cdots + X_n}{n}$ 爲樣本平均值，且 μ 爲母體平均值，則 $\lim_{n\to\infty} \overline{X_n} \to \mu$，

即 $n \to \infty$時，樣本平均值依機率收斂到期望值。

範例 10

設 X_0、X_1、X_2、……為一串互相獨立的波氏分配隨機變數，平均數為 1；又設對所有 n 而言，$Y_n = X_0 + X_n$，$S_n = \sum_{i=1}^{n} Y_i$，試求

$$\lim_{n\to\infty} P(|\frac{S_n}{n} - 1| < \frac{1}{4})$$

注意，設波氏分配隨機變數 X 的參數為 λ，其機率密度函數如下：

$$P(X = i) = \frac{e^{-\lambda}\lambda^i}{i!}\text{，}i = 0, 1, 2$$

解

令

$$S_n = \sum_{i=1}^{n} Y_i = nX_0 + (X_1 + X_2 + \cdots\cdots + X_n)\text{，}$$

令 $\overline{X} = \dfrac{X_1 + X_2 + \cdots\cdots + X_n}{n}$，代入上式可得

$$\frac{S_n}{n} = X_0 + \overline{X}\text{，}$$

又 $E[X_i] = \lambda = 1$，$\mathrm{Var}(X_i) = \lambda = 1$，故

$$E[\frac{S_n}{n}] = \frac{1}{n}E[S_n] = \frac{2n}{n} = 2\text{，}$$

$$\mathrm{Var}(\frac{S_n}{n}) = \frac{1}{n^2}\mathrm{Var}(S_n) = \frac{1}{n^2}(n^2 + n) = 1 + \frac{1}{n}\text{，}$$

由 Bernoulli 弱大數定律可知

$$\lim_{n\to+\infty} P\{|\overline{X} - E[X_i]|\} = \lim_{n\to+\infty} P\{|\overline{X} - 1|\} = 0\text{，}$$

即 $\overline{X} \xrightarrow{P} 1$，故 $\dfrac{S_n}{n} = X_0 + \overline{X} \xrightarrow{P} X_0 + 1$，因此

$$\lim_{n\to+\infty} P(|\frac{S_n}{n} - 1| < \frac{1}{4}) = P\{|X_0 + 1 - 1| < \frac{1}{4}\} = P\{|X_0| < \frac{1}{4}\}$$

$$= P\{X_0 = 0\} = e^{-1}\text{。}$$

4. Borel's 強大數定律（Borel's strong law of large numbers）

設 X_1、X_2、……、X_n、……均具 $B(1, p)$的獨立隨機變數序列，令

$$\overline{X_n} = \frac{X_1 + X_2 + \cdots\cdots + X_n}{n}$$

則 $X_n \xrightarrow{a.s} p$，或

$$P\{\lim_{n\to\infty} X_n = p\} = 1$$

5. Kolmogorov 強大數定律（Kolmogorov's strong law of large numbers）

設 X_1、X_2、……、X_n、……為獨立且具有相同分配的隨機變數序列，若 $\mu = E[X_i]$，令

$$\overline{X_n} = \frac{X_1 + X_2 + \cdots\cdots + X_n}{n}$$

則 $\overline{X_n} \xrightarrow{a.s} \mu$，或

$$P\{\lim_{n\to\infty} \overline{X_n} = \mu\} = 1$$

強大數定律描述當 $n \to \infty$時，樣本平均值以機率為 1 收斂到期望值。

Note：若簡單樣本 $\{X_1, X_2, \cdots\cdots, X_n\}$ 為取自存在平均值 μ 的母體，且

$$\overline{X_n} = \frac{X_1 + X_2 + \cdots\cdots + X_n}{n}$$

(1) 弱大數定律：

$\overline{X_n} \xrightarrow[n\to\infty]{P} \mu \Rightarrow \lim_{n\to\infty} P(|\overline{X_n} - \mu| > \varepsilon) = 0$，

即 $\lim_{n\to\infty} P(|\overline{X_n} - \mu| \le \varepsilon) = 1$。

(2) 強大數定律：

若母體的變異數 $\mathrm{Var}(x) = \sigma^2$，

則 $\overline{X_n} \xrightarrow[n\to\infty]{\text{a.s.}} \mu \Rightarrow P\left\{\lim_{n\to\infty} \frac{X_1 + X_2 + \cdots\cdots + X_n}{n} = \mu\right\} = 1$。

7-4 中央極限定理(The Central Limit Theorem)

我們在進行某一試驗時，常常無法先知道其母體爲何種機率分配，往往只知道其平均值與標準差，而中央極限定理(CLT)就告訴我們當試驗的次數 n 夠大時，不論其母體分配爲何種奇奇怪怪的分配，其樣本平均值所構成的抽樣分配，均會近似成常態分配，詳細介紹如下：

1. DeMoiver-Laplace 定理

設 X_1、X_2、……、X_n、……均具 $B(1, p)$的獨立隨機變數序列，令

$$S_n = X_1 + X_2 + \cdots\cdots + X_n$$

即 S_n 爲 n 次 Bernoulli 試驗中成功的次數，則對任意 $a < b$，當 $n \to \infty$時

$$P\{a \le \frac{S_n - np}{\sqrt{np(1-p)}} \le b\} \to \Phi(b) - \Phi(a)$$

其中 Φ 爲 $N(0, 1)$的分配函數，此定理說明了在試驗次數夠大的條件下，n 次 Bernoullis 試驗（即二項分配），其機率分配可以近似成常態分配。

2. Poisson 定理

設 X_1、X_2、……、X_n、……均具 $B(n, p_n)$的獨立隨機變數序列，令 X_i 的機率密度函數爲 $f_i(x)$，若 $X \sim Poi(\lambda)$，且機率密度函數爲 $f(x)$，當 $\lim\limits_{n\to\infty} np_n = \lambda$ 時，則

$$\lim_{n\to\infty} f_n(x) = f(x)，\forall x \in \mathbb{R}$$

此定理說明當 n 夠大時，二項分配可以近似成 Poisson 分配。

3. 中央極限定理（The Central Limit Theorem）

設 X_1、X_2、…、X_n、…爲具相同分配的獨立隨機變數序列，且 $\mu = E[X_i]$、$\sigma^2 = \text{Var}(X_i)$ 均爲有界，當 $n \to \infty$ 時（一般取 $n \ge 25$ 即可），則

$$P\left\{\frac{X_1 + X_2 + \cdots\cdots + X_n - n\mu}{\sigma\sqrt{n}} \le a\right\} \Rightarrow \Phi(a) = \frac{1}{\sqrt{2\pi}}\int_{-\infty}^{a} e^{-\frac{x^2}{2}}\, dx \qquad (-\infty < a < \infty)$$

其中 $\Phi(x)$爲 $N(0, 1)$的分配函數，即$\overline{Z}=\dfrac{\overline{X_n}-\mu}{\frac{\sigma}{\sqrt{n}}}\xrightarrow[n\to\infty]{d}N(0,1)$ 。

此定理說明了任意的分配在 n 很大的條件下，其標準化後的變數可以近似成標準常態分配。

4. 獨立隨機變數的中央極限定理

設 X_1、X_2、……、X_n、……爲獨立的隨機變數序列（每一個隨機變數的分配不一定相同），且 $\mu_i=E[X_i]$、 $\sigma_i^2=\text{Var}(X_i)$，若滿足

(1) X_i爲均勻有界。即對所有的 i，存在一個 $M>0$，使得 $P\{|X_i|<M\}=1$。

(2) $\sum_{i=1}^{\infty}\sigma_i^2=\infty$ 。

則當 $n\to\infty$ 時

$$P\left\{\frac{\sum_{i=1}^{n}(X_i-\mu_i)}{\sqrt{\sum_{i=1}^{n}\sigma_i^2}}\le a\right\}\to\Phi(a)=\frac{1}{\sqrt{2\pi}}\int_{-\infty}^{a}e^{-\frac{x^2}{2}}dx\qquad(-\infty<a<\infty)$$

其中 $\Phi(x)$爲 $N(0, 1)$的分配函數。

Note： $\overline{X_n}=\dfrac{X_1+X_2+\cdots\cdots+X_n}{n}$ ，$\Phi(x)=\dfrac{1}{\sqrt{2\pi}}\int_{-\infty}^{x}e^{-\frac{1}{2}t^2}dt$ ，$S_n=X_1+X_2+\cdots\cdots+X_n$ （$n\ge 25$）

(1) $P\left[\dfrac{\overline{X_n}-\mu}{\frac{\sigma}{\sqrt{n}}}\le x\right]\approx\Phi(x)$ 。 (2) $P[\overline{X_n}\le x]\approx\Phi\left(\dfrac{x-\mu}{\frac{\sigma}{\sqrt{n}}}\right)$ 。

(3) $P\left[\dfrac{S_n-n\mu}{\sqrt{n}\sigma}\le x\right]\approx\Phi(x)$ 。 (4) $P\left[a<\dfrac{S_n-n\mu}{\sqrt{n}\sigma}\le b\right]=\Phi(b)-\Phi(a)$ 。

(5) $P[S_n\le x]\approx\Phi\left(\dfrac{x-n\mu}{\sqrt{n}\sigma}\right)$ 。 (6) $P\left(\dfrac{a-\mu}{\frac{\sigma}{\sqrt{n}}}<\dfrac{\overline{X_n}-\mu}{\frac{\sigma}{\sqrt{n}}}\le\dfrac{b-\mu}{\frac{\sigma}{\sqrt{n}}}\right)$ 。

$$\sim\Phi\left(\frac{b-\mu}{\frac{\sigma}{\sqrt{n}}}\right)-\Phi\left(\frac{a-\mu}{\frac{\sigma}{\sqrt{n}}}\right)=P\left[\frac{a-n\mu}{\sigma\sqrt{n}}\le\frac{S_n-n\mu}{\sqrt{n}\sigma}\le\frac{b-n\mu}{\sigma\sqrt{n}}\right]\sim\Phi\left(\frac{b-n\mu}{\sqrt{n}\sigma}\right)-\Phi\left(\frac{a-n\mu}{\sqrt{n}\sigma}\right)$$ 。

範例 11

某次試驗執行時，設事件 A 的發生機率爲 p；現欲利用 R_n（在 n 次獨立試驗中，A 事件的相對發生頻率）推估 p 之數值：

(1) 若欲令 R_n 與 $p = 0.01$ 之差距不大於 0.001 的機率小於 0.01，請問至少需作多少次試驗。

(2) 試求 R_n 的平均數、變異數及特徵函數。

解

(1) $X_i \sim Ber(p)\ (i = 1, 2, \cdots\cdots, n)$，故

$$R_n = \frac{\sum x_i}{n} \to p \text{ ，（當 } n \to \infty \text{）}$$

則 $R_n \sim N(p, \dfrac{p(1-p)}{n})$，由 C.L.T.可知 $P\{|R_n - p| > 0.001\} < 0.01$，可解得

$n = 65694.182$，取 $n = 65695$。

(2) 因 R_n 是常態分配，故

$$E(R_n) = p \text{，} V(R_n) = \frac{p(1-p)}{n} \text{ ，} \phi_{R_n}(t) = e^{itp - \frac{p(1-p)}{2n}t^2} \text{ 。}$$

範例 12

設 $\overline{X}$ 是從某個均數爲 μ 變異數爲 $\sigma^2 = 10$ 的隨機變數中所抽取，屬於大數目之隨機樣本的樣本均數，請問 n 至少要達到多少才能讓隨機區間$(\overline{X} - \frac{1}{2},\ \overline{X} + \frac{1}{2})$將 μ 包覆在內的機率近似值爲 0.954（假設 $\Phi(2) = 0.977$，其中 Φ 爲標準常態分配隨機變數的累積分配函數）。

解

因 $\mu \in (\overline{X} - \frac{1}{2},\ \overline{X} + \frac{1}{2})$，故 $\overline{X} - \frac{1}{2} < \mu < \overline{X} + \frac{1}{2} \Rightarrow |\overline{X} - \mu| < \frac{1}{2}$ ，

由題意知 $P\{|\overline{X} - \mu| < \frac{1}{2}\} = 0.954$，

再由中央極限定理可知

$$P\{|\overline{X}-\mu|<\frac{1}{2}\}=P\{|\frac{\overline{X}-\mu}{\sigma/\sqrt{n}}|\le\frac{\frac{1}{2}}{\sigma/\sqrt{n}}=P\{|\frac{\overline{X}-\mu}{\sigma/\sqrt{n}}|\le\frac{\sqrt{n}}{2\sqrt{10}}\}$$

$$\approx\Phi(\frac{\sqrt{n}}{2\sqrt{10}})-\Phi(-\frac{\sqrt{n}}{2\sqrt{10}})$$

$$=\Phi(2)-\Phi(-2)=\Phi(2)-[1-\Phi(2)]$$

$$=2\Phi(2)-1=2\times 0.977-1$$

$$=0.954，$$

故 $\frac{\sqrt{n}}{2\sqrt{10}}=2$，可解得 $n=160$。

範例 13

從 100 個隨機數目中作獨立選取，因此每個數字被選到的機會都是呈現界於(0, 1)之間的均等分配，我們想知道這些數字之和不小於 45 的機率是多少。請利用中央極限定理求算這個機率的近似值。

（請盡量用 $\Phi(x)=\frac{1}{\sqrt{2\pi}}\int_{-\infty}^{x}e^{-\frac{t^2}{2}}dt$ 來表達你的結果）

解

因 $X_i\sim^{iid}U(0,1)$，$i=1,2,\cdots\cdots,100$，故 $\mu=E[X_i]=\frac{1}{2}$、$\sigma^2=\frac{1}{12}$，令

$S_{100}=X_1+X_2+\cdots\cdots+X_{100}$，

由中央極限定理可知

$$P\{S_{100}\ge 45\}=P\{\frac{S_{100}-100\mu}{\sigma\sqrt{100}}\ge\frac{45-100\mu}{\sigma\sqrt{100}}\}$$

$$=P\{\frac{S_{100}-100\mu}{\sigma\sqrt{100}}\ge\frac{45-50}{\sqrt{\frac{100}{12}}}\}$$

$$=P\{\frac{S_{100}-100\mu}{\sigma\sqrt{100}}\ge-\sqrt{3}\}$$

$$\approx 1-\Phi(-\sqrt{3})=\Phi(\sqrt{3})\text{ 。}$$

範例 14

假定某學生在完全沒準備的情形下進教室參加考試，考卷上有 20 條是非題，這位學生答題時每條都用猜的，每條題目被猜對答案的機率都是 1/2，請問這個學生達對 8 題至 12 題的機率是多少？

(1) 請使用方程式爲機率作答，不可只寫個數字。

(2) 利用 Φ(•)方程式求算機率近似值：

$$\Phi(\mu)=\int_{-\infty}^{\mu}\frac{1}{\sqrt{2\pi}}\exp(-\frac{z^2}{2})dz$$

解

(1) 設

$$X_i=\begin{cases}1 & \text{，當第 } i \text{ 題答對}\\ 0 & \text{，當第 } i \text{ 題答錯}\end{cases}，$$

故 $X_i \sim Ber(p=\frac{1}{2})$，再令 $Y=\sum_{i=1}^{20}X_i$，則 $Y\sim B(20, p=0.5)$，因此答對 8 題到 12 題的機率爲

$$P\{8\le Y\le 12\}=C_8^{20}(\frac{1}{2})^8(\frac{1}{2})^{12}+C_9^{20}(\frac{1}{2})^9(\frac{1}{2})^{11}+C_{10}^{20}(\frac{1}{2})^{10}(\frac{1}{2})^{10}$$
$$+C_{11}^{20}(\frac{1}{2})^{11}(\frac{1}{2})^9+C_{12}^{20}(\frac{1}{2})^{12}(\frac{1}{2})^8 \text{。}$$

(2) 因 $X_i\sim Ber(p=\frac{1}{2})$，故 $\mu=E[X_i]=p=\frac{1}{2}$、$\sigma^2=\text{Var}(X_i)=p(1-p)=\frac{1}{4}$，且 $n=20$，由中央極限定理可知

$$P\{8\le Y\le 12\}=P\{\frac{8-n\mu}{\sigma\sqrt{n}}\le\frac{Y-n\mu}{\sigma\sqrt{n}}\le\frac{12-n\mu}{\sigma\sqrt{n}}\}$$
$$=P\{\frac{8-10}{\sqrt{5}}\le\frac{Y-n\mu}{\sigma\sqrt{n}}\le\frac{12-10}{\sqrt{5}}\}$$
$$=P\{-\frac{2}{\sqrt{5}}\le\frac{Y-n\mu}{\sigma\sqrt{n}}\le\frac{2}{\sqrt{5}}\}$$
$$=\Phi(\frac{2}{\sqrt{5}})-\Phi(-\frac{2}{\sqrt{5}})=2\Phi(\frac{2}{\sqrt{5}})-1 \text{。}$$

範例 15

台灣某螺帽公司生產某一種形式的螺帽，其平均重量爲 $\mu = 2.95$ 公斤，標準差爲 $\sigma = 0.4$ 公斤，

(1)試計算抽樣樣本數 $n = 25$ 與 $n = 81$ 時之樣本平均數 $\overline{X_n}$ 的抽樣分配期望值與標準差。

(2)若樣本平均數 $\overline{X_n}$ 與母體平均值 μ 之差在 0.02 公斤之內，請問 $n = 25$ 與 $n = 81$ 中，哪一種樣本的機率會比較大？並解釋其原因？

解

由題意可知母體平均值 $\mu = 2.95$，標準差 $\sigma = 0.4$，

(1) $n = 25$ 時，$E[\overline{X_n}] = \mu = 2.95$，$\sigma_{\overline{X_n}} = \dfrac{\sigma}{\sqrt{n}} = \dfrac{0.4}{\sqrt{25}} = 0.08$；

$n = 81$ 時，$E[\overline{X_n}] = \mu = 2.95$，$\sigma_{\overline{X_n}} = \dfrac{\sigma}{\sqrt{n}} = \dfrac{0.4}{\sqrt{81}} = 0.044$。

(2) $n = 25$ 時，$P(|\overline{X_n} - \mu| \le 0.02) = P(-0.02 \le \overline{X_n} - \mu \le 0.02)$

$$= P\left(\frac{-0.02}{0.08} \le \frac{\overline{X_n} - \mu}{\sigma_{\overline{X_n}}} \le \frac{0.02}{0.08}\right)$$

$$= P(-0.25 \le \overline{Z} \le 0.25) = \Phi(0.25) - \Phi(-0.25) = 2\Phi(0.25) - 1 = 0.1974;$$

$n = 81$ 時，$P(|\overline{X_n} - \mu| \le 0.02) = P\left(\dfrac{-0.02}{0.044} \le \dfrac{\overline{X_n} - \mu}{\sigma_{\overline{X_n}}} \le \dfrac{0.02}{0.044}\right) = P(-0.45 \le \overline{Z} \le 0.45)$

$$= 2\Phi(0.45) - 1 = 0.3472。$$

由結果可知樣本數增加時，樣本平均值 $\overline{X_n}$ 與母體平均值 μ 之估測誤差不超過 0.02 的機率會增加，即樣本愈大，樣本平均值愈接近母體平均值，此驗證了中央極限定理。

習　題

一、基礎題

1. 設 r.v. X_1、X_2、……、X_n爲具相同分配且獨立的隨機變數（iid），且 $\text{Var}[X]=20^2$，$E[X]=\mu$，在 $n\to\infty$，利用 $n=64$ 估計 $P(|\overline{X}-\mu|<5)$？其中 $\overline{X}=\dfrac{X_1+X_2+\cdots\cdots+X_n}{n}$。
2. 設 n 部車在紅線前的等待時間，每一部均呈現指數分配 X～$\text{Exp}(\frac{1}{30})$，即 $E[X]=30$ second，設 $n=36$，且 $\overline{X}=\dfrac{X_1+X_2+\cdots\cdots+X_n}{n}$，求此 36 部車的平均等待時間超過 35 秒的機率。
3. 設某品牌的罐頭平均重量爲 400 公克，標準差爲 12 克，現在由品管人員抽取 36 罐檢定其重量
   (1) 抽取出的 36 罐的樣本平均重量與母體平均數（400 公克）之差在 3 公克之內的機率爲何？
   (2) 若以母體平均數爲中心，要包含 95%樣本平均數的區間爲何？
4. 設由臺中飛上海之某航空公司飛機上乘客的平均體重是 163 磅，標準差是 18 磅，則一個載有 36 位旅客的此種飛機，乘載旅客重量超過 6000 磅的機率爲何？
5. 某計算機的每一次執行數值計算誤差 $X_i \sim U(-0.5, 0.5)$，且每一次執行誤差均獨立，若共執行了 50 次，其整體誤差超過 5 的機率？
6. 已知某公司員工人數爲 1000 人，其平均年資爲 12 年，標準差 5 年，若隨意由其中取出 49 人，則這 49 人的平均年資介於 11～13 年之間的機率是多少？
7. 假設有 100 個骰子同時投擲，令 X_i爲第 i 個骰子的點數，則$\sum X_i$超過 400 的機率爲何？
8. 設 r.v. X_1、X_2、……、X_{100}表示臺灣某 100 家廠商的專利數，若其呈現平均數 $\lambda=1$ 的 poisson 分配，求這 100 家廠商專利數總和超過 120 件的機率？

二、進階題

1. 一口紙箱裡裝著 144 顆棒球，這些棒球重量之均數爲 5 盎司，標準差爲 0.4 盎司，假設每顆棒球的重量彼此互相獨立；設 T 爲紙箱裡 144 顆棒球的總重量；
   (1) 利用 Chebychev 不等式爲機率 $P(710< T <730)$算出上下區間。
   (2) 利用中央極限定理推算 $P(710< T < 730)$之機率（若你的答案裡有使用到任何函數，請寫出所用該函數的定義）。
2. 將 50 顆骰子作一把投下，然後計算其總點數；如此反覆實驗作上 1000 次，同時每次都將出現總點數（50 至 300 點）寫下來並且繪成圖，最後算出一道你認爲與觀察所得點數之分佈狀態最適配的連續函數。請寫出你的函數並且清楚說明理由。
3. 投擲一顆均質硬幣 1000 次，試求出現正面之次數介於 400 次至 600 次之間的機率。

附錄

附錄一 參考文獻

1. Sheldon Ross,”A First Course in Probability”,8/e,Pearson,2012.
2. Roy D. Yates,David J.Goodman,”Probability and Stochastic Processes”,Wiley,2014.
3. Alberto Leon-Garcia,”Probability,Statistics,and Random Processes For Electrical Engineering”,3rd Edition,Pearson,2008.
4. Ronald E. Walpole,Raymond H.Myers,Sharon L.Myers,Keying Ye,”Probability & Statistics for Engineers & Scientists”,Prentice Hall,2011.
5. Paul G. Hoel,Sidney C. Port,Charles J. Stone,”Introduction to Probability Theory”,Houghtion Mifflin,Boston,1971.
6. 喻超凡、姚碩、林郁，”機率”，鼎茂圖書，2007。
7. 林光賢，”機率論”，華泰文化事業公司，2003。
8. 鄭惟厚，”機率學的世界”，天下遠見出版社，2004。

附錄二 基礎數學工具

一、基本積分公式

1. 冪次函數

(1) $\int x^n \, dx = \frac{x^{n+1}}{n+1} + c$　（$n \neq -1$）

(2) $\int \frac{1}{x} \, dx = \ln|x| + c$

2. 指數函數

(1) $\int e^x dx = e^x + c$

(2) $\int a^x dx = \frac{a^x}{\ln a} + c = a^x \times \log_a e + c$

3. 三角函數

(1) $\int \sin x \, dx = -\cos x + c$

(2) $\int \cos x \, dx = \sin x + c$

(3) $\int \sec^2 x \, dx = \tan x + c$　（$\forall x \neq \frac{\pi}{2} + n\pi$，$n \in \mathbb{Z}$）

(4) $\int \csc^2 x \, dx = -\cot x + c$　（$\forall x \neq n\pi$，$n \in \mathbb{Z}$）

(5) $\int \sec x \tan x \, dx = \sec x + c$　（$\forall x \neq \frac{\pi}{2} + n\pi$，$n \in \mathbb{Z}$）

(6) $\int \csc x \cot x \, dx = -\csc x + c$　（$\forall x \neq n\pi$，$n \in \mathbb{Z}$）

4. 雙曲函數

(1) $\int \sinh x \, dx = \cosh x + c$

(2) $\int \cosh x \, dx = \sinh x + c$

(3) $\int \operatorname{sech}^2 x \, dx = \tanh x + c$

(4) $\int \operatorname{csch}^2 x \, dx = -\coth x + c$

(5) $\int \operatorname{sech} x \tanh x \, dx = -\operatorname{sech} x + c$

(6) $\int \operatorname{csch} x \coth x \, dx = -\operatorname{csch} x + c$

5. 有理函數

(1) $\int \frac{1}{a^2 + x^2} dx = \frac{1}{a} \tan^{-1} \frac{x}{a} + c$

(2) $\int \frac{1}{a^2 - x^2} dx = \frac{1}{a} \tanh^{-1} \frac{x}{a} + c$

6. 無理函數

(1) $\int \frac{1}{\sqrt{a^2 - x^2}} dx = \sin^{-1} \frac{x}{a} + c$

(2) $\int \frac{1}{x\sqrt{x^2 - a^2}} dx = \frac{1}{a} \sec^{-1} \frac{x}{a} + c$

(3) $\int \frac{1}{\sqrt{x^2 + a^2}} dx = \sinh^{-1} \frac{x}{a} + c$

(4) $\int \frac{1}{\sqrt{x^2 - a^2}} dx = \cosh^{-1} \frac{x}{a} + c$

7. 常用的定積分

(1) $\int_0^\infty e^{-ax^2} dx = \frac{1}{2}\sqrt{\frac{\pi}{a}}$ （$a > 0$）

(2) $\int_0^\infty xe^{-ax^2} dx = \frac{1}{2a}$ （$a > 0$）

(3) $\int_0^\infty x^2 e^{-ax^2} dx = \frac{\sqrt{\pi}}{4a^{3/2}}$ （$a > 0$）

(4) $\int_0^\infty \frac{\sin x}{x} dx = \frac{\pi}{2}$

二、Leibniz 微分法則

1. 函數積的微分

$$\begin{aligned} D^n\{f(x)\times g(x)\} &= (D_f+D_g)^n\{f(x)\times g(x)\} \\ &= \sum_{m=0}^{n} C_m^n D_f^{n-m} D_g^m \{f(x)\times g(x)\} \\ &= \sum_{m=0}^{n} C_m^n \{D_f^{n-m} f(x)\}\{D_g^m g(x)\} \\ &= \sum_{m=0}^{n} C_m^n f^{(n-m)} g^{(m)} \end{aligned}$$

其中 $C_m^n = \dfrac{n!}{(n-m)!m!}$。

2. 積分式之微分

(1) 設 $f(x, t)$ 及 $\dfrac{\partial f}{\partial x}$ 在 $a \le x \le b$，$A \le t \le B$ 爲連續函數，且 $A'(x)$ 及 $B'(x)$ 在區間 (a, b) 內連續，則

$$\frac{d}{dx}\int_{A(x)}^{B(x)} f(x, t)\,dt = \int_{A(x)}^{B(x)} \frac{\partial f(x, t)}{\partial x}\,dt + f(x, B)\frac{dB}{dx} - f(x, A)\frac{dA}{dx}$$

(2) 設 $f(x, t)$ 及 $\dfrac{\partial f}{\partial x}$ 在 $a \le x \le b$，$A \le t$ 爲連續函數，且 $A'(x)$ 在區間 (a, b) 內連續，同時 $\exists M(x, t)$ 使得 $\left|\dfrac{\partial f}{\partial x}\right| \le M(x, t)$，且 $\int_{A(x)}^{\infty} M(x, t)\,dt$ 收斂，則

$$\frac{d}{dx}\int_{A(x)}^{\infty} f(x, t)\,dt = \int_{A(x)}^{\infty} \frac{\partial f(x, t)}{\partial x}\,dt - f(x, A)\frac{dA}{dx}$$

論例 1

求冪級數的和函數

(1) $\sum_{n=1}^{\infty} nx^n$ 。　　(2) $\sum_{n=1}^{\infty} n^2 x^n$ 。

解

(1)
$$\sum_{n=1}^{\infty} nx^n = \sum_{n=0}^{\infty} nx^n = x\sum_{n=0}^{\infty} nx^{n-1}$$
$$= x\sum_{n=0}^{\infty}\frac{d}{dx}(x^n) = x\frac{d}{dx}(\sum_{n=0}^{\infty} x^n)$$
$$= x\frac{d}{dx}(\frac{1}{1-x}) = \frac{x}{(1-x)^2}$$ 。

(2)
$$\sum_{n=1}^{\infty} n^2 x^n = \sum_{n=0}^{\infty} n^2 x^n = \sum_{n=0}^{\infty}[n(n-1)+n]x^n$$
$$= \sum_{n=0}^{\infty} n(n-1)x^n + \sum_{n=0}^{\infty} nx^n$$
$$= x^2\sum_{n=0}^{\infty} n(n-1)x^{n-2} + x\sum_{n=0}^{\infty} nx^{n-1}$$
$$= x^2\sum_{n=0}^{\infty}(\frac{d^2}{dx^2}x^n) + x\sum_{n=0}^{\infty}(\frac{d}{dx}x^n)$$
$$= x^2\frac{d^2}{dx^2}(\sum_{n=0}^{\infty} x^n) + x\frac{d}{dx}(\sum_{n=0}^{\infty} x^n)$$
$$= x^2\frac{d^2}{dx^2}(\frac{1}{1-x}) + x\frac{d}{dx}(\frac{1}{1-x})$$
$$= \frac{2x^2}{(1-x)^3} + \frac{x}{(1-x)^2}$$
$$= \frac{2x^2+x-x^2}{(1-x)^3} = \frac{x(x+1)}{(1-x)^3}$$ 。

論例 2

求下列冪級數的和函數

(1) $\sum_{k=1}^{\infty}\frac{k^2}{k!}$ 。(2) $\sum_{n=1}^{\infty}\frac{nx^n}{(n+1)(n+2)}$ 。(3) $\sum_{k=0}^{\infty}\frac{(-1)^k x^k}{(k+3)(k+1)}$ 。

解

(1)
$$\begin{aligned}\sum_{k=1}^{\infty}\frac{k^2}{k!}x^k &= \sum_{k=1}^{\infty}\frac{k(k-1)+k}{k!}x^k \\ &= \sum_{k=1}^{\infty}\frac{k(k-1)}{k!}x^k + \sum_{k=1}^{\infty}\frac{k}{k!}x^k \\ &= \sum_{k=2}^{\infty}\frac{1}{(k-2)!}x^k + \sum_{k=1}^{\infty}\frac{1}{(k-1)!}x^k \\ &= x^2\sum_{k=2}^{\infty}\frac{1}{(k-2)!}x^{k-2} + x\sum_{k=1}^{\infty}\frac{1}{(k-1)!}x^{k-1} \\ &= x^2\sum_{k=0}^{\infty}\frac{x^k}{k!} + x\sum_{k=0}^{\infty}\frac{x^k}{k!} \\ &= x^2e^x + xe^x,\end{aligned}$$

故 $\sum_{k=1}^{\infty}\frac{k^2}{k!} = \sum_{k=1}^{\infty}\frac{k^2}{k!}(1)^k = e + e = 2e$ 。

(2) 由 $\frac{n}{(n+1)(n+2)} = -\frac{1}{n+1} + \frac{2}{n+2}$ ，

故
$$\begin{aligned}\sum_{n=1}^{\infty}\frac{nx^n}{(n+1)(n+2)} &= \sum_{n=0}^{\infty}\frac{nx^n}{(n+1)(n+2)} = \sum_{n=0}^{\infty}\left(\frac{2}{n+2} - \frac{1}{n+1}\right)x^n \\ &= \sum_{n=0}^{\infty}\frac{2}{n+2}x^n - \sum_{n=0}^{\infty}\frac{x^n}{n+1} \\ &= \frac{2}{x^2}\sum_{n=0}^{\infty}\frac{x^{n+2}}{n+2} - \frac{1}{x}\sum_{n=0}^{\infty}\frac{x^{n+1}}{n+1} \\ &= \frac{2}{x^2}\sum_{n=0}^{\infty}\left(\int_0^x t^{n+1}dt\right) - \frac{1}{x}\sum_{n=0}^{\infty}\left(\int_0^x t^n dt\right) \\ &= \frac{2}{x^2}\int_0^x\left(\sum_{n=0}^{\infty}t^{n+1}\right)dt - \frac{1}{x}\int_0^x\left(\sum_{n=0}^{\infty}t^n\right)dt \\ &= \frac{2}{x^2}\int_0^x\frac{t}{1-t}dt - \frac{1}{x}\int_0^x\frac{1}{1-t}dt\end{aligned}$$

$$=\frac{2}{x^2}\int_0^x(-1+\frac{1}{1-t})\,dt+\frac{1}{x}\ln|1-t|\Big|_0^x$$

$$=\frac{2}{x^2}(-t-\ln|1-t|)\Big|_0^x+\frac{1}{x}\ln|1-x|$$

$$=\frac{2}{x^2}(-x-\ln|1-x|)+\frac{1}{x}\ln|1-x|\text{。}$$

(3) 由 $\ln(1+x)=\sum_{k=0}^{\infty}\frac{(-1)^k x^{k+1}}{(k+1)}$，

故 $x\ln(1+x)=\sum_{k=0}^{\infty}\frac{(-1)^k x^{k+2}}{(k+1)}$，

則 $\int_0^x t\ln(1+t)\,dt=\int_0^x\left[\sum_{k=0}^{\infty}\frac{(-1)^k t^{k+2}}{(k+1)}\right]dt=\sum_{k=0}^{\infty}\left[\int_0^x\frac{(-1)^k t^{k+2}}{(k+1)}\,dt\right]$

$$=\sum_{k=0}^{\infty}\frac{(-1)^k x^{k+3}}{(k+3)(k+1)}=x^3\sum_{k=0}^{\infty}\frac{(-1)^k x^k}{(k+3)(k+1)}\text{，}$$

又 $\int_0^x t\ln(1+t)\,dt=\frac{t^2}{2}\ln(1+t)\Big|_0^x-\frac{1}{2}\int_0^x\frac{t^2}{1+t}\,dt$

$$=\frac{x^2}{x}\ln(1+x)-\frac{1}{2}\int_0^x\left[(t-1)+\frac{1}{t+1}\right]dt$$

$$=\frac{x^2}{2}\ln(1+x)-\frac{1}{2}(\frac{1}{2}x^2-x+\ln|x+1|)\text{，}$$

故 $\sum_{k=0}^{\infty}\frac{(-1)^k x^k}{(k+3)(k+1)}=\frac{1}{x^3}\int_0^x t\ln(1+t)\,dt$

$$=\frac{1}{2x}\ln(1+x)-\frac{1}{2x^3}(\frac{1}{2}x^2-x+\ln|x+1|)\text{。}$$

論例 3

$$f(x)=2x+\frac{4x^2}{2}+\frac{8x^3}{3}+\cdots\cdots+\frac{2^n x^n}{n}+\cdots\cdots$$，$x\in(-\frac{1}{2},\frac{1}{2})$，求 $f(x)$。

解

因 $f(x)=2x+\frac{4x^2}{2}+\frac{8x^3}{3}+\cdots\cdots+\frac{2^n x^n}{n}+\cdots\cdots$，

則 $f'(x)=2+2^2x+2^3x^2+\cdots\cdots+2^nx^{n-1}+\cdots\cdots=\frac{2}{1-2x}$，

故 $f(x)=\int_0^x\frac{2}{1-2t}\,dt=-\ln|1-2t|\Big|_0^x=-\ln|1-2x|$。

附錄三 二項分佈累積分配表

$$P(X \le k) = \sum_{x=0}^{k} C_x^n p^x (1-p)^{n-x}$$

		p												
n	k	0.01	0.05	0.1	0.2	0.3	0.4	0.5	0.6	0.7	0.8	0.9	0.95	0.99
5	0	0.951	0.774	0.590	0.328	0.168	0.078	0.031	0.010	0.002	0.000	0.000	0.000	0.000
	1	0.999	0.977	0.919	0.737	0.528	0.337	0.188	0.087	0.031	0.007	0.000	0.000	0.000
	2	1.000	0.999	0.991	0.942	0.837	0.683	0.500	0.317	0.163	0.058	0.009	0.001	0.000
	3	1.000	1.000	1.000	0.993	0.969	0.913	0.813	0.663	0.472	0.263	0.081	0.023	0.001
	4	1.000	1.000	1.000	1.000	0.998	0.990	0.969	0.922	0.832	0.672	0.410	0.226	0.049
6	0	0.941	0.735	0.531	0.262	0.118	0.047	0.016	0.004	0.001	0.000	0.000	0.000	0.000
	1	0.999	0.967	0.886	0.655	0.420	0.233	0.109	0.041	0.011	0.002	0.000	0.000	0.000
	2	1.000	0.998	0.984	0.901	0.744	0.544	0.344	0.179	0.070	0.017	0.001	0.000	0.000
	3	1.000	1.000	0.999	0.983	0.930	0.821	0.656	0.456	0.256	0.099	0.016	0.002	0.000
	4	1.000	1.000	1.000	0.998	0.989	0.959	0.891	0.767	0.580	0.345	0.114	0.033	0.001
	5	1.000	1.000	1.000	1.000	0.999	0.996	0.984	0.953	0.882	0.738	0.469	0.265	0.059
7	0	0.932	0.698	0.478	0.210	0.082	0.028	0.008	0.002	0.000	0.000	0.000	0.000	0.000
	1	0.998	0.956	0.850	0.577	0.329	0.159	0.063	0.019	0.004	0.000	0.000	0.000	0.000
	2	1.000	0.996	0.974	0.852	0.647	0.420	0.227	0.096	0.029	0.005	0.000	0.000	0.000
	3	1.000	1.000	0.997	0.967	0.874	0.710	0.500	0.290	0.126	0.033	0.003	0.000	0.000
	4	1.000	1.000	1.000	0.995	0.971	0.904	0.773	0.580	0.353	0.148	0.026	0.004	0.000
	5	1.000	1.000	1.000	1.000	0.996	0.981	0.938	0.841	0.671	0.423	0.150	0.044	0.002
	6	1.000	1.000	1.000	1.000	1.000	0.998	0.992	0.972	0.918	0.790	0.522	0.302	0.068
8	0	0.923	0.663	0.430	0.168	0.058	0.017	0.004	0.001	0.000	0.000	0.000	0.000	0.000
	1	0.997	0.943	0.813	0.503	0.255	0.106	0.035	0.009	0.001	0.000	0.000	0.000	0.000
	2	1.000	0.994	0.962	0.797	0.552	0.315	0.145	0.050	0.011	0.001	0.000	0.000	0.000
	3	1.000	1.000	0.995	0.944	0.806	0.594	0.363	0.174	0.058	0.010	0.000	0.000	0.000
	4	1.000	1.000	1.000	0.990	0.942	0.826	0.637	0.406	0.194	0.056	0.005	0.000	0.000
	5	1.000	1.000	1.000	0.999	0.989	0.950	0.855	0.685	0.448	0.203	0.038	0.006	0.000
	6	1.000	1.000	1.000	1.000	0.999	0.991	0.965	0.894	0.745	0.497	0.187	0.057	0.003
	7	1.000	1.000	1.000	1.000	1.000	0.999	0.996	0.983	0.942	0.832	0.570	0.337	0.077
9	0	0.914	0.630	0.387	0.134	0.040	0.010	0.002	0.000	0.000	0.000	0.000	0.000	0.000
	1	0.997	0.929	0.775	0.436	0.196	0.071	0.020	0.004	0.000	0.000	0.000	0.000	0.000
	2	1.000	0.992	0.947	0.738	0.463	0.232	0.090	0.025	0.004	0.000	0.000	0.000	0.000
	3	1.000	0.999	0.992	0.914	0.730	0.483	0.254	0.099	0.025	0.003	0.000	0.000	0.000
	4	1.000	1.000	0.999	0.980	0.901	0.733	0.500	0.267	0.099	0.020	0.001	0.000	0.000
	5	1.000	1.000	1.000	0.997	0.975	0.901	0.746	0.517	0.270	0.086	0.008	0.001	0.000
	6	1.000	1.000	1.000	1.000	0.996	0.975	0.910	0.768	0.537	0.262	0.053	0.008	0.000
	7	1.000	1.000	1.000	1.000	1.000	0.996	0.980	0.929	0.804	0.564	0.225	0.071	0.003
	8	1.000	1.000	1.000	1.000	1.000	1.000	0.998	0.990	0.960	0.866	0.613	0.370	0.086
10	0	0.904	0.599	0.349	0.107	0.028	0.006	0.001	0.000	0.000	0.000	0.000	0.000	0.000
	1	0.996	0.914	0.736	0.376	0.149	0.046	0.011	0.002	0.000	0.000	0.000	0.000	0.000
	2	1.000	0.988	0.930	0.678	0.383	0.167	0.055	0.012	0.002	0.000	0.000	0.000	0.000
	3	1.000	0.999	0.987	0.879	0.650	0.382	0.172	0.055	0.011	0.001	0.000	0.000	0.000
	4	1.000	1.000	0.998	0.967	0.850	0.633	0.377	0.166	0.047	0.006	0.000	0.000	0.000
	5	1.000	1.000	1.000	0.994	0.953	0.834	0.623	0.367	0.150	0.033	0.002	0.000	0.000
	6	1.000	1.000	1.000	0.999	0.989	0.945	0.828	0.618	0.350	0.121	0.013	0.001	0.000
	7	1.000	1.000	1.000	1.000	0.998	0.988	0.945	0.833	0.617	0.322	0.070	0.012	0.000
	8	1.000	1.000	1.000	1.000	1.000	0.998	0.989	0.954	0.851	0.624	0.264	0.086	0.004
	9	1.000	1.000	1.000	1.000	1.000	1.000	0.999	0.994	0.972	0.893	0.651	0.401	0.096

		p												
n	*k*	0.01	0.05	0.1	0.2	0.3	0.4	0.5	0.6	0.7	0.8	0.9	0.95	0.99
15	0	0.860	0.463	0.206	0.035	0.005	0.000	0.000	0.000	0.000	0.000	0.000	0.000	0.000
	1	0.990	0.829	0.549	0.167	0.035	0.005	0.000	0.000	0.000	0.000	0.000	0.000	0.000
	2	1.000	0.964	0.816	0.398	0.127	0.027	0.004	0.000	0.000	0.000	0.000	0.000	0.000
	3	1.000	0.995	0.944	0.648	0.297	0.091	0.018	0.002	0.000	0.000	0.000	0.000	0.000
	4	1.000	0.999	0.987	0.836	0.515	0.217	0.059	0.009	0.001	0.000	0.000	0.000	0.000
	5	1.000	1.000	0.998	0.939	0.722	0.403	0.151	0.034	0.004	0.000	0.000	0.000	0.000
	6	1.000	1.000	1.000	0.982	0.869	0.610	0.304	0.095	0.015	0.001	0.000	0.000	0.000
	7	1.000	1.000	1.000	0.996	0.950	0.787	0.500	0.213	0.050	0.004	0.000	0.000	0.000
	8	1.000	1.000	1.000	0.999	0.985	0.905	0.696	0.390	0.131	0.018	0.000	0.000	0.000
	9	1.000	1.000	1.000	1.000	0.996	0.966	0.849	0.597	0.278	0.061	0.002	0.000	0.000
	10	1.000	1.000	1.000	1.000	0.999	0.991	0.941	0.783	0.485	0.164	0.013	0.001	0.000
	11	1.000	1.000	1.000	1.000	1.000	0.998	0.982	0.909	0.703	0.352	0.056	0.005	0.000
	12	1.000	1.000	1.000	1.000	1.000	1.000	0.996	0.973	0.873	0.602	0.184	0.036	0.000
	13	1.000	1.000	1.000	1.000	1.000	1.000	1.000	0.995	0.965	0.833	0.451	0.171	0.010
	14	1.000	1.000	1.000	1.000	1.000	1.000	1.000	1.000	0.995	0.965	0.794	0.537	0.140
20	0	0.818	0.358	0.122	0.012	0.001	0.000	0.000	0.000	0.000	0.000	0.000	0.000	0.000
	1	0.983	0.736	0.392	0.069	0.008	0.001	0.000	0.000	0.000	0.000	0.000	0.000	0.000
	2	0.999	0.925	0.677	0.206	0.035	0.004	0.000	0.000	0.000	0.000	0.000	0.000	0.000
	3	1.000	0.984	0.867	0.411	0.107	0.016	0.001	0.000	0.000	0.000	0.000	0.000	0.000
	4	1.000	0.997	0.957	0.630	0.238	0.051	0.006	0.000	0.000	0.000	0.000	0.000	0.000
	5	1.000	1.000	0.989	0.804	0.416	0.126	0.021	0.002	0.000	0.000	0.000	0.000	0.000
	6	1.000	1.000	0.998	0.913	0.608	0.250	0.058	0.006	0.000	0.000	0.000	0.000	0.000
	7	1.000	1.000	1.000	0.968	0.772	0.416	0.132	0.021	0.001	0.000	0.000	0.000	0.000
	8	1.000	1.000	1.000	0.990	0.887	0.596	0.252	0.057	0.005	0.000	0.000	0.000	0.000
	9	1.000	1.000	1.000	0.997	0.952	0.755	0.412	0.128	0.017	0.001	0.000	0.000	0.000
	10	1.000	1.000	1.000	0.999	0.983	0.872	0.588	0.245	0.048	0.003	0.000	0.000	0.000
	11	1.000	1.000	1.000	1.000	0.995	0.943	0.748	0.404	0.113	0.010	0.000	0.000	0.000
	12	1.000	1.000	1.000	1.000	0.999	0.979	0.868	0.584	0.228	0.032	0.000	0.000	0.000
	13	1.000	1.000	1.000	1.000	1.000	0.994	0.942	0.750	0.392	0.087	0.002	0.000	0.000
	14	1.000	1.000	1.000	1.000	1.000	0.998	0.979	0.874	0.584	0.196	0.011	0.000	0.000
	15	1.000	1.000	1.000	1.000	1.000	1.000	0.994	0.949	0.762	0.370	0.043	0.003	0.000
	16	1.000	1.000	1.000	1.000	1.000	1.000	0.999	0.984	0.893	0.589	0.133	0.016	0.000
	17	1.000	1.000	1.000	1.000	1.000	1.000	1.000	0.996	0.965	0.794	0.323	0.075	0.001
	18	1.000	1.000	1.000	1.000	1.000	1.000	1.000	0.999	0.992	0.931	0.608	0.264	0.017
	19	1.000	1.000	1.000	1.000	1.000	1.000	1.000	1.000	0.999	0.988	0.878	0.642	0.182
25	0	0.778	0.277	0.072	0.004	0.000	0.000	0.000	0.000	0.000	0.000	0.000	0.000	0.000
	1	0.974	0.642	0.271	0.027	0.002	0.000	0.000	0.000	0.000	0.000	0.000	0.000	0.000
	2	0.998	0.873	0.537	0.098	0.009	0.000	0.000	0.000	0.000	0.000	0.000	0.000	0.000
	3	1.000	0.966	0.764	0.234	0.033	0.002	0.000	0.000	0.000	0.000	0.000	0.000	0.000
	4	1.000	0.993	0.902	0.421	0.090	0.009	0.000	0.000	0.000	0.000	0.000	0.000	0.000
	5	1.000	0.999	0.967	0.617	0.193	0.029	0.002	0.000	0.000	0.000	0.000	0.000	0.000
	6	1.000	1.000	0.991	0.780	0.341	0.074	0.007	0.000	0.000	0.000	0.000	0.000	0.000
	7	1.000	1.000	0.998	0.891	0.512	0.154	0.022	0.001	0.000	0.000	0.000	0.000	0.000
	8	1.000	1.000	1.000	0.953	0.677	0.274	0.054	0.004	0.000	0.000	0.000	0.000	0.000

n	k	p = 0.01	0.05	0.1	0.2	0.3	0.4	0.5	0.6	0.7	0.8	0.9	0.95	0.99
	9	1.000	1.000	1.000	0.983	0.811	0.425	0.115	0.013	0.000	0.000	0.000	0.000	0.000
	10	1.000	1.000	1.000	0.994	0.902	0.586	0.212	0.034	0.002	0.000	0.000	0.000	0.000
	11	1.000	1.000	1.000	0.998	0.956	0.732	0.345	0.078	0.006	0.000	0.000	0.000	0.000
	12	1.000	1.000	1.000	1.000	0.983	0.846	0.500	0.154	0.017	0.000	0.000	0.000	0.000
	13	1.000	1.000	1.000	1.000	0.994	0.922	0.655	0.268	0.044	0.002	0.000	0.000	0.000
	14	1.000	1.000	1.000	1.000	0.998	0.966	0.788	0.414	0.098	0.006	0.000	0.000	0.000
	15	1.000	1.000	1.000	1.000	1.000	0.987	0.885	0.575	0.189	0.017	0.000	0.000	0.000
	16	1.000	1.000	1.000	1.000	1.000	0.996	0.946	0.726	0.323	0.047	0.000	0.000	0.000
	17	1.000	1.000	1.000	1.000	1.000	0.999	0.978	0.846	0.488	0.109	0.002	0.000	0.000
	18	1.000	1.000	1.000	1.000	1.000	1.000	0.993	0.926	0.659	0.220	0.009	0.000	0.000
	19	1.000	1.000	1.000	1.000	1.000	1.000	0.998	0.971	0.807	0.383	0.033	0.001	0.000
	20	1.000	1.000	1.000	1.000	1.000	1.000	1.000	0.991	0.910	0.579	0.098	0.007	0.000
	21	1.000	1.000	1.000	1.000	1.000	1.000	1.000	0.998	0.967	0.766	0.236	0.034	0.000
	22	1.000	1.000	1.000	1.000	1.000	1.000	1.000	1.000	0.991	0.902	0.463	0.127	0.002
	23	1.000	1.000	1.000	1.000	1.000	1.000	1.000	1.000	0.998	0.973	0.729	0.358	0.026
	24	1.000	1.000	1.000	1.000	1.000	1.000	1.000	1.000	1.000	0.996	0.928	0.723	0.222
30	0	0.740	0.215	0.042	0.001	0.000	0.000	0.000	0.000	0.000	0.000	0.000	0.000	0.000
	1	0.964	0.554	0.184	0.011	0.000	0.000	0.000	0.000	0.000	0.000	0.000	0.000	0.000
	2	0.997	0.812	0.411	0.044	0.002	0.000	0.000	0.000	0.000	0.000	0.000	0.000	0.000
	3	1.000	0.939	0.647	0.123	0.009	0.000	0.000	0.000	0.000	0.000	0.000	0.000	0.000
	4	1.000	0.984	0.825	0.255	0.030	0.002	0.000	0.000	0.000	0.000	0.000	0.000	0.000
	5	1.000	0.997	0.927	0.428	0.077	0.006	0.000	0.000	0.000	0.000	0.000	0.000	0.000
	6	1.000	0.999	0.974	0.607	0.160	0.017	0.001	0.000	0.000	0.000	0.000	0.000	0.000
	7	1.000	1.000	0.992	0.761	0.281	0.044	0.003	0.000	0.000	0.000	0.000	0.000	0.000
	8	1.000	1.000	0.998	0.871	0.432	0.094	0.008	0.000	0.000	0.000	0.000	0.000	0.000
	9	1.000	1.000	1.000	0.939	0.589	0.176	0.021	0.001	0.000	0.000	0.000	0.000	0.000
	10	1.000	1.000	1.000	0.974	0.730	0.291	0.049	0.003	0.000	0.000	0.000	0.000	0.000
	11	1.000	1.000	1.000	0.991	0.841	0.431	0.100	0.008	0.000	0.000	0.000	0.000	0.000
	12	1.000	1.000	1.000	0.997	0.916	0.578	0.181	0.021	0.001	0.000	0.000	0.000	0.000
	13	1.000	1.000	1.000	0.999	0.960	0.715	0.292	0.048	0.002	0.000	0.000	0.000	0.000
	14	1.000	1.000	1.000	1.000	0.983	0.825	0.428	0.097	0.006	0.000	0.000	0.000	0.000
	15	1.000	1.000	1.000	1.000	0.994	0.903	0.572	0.175	0.017	0.000	0.000	0.000	0.000
	16	1.000	1.000	1.000	1.000	0.998	0.952	0.708	0.285	0.040	0.001	0.000	0.000	0.000
	17	1.000	1.000	1.000	1.000	0.999	0.979	0.819	0.422	0.084	0.003	0.000	0.000	0.000
	18	1.000	1.000	1.000	1.000	1.000	0.992	0.900	0.569	0.159	0.009	0.000	0.000	0.000
	19	1.000	1.000	1.000	1.000	1.000	0.997	0.951	0.709	0.270	0.026	0.000	0.000	0.000
	20	1.000	1.000	1.000	1.000	1.000	0.999	0.979	0.824	0.411	0.061	0.000	0.000	0.000
	21	1.000	1.000	1.000	1.000	1.000	1.000	0.992	0.906	0.568	0.129	0.002	0.000	0.000
	22	1.000	1.000	1.000	1.000	1.000	1.000	0.997	0.956	0.719	0.239	0.008	0.000	0.000
	23	1.000	1.000	1.000	1.000	1.000	1.000	0.999	0.983	0.840	0.393	0.026	0.001	0.000
	24	1.000	1.000	1.000	1.000	1.000	1.000	1.000	0.994	0.923	0.572	0.073	0.003	0.000
	25	1.000	1.000	1.000	1.000	1.000	1.000	1.000	0.998	0.970	0.745	0.175	0.016	0.000
	26	1.000	1.000	1.000	1.000	1.000	1.000	1.000	1.000	0.991	0.877	0.353	0.061	0.000
	27	1.000	1.000	1.000	1.000	1.000	1.000	1.000	1.000	0.998	0.956	0.589	0.188	0.003
	28	1.000	1.000	1.000	1.000	1.000	1.000	1.000	1.000	1.000	0.989	0.816	0.446	0.036
	29	1.000	1.000	1.000	1.000	1.000	1.000	1.000	1.000	1.000	0.999	0.958	0.785	0.260

附錄四 Poisson 分佈累積分配表

$$P(X \le k) = \sum_{x=0}^{k} \frac{e^{-\lambda} \times \lambda^{x}}{x!}$$

k \ λ	0.1	0.2	0.3	0.4	0.5	0.6	0.7	0.8	0.9	1.0
0	0.9048	0.8187	0.7408	0.6703	0.6065	0.5488	0.4966	0.4493	0.4066	0.3679
1	0.9953	0.9825	0.9631	0.9384	0.9098	0.8781	0.8442	0.8088	0.7725	0.7358
2	0.9998	0.9989	0.9964	0.9921	0.9856	0.9769	0.9659	0.9526	0.9371	0.9197
3	1.0000	0.9999	0.9997	0.9992	0.9982	0.9966	0.9942	0.9909	0.9865	0.9810
4	1.0000	1.0000	1.0000	0.9999	0.9998	0.9996	0.9992	0.9986	0.9977	0.9963
5	1.0000	1.0000	1.0000	1.0000	1.0000	1.0000	0.9999	0.9998	0.9997	0.9994
6	1.0000	1.0000	1.0000	1.0000	1.0000	1.0000	1.0000	1.0000	1.0000	0.9999
7	1.0000	1.0000	1.0000	1.0000	1.0000	1.0000	1.0000	1.0000	1.0000	1.0000

k \ λ	1.5	2.0	2.5	3.0	3.5	4.0	4.5	5.0	5.5	6.0
0	0.2231	0.1353	0.0821	0.0498	0.0302	0.0183	0.0111	0.0067	0.0041	0.0025
1	0.5578	0.4060	0.2873	0.1991	0.1359	0.0916	0.0611	0.0404	0.0266	0.0174
2	0.8088	0.6767	0.5438	0.4232	0.3208	0.2381	0.1736	0.1247	0.0884	0.0620
3	0.9344	0.8571	0.7576	0.6472	0.5366	0.4335	0.3423	0.2650	0.2017	0.1512
4	0.9814	0.9473	0.8912	0.8153	0.7254	0.6288	0.5321	0.4405	0.3575	0.2851
5	0.9955	0.9834	0.9580	0.9161	0.8576	0.7851	0.7029	0.6160	0.5289	0.4457
6	0.9991	0.9955	0.9858	0.9665	0.9347	0.8893	0.8311	0.7622	0.6860	0.6063
7	0.9998	0.9989	0.9958	0.9881	0.9733	0.9489	0.9134	0.8666	0.8095	0.7440
8	1.0000	0.9998	0.9989	0.9962	0.9901	0.9786	0.9597	0.9319	0.8944	0.8472
9	1.0000	1.0000	0.9997	0.9989	0.9967	0.9919	0.9829	0.9682	0.9462	0.9161
10	1.0000	1.0000	0.9999	0.9997	0.9990	0.9972	0.9933	0.9863	0.9747	0.9574
11	1.0000	1.0000	1.0000	0.9999	0.9997	0.9991	0.9976	0.9945	0.9890	0.9799
12	1.0000	1.0000	1.0000	1.0000	0.9999	0.9997	0.9992	0.9980	0.9955	0.9912
13	1.0000	1.0000	1.0000	1.0000	1.0000	0.9999	0.9997	0.9993	0.9983	0.9964
14	1.0000	1.0000	1.0000	1.0000	1.0000	1.0000	0.9999	0.9998	0.9994	0.9986
15	1.0000	1.0000	1.0000	1.0000	1.0000	1.0000	1.0000	0.9999	0.9998	0.9995
16	1.0000	1.0000	1.0000	1.0000	1.0000	1.0000	1.0000	1.0000	0.9999	0.9998

k \ λ	7.0	8.0	9.0	10.0	11.0	12.0	13.0	14.0	15.0	16.0
0	0.0009	0.0003	0.0001	0.0000	0.0000	0.0000	0.0000	0.0000	0.0000	0.0000
1	0.0073	0.0030	0.0012	0.0005	0.0002	0.0001	0.0000	0.0000	0.0000	0.0000
2	0.0296	0.0138	0.0062	0.0028	0.0012	0.0005	0.0002	0.0001	0.0000	0.0000
3	0.0818	0.0424	0.0212	0.0103	0.0049	0.0023	0.0011	0.0005	0.0002	0.0001
4	0.1730	0.0996	0.0550	0.0293	0.0151	0.0076	0.0037	0.0018	0.0009	0.0004
5	0.3007	0.1912	0.1157	0.0671	0.0375	0.0203	0.0107	0.0055	0.0028	0.0014
6	0.4497	0.3134	0.2068	0.1301	0.0786	0.0458	0.0259	0.0142	0.0076	0.0040
7	0.5987	0.4530	0.3239	0.2202	0.1432	0.0895	0.0540	0.0316	0.0180	0.0100
8	0.7291	0.5925	0.4557	0.3328	0.2320	0.1550	0.0998	0.0621	0.0374	0.0220
9	0.8305	0.7166	0.5874	0.4579	0.3405	0.2424	0.1658	0.1094	0.0699	0.0433
10	0.9015	0.8159	0.7060	0.5830	0.4599	0.3472	0.2517	0.1757	0.1185	0.0774
11	0.9467	0.8881	0.8030	0.6968	0.5793	0.4616	0.3532	0.2600	0.1848	0.1270
12	0.9730	0.9362	0.8758	0.7916	0.6887	0.5760	0.4631	0.3585	0.2676	0.1931
13	0.9872	0.9658	0.9261	0.8645	0.7813	0.6815	0.5730	0.4644	0.3632	0.2745
14	0.9943	0.9827	0.9585	0.9165	0.8540	0.7720	0.6751	0.5704	0.4657	0.3675
15	0.9976	0.9918	0.9780	0.9513	0.9074	0.8444	0.7636	0.6694	0.5681	0.4667
16	0.9990	0.9963	0.9889	0.9730	0.9441	0.8987	0.8355	0.7559	0.6641	0.5660
17	0.9996	0.9984	0.9947	0.9857	0.9678	0.9370	0.8905	0.8272	0.7489	0.6593
18	0.9999	0.9993	0.9976	0.9928	0.9823	0.9626	0.9302	0.8826	0.8195	0.7423
19	1.0000	0.9997	0.9989	0.9965	0.9907	0.9787	0.9573	0.9235	0.8752	0.8122
20	1.0000	0.9999	0.9996	0.9984	0.9953	0.9884	0.9750	0.9521	0.9170	0.8682
21	1.0000	1.0000	0.9998	0.9993	0.9977	0.9939	0.9859	0.9712	0.9469	0.9108
22	1.0000	1.0000	0.9999	0.9997	0.9990	0.9970	0.9924	0.9833	0.9673	0.9418
23	1.0000	1.0000	1.0000	0.9999	0.9995	0.9985	0.9960	0.9907	0.9805	0.9633
24	1.0000	1.0000	1.0000	1.0000	0.9998	0.9993	0.9980	0.9950	0.9888	0.9777
25	1.0000	1.0000	1.0000	1.0000	0.9999	0.9997	0.9990	0.9974	0.9938	0.9869
26	1.0000	1.0000	1.0000	1.0000	1.0000	0.9999	0.9995	0.9987	0.9967	0.9925
27	1.0000	1.0000	1.0000	1.0000	1.0000	0.9999	0.9998	0.9994	0.9983	0.9959
28	1.0000	1.0000	1.0000	1.0000	1.0000	1.0000	0.9999	0.9997	0.9991	0.9978
29	1.0000	1.0000	1.0000	1.0000	1.0000	1.0000	1.0000	0.9999	0.9996	0.9989
30	1.0000	1.0000	1.0000	1.0000	1.0000	1.0000	1.0000	0.9999	0.9998	0.9994
31	1.0000	1.0000	1.0000	1.0000	1.0000	1.0000	1.0000	1.0000	0.9999	0.9997
32	1.0000	1.0000	1.0000	1.0000	1.0000	1.0000	1.0000	1.0000	1.0000	0.9999
33	1.0000	1.0000	1.0000	1.0000	1.0000	1.0000	1.0000	1.0000	1.0000	0.9999
34	1.0000	1.0000	1.0000	1.0000	1.0000	1.0000	1.0000	1.0000	1.0000	1.0000

附錄五 標準常態分佈累積分配表

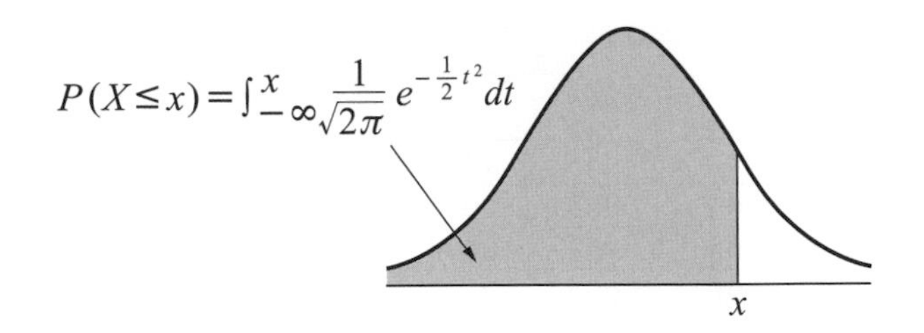

x	.00	.01	.02	.03	.04	.05	.06	.07	.08	.09
0.0	.5000	.5040	.5080	.5120	.5160	.5199	.5239	.5279	.5319	.5359
0.1	.5398	.5438	.5478	.5517	.5557	.5596	.5636	.5675	.5714	.5753
0.2	.5793	.5832	.5871	.5910	.5948	.5987	.6026	.6064	.6103	.6141
0.3	.6179	.6217	.6255	.6293	.6331	.6368	.6406	.6443	.6480	.6517
0.4	.6554	.6591	.6628	.6664	.6700	.6736	.6772	.6808	.6844	.6879
0.5	.6915	.6950	.6985	.7019	.7054	.7088	.7123	.7157	.7190	.7224
0.6	.7257	.7291	.7324	.7357	.7389	.7422	.7454	.7486	.7517	.7549
0.7	.7580	.7611	.7642	.7673	.7704	.7734	.7764	.7794	.7823	.7852
0.8	.7881	.7910	.7939	.7967	.7995	.8023	.8051	.8078	.8106	.8133
0.9	.8159	.8186	.8212	.8238	.8264	.8289	.8315	.8340	.8365	.8389
1.0	.8413	.8438	.8461	.8485	.8508	.8531	.8554	.8577	.8599	.8621
1.1	.8643	.8665	.8686	.8708	.8729	.8749	.8770	.8790	.8810	.8830
1.2	.8849	.8869	.8888	.8907	.8925	.8944	.8962	.8980	.8997	.9015
1.3	.9032	.9049	.9066	.9082	.9099	.9115	.9131	.9147	.9162	.9177
1.4	.9192	.9207	.9222	.9236	.9251	.9265	.9279	.9292	.9306	.9319
1.5	.9332	.9345	.9357	.9370	.9382	.9394	.9406	.9418	.9429	.9441
1.6	.9452	.9463	.9474	.9484	.9495	.9505	.9515	.9525	.9535	.9545
1.7	.9554	.9564	.9573	.9582	.9591	.9599	.9608	.9616	.9625	.9633
1.8	.9641	.9649	.9656	.9664	.9671	.9678	.9686	.9693	.9699	.9706
1.9	.9713	.9719	.9726	.9732	.9738	.9744	.9750	.9756	.9761	.9767
2.0	.9772	.9778	.9783	.9788	.9793	.9798	.9803	.9808	.9812	.9817
2.1	.9821	.9826	.9830	.9834	.9838	.9842	.9846	.9850	.9854	.9857
2.2	.9861	.9864	.9868	.9871	.9875	.9878	.9881	.9884	.9887	.9890
2.3	.9893	.9896	.9898	.9901	.9904	.9906	.9909	.9911	.9913	.9916
2.4	.9918	.9920	.9922	.9925	.9927	.9929	.9931	.9932	.9934	.9936
2.5	.9938	.9940	.9941	.9943	.9945	.9946	.9948	.9949	.9951	.9952
2.6	.9953	.9955	.9956	.9957	.9959	.9960	.9961	.9962	.9963	.9964
2.7	.9965	.9966	.9967	.9968	.9969	.9970	.9971	.9972	.9973	.9974
2.8	.9974	.9975	.9976	.9977	.9977	.9978	.9979	.9979	.9980	.9981
2.9	.9981	.9982	.9982	.9983	.9984	.9984	.9985	.9985	.9986	.9986
3.0	.9987	.9987	.9987	.9988	.9988	.9989	.9989	.9989	.9990	.9990
3.1	.9990	.9991	.9991	.9991	.9992	.9992	.9992	.9992	.9993	.9993
3.2	.9993	.9993	.9994	.9994	.9994	.9994	.9994	.9995	.9995	.9995
3.3	.9995	.9995	.9995	.9996	.9996	.9996	.9996	.9996	.9996	.9997
3.4	.9997	.9997	.9997	.9997	.9997	.9997	.9997	.9997	.9997	.9998

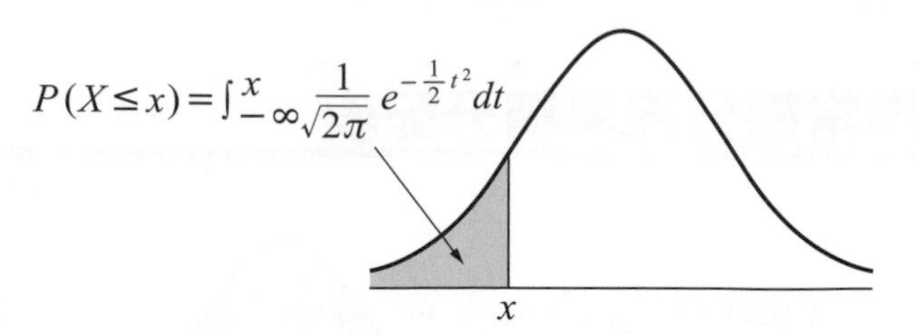

x	.00	.01	.02	.03	.04	.05	.06	.07	.08	.09
−3.4	.0003	.0003	.0003	.0003	.0003	.0003	.0003	.0003	.0003	.0002
−3.3	.0005	.0005	.0005	.0004	.0004	.0004	.0004	.0004	.0004	.0003
−3.2	.0007	.0007	.0006	.0006	.0006	.0006	.0006	.0005	.0005	.0005
−3.1	.0010	.0009	.0009	.0009	.0008	.0008	.0008	.0008	.0007	.0007
−3.0	.0013	.0013	.0013	.0012	.0012	.0011	.0011	.0011	.0010	.0010
−2.9	.0019	.0018	.0018	.0017	.0016	.0016	.0015	.0015	.0014	.0014
−2.8	.0026	.0025	.0024	.0023	.0023	.0022	.0021	.0021	.0020	.0019
−2.7	.0035	.0034	.0033	.0032	.0031	.0030	.0029	.0028	.0027	.0026
−2.6	.0047	.0045	.0044	.0043	.0041	.0040	.0039	.0038	.0037	.0036
−2.5	.0062	.0060	.0059	.0057	.0055	.0054	.0052	.0051	.0049	.0048
−2.4	.0082	.0080	.0078	.0075	.0073	.0071	.0069	.0068	.0066	.0064
−2.3	.0107	.0104	.0102	.0099	.0096	.0094	.0091	.0089	.0087	.0084
−2.2	.0139	.0136	.0132	.0129	.0125	.0122	.0119	.0116	.0113	.0110
−2.1	.0179	.0174	.0170	.0166	.0162	.0158	.0154	.0150	.0146	.0143
−2.0	.0228	.0222	.0217	.0212	.0207	.0202	.0197	.0192	.0188	.0183
−1.9	.0287	.0281	.0274	.0268	.0262	.0256	.0250	.0244	.0239	.0233
−1.8	.0359	.0351	.0344	.0336	.0329	.0322	.0314	.0307	.0301	.0294
−1.7	.0446	.0436	.0427	.0418	.0409	.0401	.0392	.0384	.0375	.0367
−1.6	.0548	.0537	.0526	.0516	.0505	.0495	.0485	.0475	.0465	.0455
−1.5	.0668	.0655	.0643	.0630	.0618	.0606	.0594	.0582	.0571	.0559
−1.4	.0808	.0793	.0778	.0764	.0749	.0735	.0721	.0708	.0694	.0681
−1.3	.0968	.0951	.0934	.0918	.0901	.0885	.0869	.0853	.0838	.0823
−1.2	.1151	.1131	.1112	.1093	.1075	.1056	.1038	.1020	.1003	.0985
−1.1	.1357	.1335	.1314	.1292	.1271	.1251	.1230	.1210	.1190	.1170
−1.0	.1587	.1562	.1539	.1515	.1492	.1469	.1446	.1423	.1401	.1379
−0.9	.1841	.1814	.1788	.1762	.1736	.1711	.1685	.1660	.1635	.1611
−0.8	.2119	.2090	.2061	.2033	.2005	.1977	.1949	.1922	.1894	.1867
−0.7	.2420	.2389	.2358	.2327	.2296	.2266	.2236	.2206	.2177	.2148
−0.6	.2743	.2709	.2676	.2643	.2611	.2578	.2546	.2514	.2483	.2451
−0.5	.3085	.3050	.3015	.2981	.2946	.2912	.2877	.2843	.2810	.2776
−0.4	.3446	.3409	.3372	.3336	.3300	.3264	.3228	.3192	.3156	.3121
−0.3	.3821	.3783	.3745	.3707	.3669	.3632	.3594	.3557	.3520	.3483
−0.2	.4207	.4168	.4129	.4090	.4052	.4013	.3974	.3936	.3897	.3859
−0.1	.4602	.4562	.4522	.4483	.4443	.4404	.4364	.4325	.4286	.4247
−0.0	.5000	.4960	.4920	.4880	.4840	.4801	.4761	.4721	.4681	.4641

附錄六 機率模型

一、離散型機率分配：

1. Bernoulli 分配：

設 $X \sim \text{Ber}(p)$，令 $q = 1 - p$，則

(1) 期望值：$E[X] = p$。

(2) 變異數：$\text{Var}(X) = p(1-p) = pq$。

(3) 動差生成函數：$M_X(t) = pe^t + (1-p) = pe^t + q$。

2. 二項分配：

設 $X \sim B(n, p)$，令 $q = 1 - p$，則

(1) 期望值：$E[X] = np$。

(2) 變異數：$\text{Var}(X) = np(1-p) = npq$。

(3) 動差生成函數：$M_X(t) = [pe^t + (1-p)]^n = (pe^t + q)^n$。

3. 負二項分配：

設 $X \sim NB(r, p)$，令 $q = 1 - p$，則

(1) 期望值：$E[X] = \frac{r}{p}$。

(2) 變異數：$\text{Var}(X) = \frac{rq}{p^2}$。

(3) 動差生成函數：$M_X(t) = (\frac{pe^t}{1-qe^t})^r$ （$t < -\ln q$）。

4. **幾何分配：**

設 $X \sim Geo(p)$，令 $q = 1 - p$，則

(1) 期望值：$E[X] = \dfrac{1}{p}$。

(2) 變異數：$\mathrm{Var}(X) = \dfrac{q}{p^2}$。

(3) 動差生成函數：$M_X(t) = \dfrac{pe^t}{1 - qe^t}$。

5. **超幾何分配：**

設 $X \sim HG(n, m, k)$，則

(1) 期望值：$E[X] = k\dfrac{m}{n}$。

(2) 變異數：$\mathrm{Var}(X) = k(\dfrac{m}{n})(1 - \dfrac{m}{n})(\dfrac{n-k}{n-1})$。

6. Poisson **分配：**

設 $X \sim Poi(\lambda)$，則

(1) 期望值：$E[X] = \lambda$。

(2) 變異數：$\mathrm{Var}(X) = \lambda$。

(3) 動差生成函數：$M_X(t) = e^{\lambda(e^t - 1)}$。

二、連續型機率分配：

1. **常態分配：**

設 $X \sim N(\mu, \sigma^2)$，則

(1) 期望值：$E[X] = \mu$。

(2) 變異數：$\mathrm{Var}(X) = \sigma^2$。

(3) 動差生成函數：$M_X(t) = e^{\mu t + \frac{1}{2}\sigma^2 t^2}$。

2. **均勻分配：**

設 $X \sim U(\alpha, \beta)$，則

(1) 期望值：$E[X]=\dfrac{\alpha+\beta}{2}$。

(2) 變異數：$\mathrm{Var}(X)=\dfrac{(\alpha-\beta)^2}{12}$。

(3) 動差生成函數：$M_X(t)=\dfrac{e^{\beta t}-e^{\alpha t}}{t(\beta-\alpha)}$。

3. **指數分配：**

設 X 具參數 λ 的指數隨機變數，則

(1) 期望值：$E[X]=\dfrac{1}{\lambda}$。

(2) 變異數：$\mathrm{Var}(X)=\dfrac{1}{\lambda^2}$。

(3) 動差生成函數：$M_X(t)=\dfrac{\lambda}{\lambda-t}$。

4. Gamma **分配：**

設 $X \sim Gamma(\alpha, \beta)$，則

(1) 期望值：$E[X]=\alpha\beta$。

(2) 變異數：$\mathrm{Var}(X)=\alpha\beta^2$。

(3) 動差生成函數：$M_X(t)=(1-\beta t)^{-\alpha}$。

5. Beta **分配：**

設 $X \sim Beta(\alpha, \beta)$，則

(1) 期望值：$E[X]=\dfrac{\alpha}{\alpha+\beta}$。

(2) 變異數：$\mathrm{Var}(X)=\dfrac{\alpha\beta}{(\alpha+\beta+1)(\alpha+\beta)^2}$。

附錄七 習題簡答

第 1 章 基礎數學

1-1 集合

習題 P1-7

一、基礎題：

1. $S=\{(x,y) \mid x^2+y^2<4；\forall x>0, y>0\}$
2. $A=C$
3. $S=\{(1HH), (1HT), (1TH), (1TT), (2H), (2T), (3HH), (3HT), (3TH), (3TT), (4H), (4T), (5HH), (5HT), (5TH), (5TT)(6H), (6T)\}$

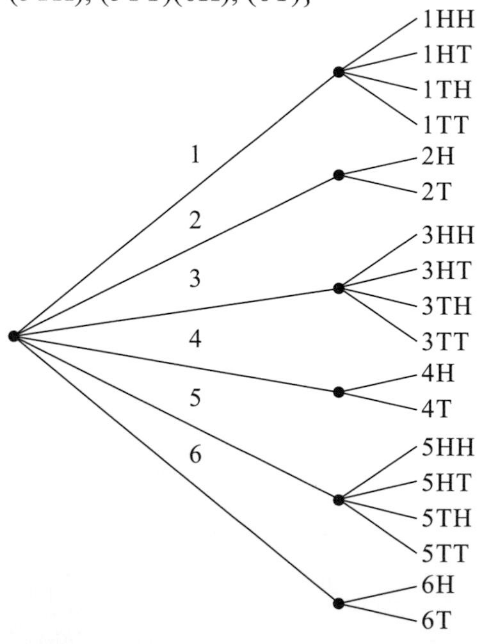

4. $\Omega=\{(S_1, S_2), (S_1, S_3), (S_1, S_4), (S_2, S_3), (S_2, S_4), (S_3, S_4)\}$
5. (1) $S_1=\{$(MMMM), (MMMF), (MMFM), (MFMM), (FMMM), (MMFF), (MFMF),(MFFM), (FMFM), (FFMM), (FMMF), (MFFF), (FMFF), (FFMF), (FFFM), (FFFF)$\}$

   (2) $S_2=\{0, 1, 2, 3, 4\}$
6. (1) $A=\{$1HH, 1HT, 1TH, 1TT, 2H, 2T$\}$

   (2) $B=\{$1TT, 3TT, 5TT$\}$

   (3) $A^C=\overline{A}=\{$3HH, 3HT, 3TH, 3TT, 4H, 4T, 5HH, 5HT, 5TH, 5TT, 6H, 6T$\}$

   (4) $A^C\cap B=\{$3TT, 5TT$\}$

   (5) $A\cup B=\{$1HH, 1HT, 1TH, 1TT, 2H, 2T, 3TT, 5TT$\}$
7. (1) $S=\{$FFF, FFN, FNF, NFF, FNN, NFN, NNF, NNN$\}$

   (2) $E=\{$FFF, FFN, FNF, NFF$\}$

   (3) 表示第二條可以安全戲水
8. (1) $S=\{M_1M_2, M_1F_1, M_1F_2, M_2M_1, M_2F_1, M_2F_2, F_1M_1, F_1M_2, F_1F_2, F_2M_1, F_2M_2, F_2F_1\}$

   (2) $A=\{M_1M_2, M_1F_1, M_1F_2, M_2M_1, M_2F_1, M_2F_2\}$

   (3) $B=\{M_1F_1, M_1F_2, M_2F_1, M_2F_2, F_1M_1, F_1M_2, F_2M_1, F_2M_2\}$

   (4) $C=\{F_1F_2, F_2F_1\}$

(5) $A \cap B = \{M_1F_1, M_1F_2, M_2F_1, M_2F_2\}$

(6) $A \cup C = \{M_1M_2, M_1F_1, M_1F_2, M_2M_1, M_2F_1, M_2F_2, F_1F_2, F_2F_1\}$

(7) A 與 B 有交集，A 與 C 及 B 與 C 無交集

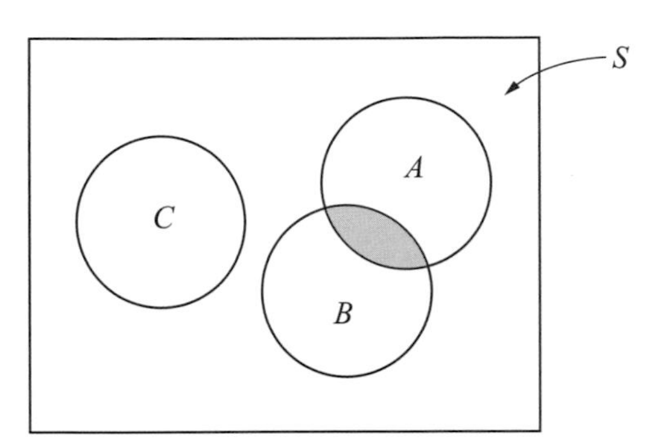

9. (1) $\Omega = \{ZYM, ZYF, ZNF, WYF, WNF, SYF, SNF\}$

   (2) $A \cup B = \{ZYF, ZNF, WYF, WNF, SYF, SNF\}$

   (3) $A \cap B = \{WYF, WNF\}$

10. (1) $Y^C = \{A, E, F, G\}$

    (2) $Y \cup Z = \{B, C, D, F\}$

    (3) $(X \cap Y^C) \cup Z = \{A, G, F\}$

    (4) $X^C \cap Z = \{F\}$

    (5) $(X^C \cup Y^C) \cap (X^C \cap Z) = \{F\}$

11. (1) $M \cup N = \{x \mid 0 < x < 8\}$

    (2) $M \cap N = \{x \mid 1 < x < 6\}$

    (3) $M^C \cap N^C = \{x \mid 8 \leq x < 12\}$

12. (1)

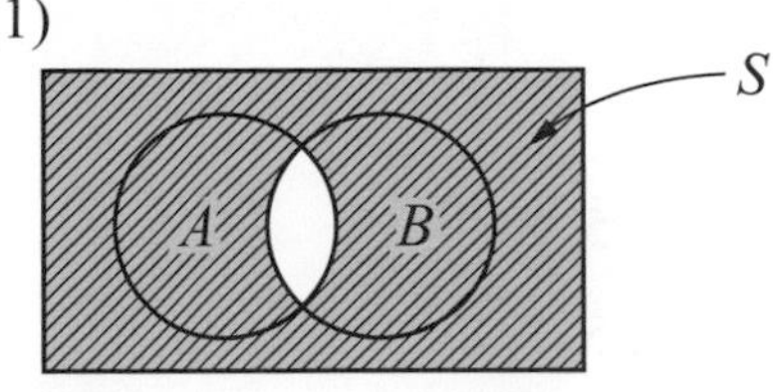

(2)

S
A
B

(3)

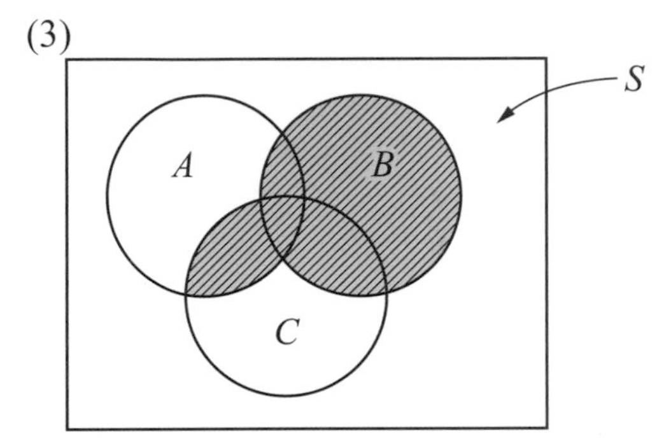

13. (1) 不互斥

    (2) 互斥

    (3) 不互斥

    (4) 互斥

14. (1) 該公司將遇到停車位問題，但不會收到罰單也不會到達後沒有空包廂。

    (2) 該公司將收到罰單並抵達後沒有空包廂，但不會遇到停車位問題。

    (3) 該公司將遇到停車位問題並將抵達後沒有空包廂。

    (4) 該公司將收到罰單，但不會到達後沒有空包廂。

    (5) 該公司不會遇到停車位問題。

15. (1) 6
    (2) 2
    (3) 2, 5, 6
    (4) 4, 5, 7, 8

二、進階題：

1. (A)
2. (D)
3. (C)
4. $\frac{13}{30}$
5. (C)
6. (B)
7. 略
8. 略
9. 略
10. $A \cap B^C \cap C$

1-2 排列

習題 P1-16

一、基礎題：

1. 125
2. 24
3. 52
4. 12
5. 36
6. 252
7. 1024
8. 504
9. (1) 5040 (2) 720
10. 40320
11. (1) 40320 (2) 336
12. 60480
13. 840
14. 6840
15. 120
16. 40320
17. 3360
18. 2520
19. (1) 64 (2) 24

二、進階題：

1. (1)(B) (2)(C)
2. (B)
3. 13
4. (C)
5. (B)
6. (B)
7. (D)
8. (1) 42 (2) 22
9. (1) $3!\times 11!$ (2) $2\times 8!\times 5!$ (3) $8!\times P_5^9$
10. $2\times 4!\times 4!$
11. $2(1\times 5\times 6!)+6\times P_2^5\times 5!$

1-3 組合

習題 P1-22

一、基礎題：

1. 7000
2. 288
3. (1) 36 (2) 12
4. (1) 32 (2) 10
5. $C_1^{10}\times C_1^{15}\times C_8^{14}\times 9!$
6. $C_1^{10}\times C_1^{15}\times C_8^{14}\times 9!+C_1^{10}\times C_8^{15}\times C_1^{10}\times 9!$

7. $C_1^3 \times C_2^4 \times C_2^4 + C_1^3 \times C_1^4 \times C_2^4 + C_1^3 \times C_2^4 \times C_1^4$
8. 5^{10}
9. (1) 15 (2) 15
10. (1) 3060 (2) 1365

二、進階題：

1. (C)
2. (A)
3. (B)
4. (D)
5. (C)
6. 6、18、90、80
7. (C)
8. 126
9. (1) $C_1^4 \times C_5^{13}$ (2) C_1^{48} (3) $C_1^{13} \times C_1^{48}$
   (4) $C_1^{13} \times C_2^4 \times C_3^{12} \times C_1^4 \times C_1^4 \times C_1^4$
   (5) $C_1^{13} \times C_3^4 \times C_1^{12} \times C_2^4$
   (6) $C_2^{13} \times C_2^4 \times C_2^4 \times C_1^{44}$

第 2 章 機率空間

2-1 概論

習題 P2-10

一、基礎題：

1. (1) $\frac{5}{18}$ (2) $\frac{1}{3}$ (3) $\frac{7}{36}$
2. (1) $\frac{22}{125}$ (2) $\frac{31}{500}$ (3) $\frac{171}{500}$
3. (1) 0.1 (2) 0.1
4. (1) 0.7 (2) 0.3
5. 0.0855
6. (1) 0.27 (2) 0.73
7. (1) $\frac{5}{26}$ (2) $\frac{9}{26}$ (3) $\frac{19}{26}$
8. (1) $\frac{1}{9}$ (2) $\frac{1}{12}$
9. (1) $\frac{1}{3}$ (2) $\frac{5}{14}$
10. (1) $\frac{22}{25}$ (2) $\frac{3}{25}$ (3) $\frac{17}{50}$
11. (1) 9 (2) $\frac{1}{9}$
12. (1) 0.32 (2) 0.68
    (3) 廚房或書房的機率較大
13. (1) 0.58 (2) 0.96
14. (1) 0.8 (2) 0.45 (3) 0.55
15. (1) 0.6 (2) 0.889
16. (1) 0.009 (2) 0.999 (3) 0.01

二、進階題：

1. (C)
2. (D)
3. (1) $\frac{1}{6}$ (2) $\frac{1}{8}$
4. (D)
5. $\frac{13}{478}$
6. (A)
7. (D)
8. (B)
9. (B)
10. (1)(D) (2)(B)
11. (B)
12. 是、略
13. (B)

14. (D)
15. $\frac{10!}{10^{10}}$
16. 0.9673
17. $\frac{27.2}{1000}$
18. $\frac{C_1^{13}C_3^4C_1^{12}C_2^4}{C_5^{52}}$
19. $\frac{4}{5}$

2-2 條件機率

習題 P2-23

一、基礎題：

1. (1) 販毒者中有武裝搶劫的機率
   (2) 武裝搶劫者中不販毒的機率
   (3) 不販毒者中不武裝搶劫的機率
2. (1) $\frac{30}{49}$ (2) $\frac{16}{31}$
3. (1) 0.018 (2) 0.614
   (3) 0.166 (4) 0.479
4. (1) 0.8 (2) 0.5
5. (1) 0.33 (2) $\frac{3}{4}$ (3) $\frac{5}{72}$
6. (1) $\frac{9}{28}$ (2) $\frac{3}{4}$ (3) 0.91
7. 0.12
8. (1) 0.43 (2) 0.12 (3) 0.37
9. $\frac{91}{228}$
10. 0.1121
11. 0.2632
12. 0.857
13. (1) 0.55 (2) 0.83 (3) 0.27
14. (1) 0.054 (2) $\frac{4}{9}$
15. $\frac{13}{120}$
16. (1) 0.5515 (2) 0.2941
17. 0.0067
18. (1) 0.6312 (2) 0.2841 (3) 0.0847
19. 0.1599
20. 0.48
21. 0.25
22. (1) $\frac{13}{23}$ (2) $\frac{2}{59}$

二、進階題：

1. (D)
2. $\frac{1}{4}$
3. 0.0605
4. 0.0703
5. (1) 0.027 (2) 0.7778
6. (1) 0.9375 (2) 0.7337
7. (1) 0.15 (2) 0.015 (3) 0.125
8. (1) 0.6585 (2) $\frac{3}{59}$
9. 0.2881
10. (1) $\frac{p_1+p_2}{2}$ (2) $\frac{p_1}{p_1+p_2}$
11. (1) $\frac{19}{120}$ (2) 0
12. (1) 0.005625 (2) 0.444
13. (1) $\frac{1}{7}$ (2) $\frac{2}{7}$
14. $\frac{b_1}{b_1+2}$、$\frac{1}{b_2+2}$

2-3 獨立性

習題 P2-33

一、基礎題：

1. (1) 0.07 (2) 0.0494

 (3) 7 (4) 0.25

2. (1) 0.0016 (2) 0.9984

3. (1) $\frac{1}{4}$ (2) $\frac{1}{16}$

4. (1) 0.0001 (2) 0.0081

5. (1) $\frac{1}{3}$ (2) $\frac{2}{3}$

6. (1) 0.001 (2) 0.0036

7. (1) 0、$\frac{3}{8}$、$\frac{1}{4}$、$\frac{7}{8}$

 (2) A、B 不獨立

8. (1) $\frac{15}{64}$、$\frac{25}{64}$、$\frac{15}{64}$ (2) 是

9. (1) $\frac{1}{4}$、$\frac{3}{8}$、$\frac{3}{4}$

 (2) A、B 非獨立

10. (1) $\frac{2}{3}$、$\frac{1}{6}$、$\frac{1}{6}$

 (2) $\frac{5}{6}$、$\frac{2}{3}$

 (3) 是

11. (1) 0.00512 (2) 0.0512

12. (1) 0.00011 (2) 0.000084

二、進階題：

1. (B)

2. (1)(A) (2)(A)

3. (B)

4. (B)

5. (1) 0.72 (2) 0.82 (3) 0.28

 (4)否，略 (5)是，略

6. (1) $C_{k-1}^{n-1}p^k q^{n-k}$ ，$k=1,2,3,\cdots,n$

 (2)略

7. $\frac{(1-p)^2}{1-p^2}\times\frac{1}{1-p^3}$

8. 10

9. (1) $\frac{b}{a+b}$ (2) $\frac{1-(\frac{q}{p})^n}{1-(\frac{q}{p})^{a+b}}$ （$p\neq\frac{1}{2}$）

10. 0.9984

11. (1) $(P_1P_2+P_3P_4-P_1P_2P_3P_4)\times P_5$

 (2) $P_3(P_1+P_2-P_1P_2)\times(P_4+P_5-P_4P_5)$

 $+(1-P_3)(P_1P_4+P_2P_5-P_1P_2P_4P_5)$

12. (1) $(1-P_3)^4\times P_3$

 (2) $\frac{P_1(1-P_2)}{P_1+P_2-P_1P_2}\times(1-P_3)^4\times P_3$

 (3) $\frac{P_1(1-P_2)}{P_1+P_2-P_1P_2}$

 (4) $(1-P_3)^4\times P_3$

13. (1) $(x-1)p^2(1-p)^{x-2}$ (2) $\frac{1}{5}$

 (3) $1-(1-p)^r-rp(1-p)^{r-1}$

14. (1) $1-(0.004)^{1000}$ (2) $(0.996)^{1000}$

15. 0.1624

16. (1) $1-\frac{1}{2!}+\frac{1}{3!}-\frac{1}{4!}+\cdots+(-1)^{n-1}\frac{1}{n!}$

 (2) $1-e^{-1}$

17. (1) $1-(\frac{5}{6})^5-C_1^5(\frac{1}{6})(\frac{5}{6})^4$ (2) $\frac{1}{3}$

 (3) $C_2^5(\frac{1}{6})^5$

第 3 章 隨機變數

3-1 隨機變數的概念

習題 P3-9

一、基礎題：

1.

樣本空間	BB	BN	NB	NN
x	2	1	1	0

2. S = { HH, THH, TTHH, TTTHH, TTTTHH }

3. (1) k = 20000 (2)① $\frac{1}{9}$ ② 0.102

4.

∴

r.v. X	−3	−1	1	3
p.m.f $f_X(x)$	$\frac{1}{27}$	$\frac{2}{9}$	$\frac{4}{9}$	$\frac{8}{27}$

5.

X	0	1	2	3	4	5	6	7	8	9
$f_X(x)$	$\frac{1}{10}$	$\frac{1}{10}$	$\frac{1}{10}$	$\frac{1}{10}$	$\frac{1}{10}$	$\frac{1}{10}$	$\frac{1}{10}$	$\frac{1}{10}$	$\frac{1}{10}$	$\frac{1}{10}$

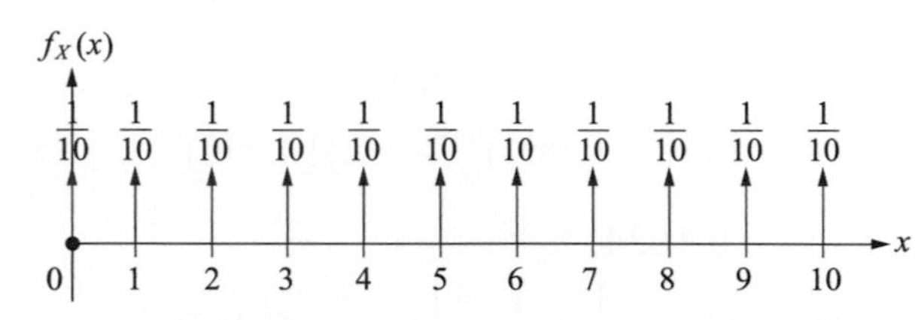

6. (1) $k=\frac{2}{27}$ (2) $\frac{16}{27}$ (3) $\frac{1}{3}$

7.

X	0	1	2
$f_X(x)$	$\frac{1482}{2652}$	$\frac{1014}{2652}$	$\frac{156}{2652}$

8.

X	0	1	2	3
$f_X(x)$	$\frac{27}{125}$	$\frac{54}{125}$	$\frac{36}{125}$	$\frac{8}{125}$

9. (1) $\frac{2}{5}$ (2)0.1 (3)0.1

10. (1)略 (2)0.4095 (3)0.03125

11. (1)略 (2) 9.8×10^{-6}

12. (1)0.75 (2)0.36 (3)0.64

13. (1)略 (2) $\frac{7}{20}$

14. (1)0.1353 (2)0.6321

二、進階題：

1. 略

2. (1) $\begin{cases} P(X=x)=p(1-p)^{x-1}，x=1,2,3,\cdots,n-1 \\ P(X=x)=(1-p)^{n-1}，x=n \end{cases}$

   (2) $(1-p)^n$

3. (1) $\dfrac{n(y-1)!(r-n)!}{(y-n)!r!}$， $y\ge n$

   (2) $\dfrac{n(r-z)!}{r!(r-z-n+1)!}$， $z\le r-n+1$

4. $(\frac{k}{n})^m-(\frac{k-1}{n})^m$

5. $\sum_{k=3}^{r-1}\dfrac{(k-1)!}{2!(k-3)!}(1-p)^3p^{k-3}$

3-2 累積分佈函數

習題 P3-22

一、基礎題：

1. (1)$\frac{1}{4}$ (2)$\frac{1}{2}$ (3)$\frac{1}{2}$ (4)$\frac{2}{3}$

2. (1)0.5507 (2)0.5507

3. (1)

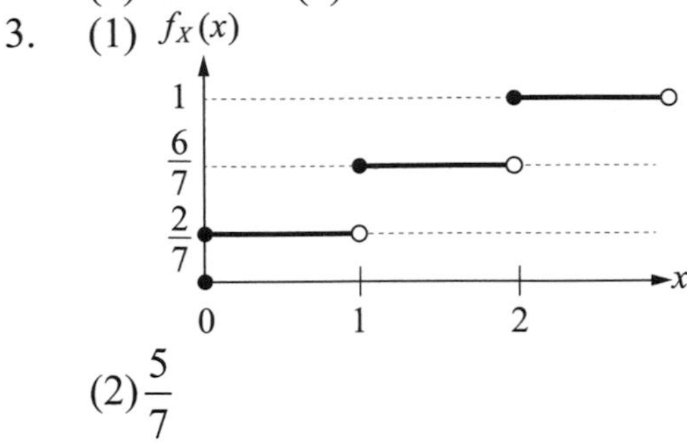

(2)$\frac{5}{7}$

4. (1) $F_X(x)=\frac{(x-2)(x+4)}{27}$

(2)$\frac{1}{3}$

5. (1) $F_X(x)=\begin{cases}0 & ,x<-3\\ \frac{1}{27} & ,-3\le x<-1\\ \frac{7}{27} & ,-1\le x<1\\ \frac{19}{27} & ,1\le x<3\\ 1 & ,x\ge 3\end{cases}$

(2)① $\frac{20}{27}$ ② $\frac{2}{3}$

6. (1)$\frac{3}{16}$ (2) $F_X(x)=\frac{1}{2}+\frac{9}{16}x-\frac{x^3}{16}$

(3)$\frac{99}{128}$ (4)$\frac{41}{250}$

7. (1) $F_X(x)=2(x-\frac{1}{2}x^2)$ (2)$\frac{9}{25}$

8. (1)

X	1	3	5	7
$f_X(x)$	0.4	0.2	0.2	0.2

(2)0.4

9. (1) $f_X(x)=\frac{1}{10}$, $x=1, 2, 3, \ldots, 10$

(2)

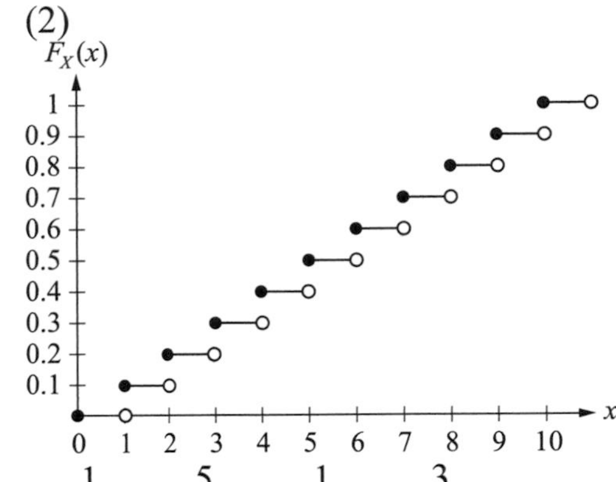

10. (1)$\frac{1}{4}$ (2)$\frac{5}{8}$ (3)$\frac{1}{2}$ (4)$\frac{3}{5}$

11. (1)$\frac{1}{144}$ (2)$\frac{63}{144}$ (3)$\frac{21}{144}$

(4)1.928

12. (1)$\frac{5}{8}$ (2)0 (3)$\frac{3}{4}$ (4)$\frac{11}{3}$

13. (1)$\frac{1}{2}$ (2)$\frac{1}{4}$ (3)$\frac{1}{16}$

(4) $F_X(x)=\begin{cases}0 & ,x<0\\ \frac{x^2}{4} & ,0\le x<2\\ 1 & ,x\ge 2\end{cases}$

14. $f_X(x)=\begin{cases}0 & ,x<-1\\ \frac{1}{2} & ,-1\le x<1\\ 0 & ,x\ge 1\end{cases}$

15. $F_X(x)=\begin{cases}0 & ,x<0\\ 1-e^{-\frac{1}{2}a^2x^2} & ,x\ge 0\end{cases}$

二、進階題：

1. (1) $F(x)=\frac{3}{4}F^c(x)+\frac{1}{4}F^d(x)$

 (2) 0.51

3-3 期望值與變異數

習題 P3-32

一、基礎題：

1. 0.88
2. 25
3. 12.67
4. 500
5. 80
6. 1666.67 (元)
7. 100(hr)
8. $\frac{8}{15}$
9. 209
10. 1855
11. 833.33
12. 9
13. 25
14. (1)$\frac{1}{6}$ (2)0.4019
15. 5250000
16. 0.74
17. $\frac{1}{18}$
18. $\frac{37}{450}$
19. $\frac{1}{6}$
20. 0.74
21. 256.8506
22. $\frac{7}{180}$
23. 0.9196
24. 0.0375，0.1936
25. 10.33，6.66
26. 0.15
27. 118 (kW/h)
28. (1)3 (2)9，3 (3)73
29. (1)900 (2)1620000 (3)810000
30. (1)9.375 (2)250 (3)12.73
31. (1)$\frac{1}{11}$ (2)$\frac{10}{11}$ (3)0.006887

二、進階題：

1. 略
2. $\frac{1}{p}+\frac{1}{p^2}+\frac{1}{p^3}$
3. $\frac{22}{3}$
4. 1
5. (1) 0

 (2) $R=\begin{cases}H(C_2-C_1-C_3) & ,H<T\\ T(C_2-C_1)-HC_3 & ,H\ge T\end{cases}$

 (3)略
6. (1) 35 (2)$\frac{175}{6}$

3-4 特徵函數與動差生成函數

習題 P3-46

一、基礎題：

1. (1) 1 (2)$\frac{1}{2}$

2. (1) $\phi_X = \dfrac{\lambda}{\lambda + it}; t \in R$ (2) $-\dfrac{1}{\lambda}$

(3) $\dfrac{1}{\lambda^2}$

3. (1) $\dfrac{1}{2}$ (2) $\dfrac{3}{4}$

4. (1) 2 (2) 2

5. (1) $\dfrac{2e^t}{2-t}$ (2) $\dfrac{3}{2}$，$\dfrac{1}{4}$

6. (1) e^{8t} (2) $f_X(x) = \begin{cases} 1 & ,x=8 \\ 0 & ,\text{其他} \end{cases}$

7. 0.2

8. (1) $M_X(t) = 1 - p + \dfrac{p}{1-t}, t < 1$

(2) $2p - p^2$

二、進階題：

1. $\phi_Y(t) = e^{itb}\phi_X(at)$

3-5 隨機變數的函數變換

習題 P3-57

一、基礎題：

1. $f_Y(y) = \begin{cases} \dfrac{1}{4} & ,y = \dfrac{3}{2}, 2 \\ \dfrac{1}{2} & ,y = 3 \\ 0 & ,\text{其他} \end{cases}$

2. $f_Y(y) = 4y^3,\ 0 < y < 1$

3. $f_Y(y) = \dfrac{y+60}{20000},\ -60 < y < 140$

4. $f_Y(y) = 1,\ 0 < y < 1$

5. (1) $\dfrac{5}{2}$

(2) $f_Y(y) = \dfrac{2}{9}(-4 + 5y - y^2),\ 1 \le y < 4$

6. (1) $c = e^{-1}$

(2) $f_Y(y) = \begin{cases} \dfrac{1}{2\sqrt{y}} e^{\sqrt{y}-1} & ,0 \le y < 1 \\ \dfrac{1}{2\sqrt{y}} e^{-\sqrt{y}-1} & ,1 \le y < \infty \end{cases}$

7. (1)

$X+1$	0	1	2
P	$\dfrac{1}{6}$	$\dfrac{2}{6}$	$\dfrac{3}{6}$

(2)

$2X-1$	-3	-1	1
P	$\dfrac{1}{6}$	$\dfrac{2}{6}$	$\dfrac{3}{6}$

(3)

X^2+1	1	2
P	$\dfrac{1}{3}$	$\dfrac{2}{3}$

8. $f_Y(y) = \begin{cases} \dfrac{1}{6} y^{-\frac{1}{3}} & ,0 < y < 8 \\ 0 & ,\text{其他} \end{cases}$

9. $F_Y(y) = \begin{cases} 1 - \dfrac{1}{c\sqrt{y}} & ,y > \dfrac{1}{c^2} \\ 0 & ,y \le \dfrac{1}{c^2} \end{cases}$

10. $f_Y(y) = \begin{cases} \dfrac{e^{-\sqrt[3]{2-y}}}{3(2-y)^{\frac{2}{3}}} & ,y \le 2 \\ 0 & ,\text{其他} \end{cases}$

11. $F_Y(y)=\begin{cases}0 & ,y\le 0\\ \frac{1}{2}\sqrt[3]{y} & ,0\le y\le 1\\ \frac{3}{4}\sqrt[3]{y}-\frac{1}{8}(\sqrt[3]{y})^2-\frac{1}{8} & ,1\le y\le 27\\ 1 & ,y\ge 27\end{cases}$

12. $f_Y(y)=\begin{cases}\dfrac{1+e^{-\sqrt{y}}}{4\sqrt{y}} & ,0\le y<1\\ \dfrac{e^{-\sqrt{y}}}{4\sqrt{y}} & ,y\ge 1\end{cases}$

二、進階題：

1. $f_Y(y)=\begin{cases}0, & ，y\le 0\\ \sqrt{\frac{2}{\pi}}e^{-\frac{y^2}{2}} & ，y>0\end{cases}$

2. (1) $f_Y(y)=\begin{cases}\dfrac{1}{2\pi y} & ，e^{-\pi}\le y\le e^{\pi}\\ 0 & ，\text{其他}\end{cases}$

(2) $f_Z(z)=\begin{cases}\dfrac{2}{\pi\sqrt{1-z^2}} & ，0\le z\le 1\\ 0 & ，\text{其他}\end{cases}$

3. $f_Z(z)=\frac{1}{\pi}$ ， $-\frac{\pi}{2}<z<\frac{\pi}{2}$

4. (1) $f_Y(y)=\begin{cases}\alpha e^{-\alpha y} & ，0<y<\infty\\ 0 & ，\text{其他}\end{cases}$

(2) $f_Z(z)=e^{-\alpha z}(1-e^{-\alpha})$ ， $z=1,2,3,\cdots$

5. $f_Y(y)=F_Y'(y)=\begin{cases}0 & ，y\le 0\\ 1 & ，0<y<1\\ 0 & ，y\ge 1\end{cases}$

6. $F_Y(y)=\begin{cases}0 & ，y\le 0\\ 1-e^{-y} & ，y>0\end{cases}$ 、

$f_Y(y)=\begin{cases}0 & ，y\le 0\\ e^{-y} & ，y>0\end{cases}$

7. $F_Y(y)=\begin{cases}F_X(0)-F_X(\frac{1}{y}) & ，y<0\\ F_X(0) & ，y=0\\ F_X(0)+1-F_X(\frac{1}{y}) & ，y>0\end{cases}$ 、

$f_Y(y)=F_Y'(y)=\begin{cases}\frac{1}{y^2}f_X(\frac{1}{y}) & ，y\ne 0\\ 0 & ，y=0\end{cases}$

8. $F_Y(y)=\begin{cases}F_X(y+c) & ，y<-c\\ F_X(0) & ，-c\le y<c\\ F_X(y-c) & ，y\ge c\end{cases}$ 、

$f_Y(y)=\begin{cases}f_X(y+c) & ，y<-c\\ f_X(0) & ，-c\le y<c\\ f_X(y-c) & ，y\ge c\end{cases}$

9. $F_Y(y)=y$ ， $0\le y\le 1$

第 4 章　一維機率分配模型

4-1　離散型機率分配

習題 P4-23

一、基礎題：

1. 0.0537
2. $\dfrac{39}{100}$
3. (1)0.8203　(2)0.14453
4. 0.0705
5. (1)0.7073　(2)0.4613　(3)3.75　(4)2.8125
6. 0.0984
7. 0.8343
8. (1)0.0778　(2)0.337　(3)0.087
9. 4.9、1.47
10. 0.0095

11. 0.0058
12. 0.8670
13. (1)$\frac{14}{15}$ (2)$\frac{8}{3}$ (3)$\frac{16}{45}$
14. (1)$\frac{1}{6}$ (2)$\frac{29}{30}$
15. $\frac{10}{21}$
16. (1)0.6242 (2)0.6325
17. 0.8281
18. 0.6464
19. 0.2315
20. (1)0.4762 (2)0.5714
21. (1)0.3991 (2)0.1316
22. 0.4545
23. (1)0.1172 (2)$\frac{1}{16}$
24. (1)$\frac{2}{243}$ (2)$\frac{16}{81}$
25. (1)0.1008 (2)0.4232 (3)0.8009
26. (1)0.1429 (2)0.1353
27. (1)0.1512 (2)0.4015 (3)6、6
28. (1)0.1638 (2)0.032 (3)5、1.25
    (4)1.25、0.3125
29. (1)0.265 (2)0.9596 (3)5、5
30. (1)0.8243 (2)14
31. 16
32. (1)0.0025 (2)6
33. (1)0.0148 (2)2450
34. (1)0.4686 (2)10、90
35. (1)0.0184 (2)1 (3)0.2578
36. 0.0308
37. (1)0.8629 (2)0.2487 (3)0.7888
38. (1)0.2642 (2)0.6446
39. (1)0.5967 (2)0.9128
40. (1)0.0067 (2)0.384
41. 0.0579
42. (1)4 (2)4 (3)0.0183
    (4)4、3.92、0.0176
43. (1)0.8171 (2)0.0163
44. (1)0.9277 (2)0.000981 (3)0.01
45. 0.0989
46. (1)0.125 (2)4 (3)4
47. (1)0.0108 (2)20
48. (1)0.1402 (2)0.1404
49. (1)0.3633 (2)0.4
50. 34
51. (1)0.3351 (2)略
52. (1)0 (2)0 (3)該聲明似乎不正確

二、進階題：

1. (1)略 (2)$X \sim Geo(p)$、證明：略
2. (E)
3. $E[K_{48}]=36$、標準差爲3
4. 0.25
5. $\frac{14}{33}$
6. (1)0.09 (2)10或9、理由：略
7. (1) $f_X(x)=\dfrac{e^{-2\lambda}(2\lambda)^x}{x!}$，
   $x=0,1,2,\cdots$，$\lambda>0$

(2) $f_Y(y)=\sum_{x=1}^{\infty}\frac{(\lambda x)^y e^{-\lambda x}}{y!}p(1-p)^{x-1}$，$y=0,1,2,\cdots$

8. (1) $P[Z=m]=\frac{(\lambda_1+\lambda_2)^m e^{-(\lambda_1+\lambda_2)}}{m!}$

(2) $\frac{1097}{12}e^{-5}$

9. (1) $f_X(x)=\frac{e^{-\alpha}\alpha^x}{x!}$，$x=0,1,2,\cdots$

(2) α

10. $e^{-\lambda\pi t^2}$

11. $1-\Phi(\frac{5\sqrt{2}}{4})$

12. (1) 0 ~ 999 中的自然數

(2)非均勻分佈 (3)分均勻分佈

13. (1) e^{-1} (2) $1-e^{-0.4}$ (3) $1-e^{-0.4}$

4-2 連續型機率分配

習題 P4-56

一、基礎題：

1. (1) $\frac{1}{3}$ (2) $\frac{1}{3}$ (3) $\frac{1}{2}$
2. (1) $z=0.32$ (2) $z=-0.51$ (3) $z=-2.14$ (4) $z=1.645$
3. (1)0.985 (2)0.0918 (3)0.3371 (4)35.04
4. (1)15.87% (2)68.26% (3)2.28%
5. (1)0.1587 (2)0.2119 (3)0.6449
6. (1)0.0062 (2)0.7888 (3)0.59662
7. (1)0.7852 (2)99.4784
8. (1)4 人 (2)692 人
9. (1)0 (2)0.989
10. (1)0.0475 (2)0.1867
11. (1)0.1081 (2)0.1909
12. 0.1151
13. (1)0.0918 (2)0.0668 (3)0.6757
14. (1)0.2514 (2)0.0075
15. (1)0.01686 (2)0.0885
16. B 廠商
17. (1)100hr (2)0.1353
18. (1)30 (2)0.2542
19. 0.594
20. 200 hrs、20000 hrs
21. 0.0018
22. e^7
23. (1)略 (2)0.0001 (3) $\alpha=1$、$\beta=10$ (4)0.0909 (5)0.006887
24. (1)10 (2)100 (3)0.3679
25. 6、6
26. (1)0.2466 (2)0.1353
27. (1)0.2743，0.1251 (2)0.8413

二、進階題：

1. $\frac{L-S}{2}$、$\sqrt{\frac{A^2+B^2}{4}+C^2}$
2. (1) $\frac{1}{\sqrt{\pi}}$ (2) $\mu^3+3\mu\sigma^2$
3. $f_Y(y)=\frac{1}{\sqrt{2\pi y}}e^{-\frac{y}{2}}$，$y>0$
4. $f_X(x)=2\Phi(\frac{\sqrt{x}}{2\sigma})-1$
5. $\Phi(\frac{\ln 50-\mu}{\sigma})$，其中 $\mu=\ln 10-0.5\ln 1.5$、$\sigma^2=\ln 1.5$
6. (1) 0.2 (2) 0.5

7. (1) $f_Y(y)=\begin{cases}\lambda e^{-\lambda y}, & y>0\\ 0, & 其他\end{cases}$ (2)略

8. (1) 0 (2) $\frac{a^2}{2}$

9. 0、$\frac{1}{2}$

10. (1) 0、$\frac{1}{12}$ (2) 0、$\frac{1}{1200}$

11. (1) $F(s)=1-\frac{1}{s}$，$s>1$

(2) $f(s)=\begin{cases}\frac{1}{s^2}, & s>1\\ 0, & 其他\end{cases}$

(3) 2 (4)無窮大

12. 0.4

13. (1) $F_{T_0}=\begin{cases}1-e^{-\lambda t}-\lambda te^{-\lambda t}, & t\geq 0\\ 0, & t<0\end{cases}$

(2) $f_{T_0}=\begin{cases}t\lambda^2 e^{-\lambda t}, & t\geq 0\\ 0, & t<0\end{cases}$

14. (1) $f_X(x)=\frac{1}{6\sqrt{2\pi}}e^{-\frac{(x-30)^2}{72}}$

(2) $f_Y(y)=\frac{1}{6\sqrt{2\pi}}e^{-\frac{(\ln y-30)^2}{72}}\times\frac{1}{y}$，

$y\geq 0$

15. (1) $f_Y(y)=\frac{1}{3\sqrt{2\pi}}e^{-\frac{1}{2}y^{\frac{2}{3}}}y^{-\frac{2}{3}}$，

$-\infty<y<\infty$

(2) 0、15

(3) 3、4、$f_Y(y)=\frac{1}{2\sqrt{2\pi}}e^{-\frac{1}{2}(\frac{3-y}{2})^2}y^{-\frac{2}{3}}$

16. (1) $f_Z(z)=\begin{cases}\frac{1}{2\sqrt{3(z-1)}}, & 4\leq z\leq 13\\ 0, & 其他\end{cases}$

(2) -1.5、$\frac{5}{12}$

17. $f_Y(y)=\frac{\beta y^{\beta-1}}{A}$，$0\leq y\leq A^{\frac{1}{\beta}}$

18. $f_Y(y)=\lambda e^{-\lambda y}$，$0\leq y<\infty$

19. $f_Z(z)=\frac{1}{2\sqrt{2\pi z\sigma^2}}\exp\{-\frac{z}{8\sigma^2}\}$，

$z>0$

20. $f_Y(y)=\frac{a}{\pi(a^2+y^2)}$，$-\infty<y<\infty$

21. $f_Y(y)=\begin{cases}\frac{1}{2}, & y=1\\ 0, & y=0\\ \frac{1}{2}, & y=-1\end{cases}$

22. $f_X(x)=\frac{1}{\sqrt{2\pi x}}e^{-\frac{x}{2}}$，$x\geq 0$

23. $f_Y(y)=\begin{cases}\frac{1}{4\mu}y^{-\frac{3}{4}}e^{-\frac{1}{\mu}y^{\frac{1}{4}}}, & 0\leq y<\infty\\ 0, & -\infty<y<0\end{cases}$

24. (1) $\frac{2}{11}$ (2) $\frac{10}{7}$

第 5 章 多維隨機變數

5-1 聯合機率分配與邊際分配函數

習題 P5-10

一、基礎題：

1. (1) $\frac{1}{10}$ (2) $\frac{2}{5}$ (3) $\frac{2}{5}$ (4) $\frac{1}{5}$

2. (1) $k=\frac{3\times 10^{-4}}{392}$ (2) $\frac{49}{196}$ (3) $\frac{37}{196}$

3. (1) $\frac{1}{16}$ (2) $\frac{37}{128}$

4. $f_{XY}(x, y)$不為有效機率密度函數；$F_{XY}(x, y)$亦不為有效的累積分佈函數

5. (1) $\frac{1}{28}$ (2) $\frac{9}{14}$ (3) $\frac{9}{28}$ (4) $\frac{1}{28}$ (5) $\frac{3}{4}$

6. (1) $\frac{1}{14}$ (2) $\frac{1}{2}$ (3) $\frac{1}{2}$ (4) 0 (5) $\frac{4}{7}$

7. $$P_{XY}(x, y) = \begin{cases} (1-P)^2 & ; x=0, y=0 \\ P(1-P) & , x=0, y=1 \\ P(1-P) & , x=1, y=0 \\ P^2 & , x=1, y=1 \\ 0 & , \text{其他} \end{cases}$$

8. $$P_{XY}(x, y) = \begin{cases} \frac{1}{4} & , (x, y)=(0,1) \\ \frac{1}{4} & , (x, y)=(1,0) \\ \frac{1}{4} & , (x, y)=(1,1) \\ \frac{1}{4} & , (x, y)=(2,0) \\ 0 & , \text{其他} \end{cases}$$

9. $P_{K,X}(k, x)$
$$= \begin{cases} C_k^{n-1}(1-P)^k \times (P)^{n-k} & , x=0, k=1, 2, \cdots, n \\ C_k^{n-1}(1-P)^k \times (P)^{n-k} & , x=1, k=0, 1, 2, \cdots, n-1 \\ 0 & , \text{其他} \end{cases}$$

10. PMF 為
$P_{K,X}(k, x)$
$$= \begin{cases} C_{k-1}^{n-x-1} \times P^{n-k} \times (1-P)^k & , x+k \le n, x \ge 0, k \ge 0 \\ 0 & , \text{其他} \end{cases}$$

11. (1) $c=6$ (2) $\frac{2}{5}$、$\frac{1}{4}$ (3) $\frac{11}{32}$
(4) 0.237

12. (1) $\frac{3}{5}$ (2) $1+2e^{-3}-3e^{-2}$ (3) e^{-5}
(4) $(1-e^{-2}) \times (1-e^{-3})$

13. (1) $f_X(x) = \frac{2}{3}x + \frac{2}{3}$，$0 \le x \le 1$
(2) $f_Y(y) = \frac{1}{3} + \frac{4}{3}y$，$0 \le y \le 1$
(3) $\frac{5}{12}$

14. (1) $k=1$
(2) $F_X(x) = 1-e^{-x}$，$x>0$；
$F_Y(y) = 1-e^{-y}$，$y>0$

15. (1)

X	2	4
$f_X(x)$	0.4	0.6

(2)

Y	1	3	5
$f_Y(y)$	0.25	0.5	0.25

16. (1)

P_{YX}		Y		
		0	1	2
X	0	0.49	0.21	0
	1	0	0.21	0.09

(2)

Y	0	1	2
$f_Y(y)$	0.49	0.42	0.09

(3)

X	1	3
$f_X(x)$	0.7	0.3

(4) 0.51

二、進階題：

1. (1)$\frac{1}{\pi}$ (2)$\frac{1}{2}-\frac{1}{\pi}$

2. $\frac{1}{12}$

5-2 條件分配與獨立性

習題 P5-24

一、基礎題：

1. (1)

X	0	1	2	3
$f_X(x)$	$\frac{1}{10}$	$\frac{1}{5}$	$\frac{3}{10}$	$\frac{2}{5}$

(2)

Y	0	1	2
$f_Y(y)$	$\frac{1}{5}$	$\frac{1}{3}$	$\frac{7}{15}$

2. X與Y為獨立

3. (1) 略 (2) 0.64

4. X與Y不獨立

5. (1) $f_{XY}(x, y)=4xy$，$0<x$、$y<1$

(2) $f_Z(z)=\frac{z^2}{9}$，$0<z<3$

(3)$\frac{19}{162}$ (4)$\frac{8}{9}$

6. (1) $f_X(x)=x+\frac{1}{2}$，$0\le x\le 1$、

$f_Y(y)=y+\frac{1}{2}$，$0\le y\le 1$

(2) 0.5156

7. (1) $f_X(x)=\frac{6x-1}{22}$，$1<x<3$、

$f_Y(y)=\frac{12-2y}{11}$，$0<y<1$

(2) X與Y不獨立 (3)$\frac{7}{11}$

8. (1)略 (2)$\frac{25}{49}$

9. (1) $P(X\le 2, Y\le 3)=(1-e^{-2})\times(1-e^{-3})$

(2) $F_X(x)=1-e^{-x}$

(3) $F_Y(y)=1-e^{-y}$

10. $F_X(x_2)-F_X(x_1)+F_Y(y_2)-F_Y(y_1)-$

$F_{XY}(x_2, y_2)+F_{XY}(x_2, y_1)$

$+F_{XY}(x_1, y_2)-F_{XY}(x_1, y_1)$

11. (1) $P_N(n)=\begin{cases}\frac{100^n\cdot e^{-100}}{n!} & , n=0,1,2,\cdots \\ 0 & ,其他\end{cases}$

(2) $P_K(k)$

$=\begin{cases}C_k^{100}\cdot P^k\cdot(1-P)^{100-k} & , k=0,1,2,\cdots,100 \\ 0 & ,其他\end{cases}$

12. (1) $P_N(n)=(1-P)^{n-1}\times P$

(2) $P_K(k)=\sum_{n=1}^{\infty}\frac{(1-P)^{n-1}\times P}{n}$

13. (1) $P_N(n)=\frac{100^n\cdot e^{-100}}{n!}$；

$n=0, 1, 2, \cdots, n$

(2) 略

14. (1)$c=2$

(2) $f_X(x)=\begin{cases}2x & ,0\le x\le 1 \\ 0 & ,其他\end{cases}$

(3) X與Y互相獨立

15. (1) $f_X(x)=\begin{cases}2(1-x) & ,0\le x\le 1\\ 0 & ,其他\end{cases}$

(2) $f_Y(y)=\begin{cases}2(1-y) & ,0\le y\le 1\\ 0 & ,其他\end{cases}$

16. (1) $f_X(x)=\begin{cases}\dfrac{2\sqrt{r^2-x^2}}{\pi r^2} & ,-r\le x\le r\\ 0 & ,其他\end{cases}$

(2) $f_Y(y)=\begin{cases}\dfrac{2\sqrt{r^2-y^2}}{\pi r^2} & ,-r\le y\le r\\ 0 & ,其他\end{cases}$

17. (1) $f_X(x)=\begin{cases}\dfrac{5}{2}x^4 & ,-1\le x\le 1\\ 0 & ,其他\end{cases}$

(2) $f_Y(y)=\begin{cases}\dfrac{5(1-y^{\frac{3}{2}})}{3} & ,0\le y\le 1\\ 0 & ,其他\end{cases}$

18. (1)$c=6$

(2) $F_X(x)=\begin{cases}0 & ,x<0\\ x^3 & ,0\le x\le 1\\ 1 & ,x\ge 1\end{cases}$

(3) $F_Y(y)=\begin{cases}0 & ,y<0\\ 3y^2-2y^3 & ,0\le y\le 1\\ 1 & ,y\ge 1\end{cases}$

(4)$\dfrac{1}{4}$

19. $P_X(x)=C_x^{75}(\frac{1}{2})^{75}$ 、 $P_Y(y)=C_y^{25}(\frac{1}{2})^{25}$

(1)X與Y獨立

(2) $P_{XY}(x,y)$

$=\begin{cases}C_x^{75}C_y^{25}(\frac{1}{2})^{100} & ,x=0,1,2,\cdots,75 且 y=0,1,2,\cdots,25\\ 0 & ,其他\end{cases}$

20. (1) $P_{X_1}(x_1)=\begin{cases}(1-P)^{x_1-1}\cdot P & ,x_1=1,2,\cdots\\ 0 & ,其他\end{cases}$

$P_{X_2}(x_2)=\begin{cases}(1-P)^{x_2-1}\cdot P & ,x_2=1,2,\cdots\\ 0 & ,其他\end{cases}$

(2)X_1與X_2獨立

(3) $P_{X_1X_2}(x_1,x_2)$

$=\begin{cases}(1-P)^{x_1+x_2-2}\times P^2 & ,x_1=1,2,\cdots,x_2=1,2,\cdots\\ 0 & ,其他\end{cases}$

21. $f_{XY}(x,y)=\begin{cases}\dfrac{1}{10} & ,0\le x\le 2,0\le y\le 5\\ 0 & ,其他\end{cases}$

22. $P[X_2<X_1]=\dfrac{\lambda_2}{\lambda_1+\lambda_2}$

23. (1) $k=\dfrac{3}{4}$

(2) $f_X(x)=\dfrac{3}{4}+3x^2$，$-\dfrac{1}{2}\le x\le\dfrac{1}{2}$

(3) $f_Y(y)=1$，$-\dfrac{1}{2}\le y\le\dfrac{1}{2}$

(4)X與Y獨立

二、進階題：

1. (1) $P(x\mid y)=\dfrac{1}{y-1}$，$y=2,3,\cdots$

(2) $P(y\mid x)=p(1-p)^{y-x-1}$，

$x=1,2,\cdots$ 、 $y=2,3,\cdots$ 且 $x<y$

2. (1) $f_X(x)=\int_0^\infty 2e^{-x}e^{-2y}dy=e^{-x}$，

$x\ge 0$ 、

$f_Y(y)=\int_0^\infty 2e^{-x}e^{-2y}dy=2e^{-2y}$，

$y\ge 0$ 、

略

(2) $(1-e^{-8})^2$

3. (1) $f_{Y,Z}(y,z)=\frac{2}{9}yz^2$，

$0<y<1$、$0<z<3$

(2) $\frac{1}{4}$

4. $f_W(w)=\begin{cases}\frac{12w^2}{(1+w)^5}, & w>0\\ 0, & w\le 0\end{cases}$

5. (1) 8 (2) $\frac{3}{8}$

(3) $f_X(x)=4x(1-x^2)$、$f_Y(y)=4y^3$

6. $f_X(x)=e^{-x}$，$x>0$、

$f_Y(y)=\frac{1}{(1+y)^2}$，$y>0$

7. $Beta(1+n,1+m)$

8. (1) $P(X+Y=n)=\frac{e^{-(\lambda_1+\lambda_2)}(\lambda_1+\lambda_2)^n}{n!}$

(2) $P\{X=k\mid X+Y=n\}$

$=C_k^n(\frac{\lambda_1}{\lambda_1+\lambda_2})^k(\frac{\lambda_2}{\lambda_1+\lambda_2})^{n-k}$，

$k=0,1,2,\cdots,n$

9. (1) $f_{YZ}(y,z)=\frac{2yz^2}{9}$，$0<y<1$、

$0<z<3$

(2) $f_Y(y,z)=2y$，$0<y<1$

(3) $\frac{1}{108}$

10. (1) $P[N=k,T\le t]$

$=(1-e^{-(ka)t})\times C_k^n p^k(1-p)^{n-k}$，$t\ge 0$、

$k=1,2,3,\cdots,n$、

$P[T\le t]=1-(1-p+pe^{-at})^n$

(2) $1-(1-p)^n$

11. (1) $f_{XY}(x,y)=\frac{e^{-|y-x|}\{\delta(x-1)+\delta(x+1)\}}{4}$，

$-\infty<y<\infty$、$x=\pm 1$

(2) $f(X=1\mid y)=\frac{e^{-|y-1|}}{e^{-|y-1|}+e^{-|y+1|}}$、

$f(X=-1\mid y)=\frac{e^{-|y+1|}}{e^{-|y-1|}+e^{-|y+1|}}$

12. 邊際機率密度函數：

$f_X(x)=\begin{cases}\frac{x}{2}, & 0<x<2\\ 0, & 其他\end{cases}$、

$f_Y(y)=\begin{cases}\frac{1+3y^2}{2}, & 0<y<1\\ 0, & 其他\end{cases}$

條件機率密度函數：

$f_{X|Y}(x\mid y)=\begin{cases}\frac{x}{2}, & 0<x<2\\ 0, & 其他\end{cases}$

5-3 期望值及其性質

習題 P5-51

一、基礎題：

1. (1) $P_X(x)=\begin{cases}\frac{4}{28}, & x=1\\ \frac{8}{28}, & x=2\\ \frac{16}{28}, & x=4\\ 0, & 其他\end{cases}$、

$P_Y(y)=\begin{cases}\frac{7}{28}, & y=1\\ \frac{21}{28}, & y=3\\ 0, & 其他\end{cases}$

(2) $E[X]=3$、$E[Y]=\dfrac{5}{2}$

(3) $\text{Var}[X]=\dfrac{10}{7}$、$\text{Var}[Y]=\dfrac{3}{4}$

2. (1) $f_X(x)=\begin{cases}\dfrac{2x+2}{3} & ,0\le x\le 1\\ 0 & ,\text{其他}\end{cases}$、

$f_Y(y)=\begin{cases}\dfrac{2y+1}{6} & ,0\le y\le 2\\ 0 & ,\text{其他}\end{cases}$

(2) $E[X]=\dfrac{5}{9}$、$\text{Var}[X]=\dfrac{13}{162}$

(3) $E[Y]=\dfrac{11}{9}$、$\text{Var}[Y]=\dfrac{23}{81}$

3. (1) $P_X(x)=\begin{cases}\dfrac{6}{14} & ,x=-2,2\\ \dfrac{2}{14} & ,x=0\\ 0 & ,\text{其他}\end{cases}$、

$P_Y(x)=\begin{cases}\dfrac{5}{14} & ,y=-1,1\\ \dfrac{4}{14} & ,y=0\\ 0 & ,\text{其他}\end{cases}$

(2) $E[X]=0$、$E[Y]=0$

(3) $\sigma_X=\sqrt{\dfrac{24}{7}}$、$\sigma_Y=\sqrt{\dfrac{5}{7}}$

4. (1) $P_X(x)=\begin{cases}\dfrac{x+1}{21} & ,x=0,1,2,3,4,5\\ 0 & ,\text{其他}\end{cases}$、

$P_Y(y)=\begin{cases}\dfrac{6-y}{21} & ,y=0,1,2,3,4,5\\ 0 & ,\text{其他}\end{cases}$

(2) $E[X]=\dfrac{10}{3}$、$E[Y]=\dfrac{5}{3}$

5. (1) $P[X>0]=\dfrac{1}{4}$

(2) $f_X(x)=\begin{cases}\dfrac{1-x}{2} & ,-1\le x\le 1\\ 0 & ,\text{其他}\end{cases}$

(3) $E[X]=-\dfrac{1}{3}$

6. $E[X+Y]=8.25$、

$\text{Var}[X+Y]=1.0875$

7. (1) $E[X]=5$、$\text{Var}[X]=75$

(2) $E[X+Y]=10$、$\text{Var}[X+Y]=150$

(3) $E[XY2^{X+Y}]=2.75\times 10^{13}$

8. $\text{Var}[X+Y]=7$

9. (1) $E[W]=2$ (2) $\text{Var}[W]=76$

10. $E[Y]=0$、$\text{Var}[Y]=4$

11. (1) $E[X_1-X_2]=0$

(2) $\text{Var}[X_1-X_2]=2\sigma^2$

12. (1) $\text{Cov}[U,V]=3ab$

(2) $\rho_{U,V}=\dfrac{1}{2}\text{sgn}(ab)$；其中

$\text{sgn}(ab)=\dfrac{ab}{|ab|}=\begin{cases}1 & ,ab\ge 0\\ -1 & ,ab<0\end{cases}$

13. (1) $\text{Var}[V]=4$ 最小、

$\text{Var}[V]=36$ 最大

(2) $\text{Var}[W]=36$ 最小、

$\text{Var}[W]=100$ 最大

14. (1) $E[X]=\dfrac{2}{3}$、$\text{Var}[X]=\dfrac{1}{18}$

(2) $E[Y]=\dfrac{2}{3}$、$\text{Var}[Y]=\dfrac{1}{18}$

(3) $\text{Cov}[X,Y]=0$ (4) $E[X+Y]=\frac{4}{3}$

(5) $\text{Var}[X+Y]=\frac{1}{9}$

15. (1) $E[X]=0$、$\text{Var}[X]=\frac{5}{7}$

(2) $E[Y]=\frac{5}{14}$、$\text{Var}[Y]=0.0576$

(3) $\text{Cov}[X,Y]=0$

(4) $E[X+Y]=\frac{5}{14}$

(5) $\text{Var}[X+Y]=0.7719$

16. (1) $P[A]=\frac{1}{3}$

(2) $f_{X,Y|A}(x,y)$

$$=\begin{cases} x+y & ,0\le x\le 1, 0\le y\le 1 \\ 0 & ,\text{其他} \end{cases}$$

(3) $f_{X|A}(x)=\begin{cases} x+\frac{1}{2} & ,0\le x\le 1 \\ 0 & ,\text{其他} \end{cases}$、

$f_{Y|A}(y)=\begin{cases} y+\frac{1}{2} & ,0\le y\le 1 \\ 0 & ,\text{其他} \end{cases}$

17. (1) $P(A)=\frac{5}{12}$

(2) $f_{X,Y|A}(x,y)$

$$=\begin{cases} \frac{4}{5}(4x+2y) & ,0\le x\le 1, 0\le y\le \frac{1}{2} \\ 0 & ,\text{其他} \end{cases}$$

(3) $f_{X|A}(x)=\begin{cases} \frac{8x+1}{5} & ,0\le x\le 1 \\ 0 & ,\text{其他} \end{cases}$、

$f_{Y|A}(y)=\begin{cases} \frac{8(y+1)}{5} & ,0\le y\le \frac{1}{2} \\ 0 & ,\text{其他} \end{cases}$

18. (1) $f_{XY|A}(x,y)$

$$=\begin{cases} \frac{120}{19}x^2 & ,-1\le x<1, y\le\frac{1}{4}, 0\le y\le x^2 \\ 0 & ,\text{其他} \end{cases}$$

(2) $f_{Y|A}(y)=\begin{cases} \frac{80}{19}(1-y^{\frac{3}{2}}) & ,0\le y\le\frac{1}{4} \\ 0 & ,\text{其他} \end{cases}$、

$E[Y\mid A]=\frac{65}{532}$

(3) $f_{X|A}(x)=\begin{cases} \frac{30}{19}x^2 & ,\frac{1}{2}\le |x|\le 1 \\ \frac{120}{19}x^4 & ,|x|\le\frac{1}{2} \\ 0 & ,\text{其他} \end{cases}$、

$E[X\mid A]=0$

19. (1) $P_{X|B}(x)=\begin{cases} C_x^5\cdot\frac{1}{16} & ,x=3,4,5 \\ 0 & ,\text{其他} \end{cases}$

(2) $E[X^2\mid B]=\frac{195}{16}$，

$\text{Var}[X\mid B]=0.3711$

20. (1) $E[X]=\frac{2}{3}$、$E[Y]=\frac{3}{4}$

(2) $E[X\mid A]=\frac{5}{6}$、$E[Y\mid A]=\frac{5}{8}$

二、進階題：

1. (1)$\frac{1}{2}$ (2)$\frac{5}{18}$ (3)不獨立

2. (1)不獨立

(2) $E[X\mid Y=y]=\begin{cases} \frac{9}{8}, & y=0 \\ \frac{1}{4}, & y=1 \\ \frac{11}{8}, & y=2 \end{cases}$

3. 0

4. (1)$\frac{100}{199}$ (2)$\frac{100\times 99}{2\times 199\times 197}$

5. $E[X|Y=y]=\begin{cases}\frac{\beta}{2}e^{-\beta|y|}, & -a<y<a\\ \frac{1}{2}e^{-\beta a}, & y=\pm a\\ 0, & \text{其他}\end{cases}$

6. (1)$\frac{\lambda T}{2}$ (2)$\frac{\lambda T}{2}+\frac{\lambda^2T^2}{12}$

7. (1)$f_{RS}(r,s)=\frac{1}{\sqrt{2\pi\sigma^2}}e^{-\frac{(s-\mu)^2}{2\sigma^2}}$

(2)$E[R]=\mu$、$Var(R)=1+\sigma^2$、$Cov(R,S)=\sigma^2$

8. $\frac{z\lambda_1}{\lambda_1+\lambda_2}$

9. (1)2 (2)$f_{Y|X}=\frac{2x+2y}{1+2x-3x^2}$

(3)$\frac{7}{36}$

10. (1)$\frac{2}{\sqrt{2\pi}}$ (2)$2-\frac{2}{\pi}$

11. (1)2 (2)$np[1-(1-p)^{n-1}]$

12. (1)$f(x,y)$

$=\begin{cases}\frac{2y^xe^{-3y}}{x!}, & x=0,1,2,\cdots,\ y>0\\ 0, & \text{所有其他情況}\end{cases}$

(2)$f_X(x)=\frac{2}{3^x+1}$, $x=0,1,2,\cdots$

(3)$f_{Y|X}(y|x)=\frac{3^{x+1}y^xe^{-3y}}{x!}$, $y>0$

(4)$E[Y|X]=\frac{x+1}{3}$

13. (1)$\frac{2}{3}$ (2)$\frac{23}{36}$

14. (1)$\frac{1}{4}$ (2)$\frac{\lambda T}{2}$ (3)$\frac{4}{3}$

15. (1)2

(2)$f_X(x)=\frac{2}{x^3}$，$1<x<\infty$

(3)2

(4)$f_{Y|X}(y|x)=\frac{1}{x-1}$，$1<y<x$

(5)$\frac{3}{2}$

16. (1)$\frac{3}{4}$

(2)$f_X(x)=-\frac{3}{4}x(x-2)$，$0<x<2$

(3)$\frac{4}{9}$

17 (1)$f_X(x)=\frac{40-x}{200}$，$20<x<40$

(2)

$f_Y(y)=\begin{cases}\frac{2}{5}\ln(\frac{y}{10})-\frac{y}{50}+\frac{1}{5}, & 10<y<20\\ \frac{2}{5}\ln(\frac{40}{y})+\frac{y}{100}-\frac{2}{5}, & 20<y<40\end{cases}$

(3)20

(4)24

18. 7

19. $E[N(X)]=\frac{\lambda c+\lambda d}{2}$、

$Var(N(X))=\frac{\lambda c+\lambda d}{2}+\frac{\lambda^2(c-d)^2}{12}$

20. (1)$f_X(x)=\frac{1}{2\sqrt{\pi}}e^{-\frac{x^2}{4}}$

(2)$\frac{\sqrt{3}}{2}x$ (3)$\frac{1}{2}$

(4)$M_{X,Y}(t_1,t_2)=e^{t_1^2+\sqrt{3}t_1t_2+t_2^2}$

(5)略

5-4 二元常態分配

習題 P5-67

一、基礎題：

1. (1) 0.079 (2) 0.2922
2. (1) $P(A)=0.159$

   (2) $P(A)=0.42$

   (3) $P(A)=0.42$
3. (1) $E[V]=3$、$\text{Var}[V]=20$、

   $$f_V(v)=\frac{1}{\sqrt{40\pi}}e^{-\frac{(v-3)^2}{40}}$$

   (2) $E[W]=7$、$\text{Var}[W]=100$、

   $$f_W(w)=\frac{1}{\sqrt{200\pi}}e^{-\frac{(w-7)^2}{200}}$$
4. $f_{Y|X}(y\,|\,x)=\dfrac{1}{\sqrt{2\pi}}e^{-\frac{(y-x)^2}{2}}$
5. $\dfrac{4}{5}$

第 6 章 函數變換與順序統計量

6-1 二維隨機變數的函數變換

習題 P6-16

一、基礎題：

1. (1)

$f_{UV}(u,v)$		U		$f_V(v)$
		0	1	
V	1	$\frac{1}{12}$	$\frac{1}{3}$	$\frac{5}{12}$
	4	$\frac{1}{12}$	$\frac{1}{2}$	$\frac{7}{12}$
$f_U(u)$		$\frac{1}{6}$	$\frac{5}{6}$	1

(2) $f_U(u)=\begin{cases}\dfrac{5}{12} & ,u=0\\[2mm] \dfrac{7}{12} & ,u=\dfrac{5}{5}\end{cases}$、

$f_V(v)=\begin{cases}\dfrac{1}{6} & ,v=1\\[2mm] \dfrac{5}{6} & ,v=4\end{cases}$

2. (1) $P_W(w)=\begin{cases}\dfrac{1}{14} & ,w=-3,3\\[2mm] \dfrac{1}{7} & ,w=-2,2\\[2mm] \dfrac{2}{7} & ,w=-1,1\\[2mm] 0 & ,\text{其他}\end{cases}$

   (2) $P_W(w)=\begin{cases}\dfrac{3}{14} & ,w=-4,-2,2,4\\[2mm] \dfrac{1}{7} & ,w=0\\[2mm] 0 & ,\text{其他}\end{cases}$
3. (1) $P_W(w)=\begin{cases}0.01(21-2w) & ,w=1,2,\cdots,10\\ 0 & ,\text{其他}\end{cases}$

   (2) $P_V(v)=\begin{cases}0.01(2v-1) & ,v=1,2,\cdots,10\\ 0 & ,\text{其他}\end{cases}$
4. (1) $S_W=\{w\,|\,-1\le w\le 0\}$

   (2) $F_W(w)\begin{cases}0 & ,w<-1\\ (1+w)^3 & ,-1\le w\le 0\\ 1 & ,w>0\end{cases}$，

   $f_W(w)=\begin{cases}3(1+w)^2 & ,-1\le w\le 0\\ 0 & ,\text{其他}\end{cases}$
5. (1) $S_W=\{w\,|\,0\le w\le 1\}$

   (2) $F_W(w)\begin{cases}0 & ,w<0\\ w & ,0\le w<1\\ 1 & ,w\ge 1\end{cases}$，

   $f_W(w)=\begin{cases}1 & ,0\le w\le 1\\ 0 & ,\text{其他}\end{cases}$

6. (1) $S_W=\{w \mid w\geq 1\}$

(2) $F_W(w)\begin{cases}0 & ,w<1\\ 1-\dfrac{1}{w} & ,w\geq 1\end{cases}$,

$f_W(w)=\begin{cases}\dfrac{1}{w^2} & ,w\geq 1\\ 0 & ,\text{其他}\end{cases}$

7. (1) $F_V(v)\begin{cases}0 & ,v<0\\ v^5 & ,0\leq v\leq 1\\ 1 & ,v>1\end{cases}$,

$f_V(v)=\dfrac{dF_V(v)}{dv}=\begin{cases}5v^4 & ,0\leq v\leq 1\\ 0 & ,\text{其他}\end{cases}$

(2) $F_W(w)\begin{cases}0 & ,w<0\\ w^2+w^3-w^5 & ,0\leq w\leq 1\\ 1 & ,w>1\end{cases}$,

$f_W(w)=\begin{cases}2w+3w^2-5w^4 & ,0\leq w\leq 1\\ 0 & ,\text{其他}\end{cases}$

8. (1) $F_U(u)\begin{cases}0 & ,u<0\\ 4u(1-u) & ,0\leq u\leq \dfrac{1}{2}\\ 1 & ,u>\dfrac{1}{2}\end{cases}$,

$f_U(u)=\begin{cases}4-8u & ,0\leq u\leq \dfrac{1}{2}\\ 0 & ,\text{其他}\end{cases}$

(2) $F_V(v)\begin{cases}0 & ,v<0\\ 2v^2 & ,0\leq v\leq \dfrac{1}{2}\\ 4v-2v^2-1 & ,\dfrac{1}{2}\leq v\leq 1\\ 1 & ,v>1\end{cases}$,

$f_V(v)=\dfrac{dF_V(v)}{dv}=\begin{cases}4v & ,0\leq v\leq \dfrac{1}{2}\\ 4(1-v) & ,\dfrac{1}{2}\leq v\leq 1\end{cases}$

9. $f_W(w)=\begin{cases}\lambda e^{-\lambda w} & ,w\geq 0\\ 0 & ,w<0\end{cases}$

10. $f_Z(z)=\begin{cases}z^2 & ,0\leq z<1\\ z(2-z) & ,1\leq z\leq 2\end{cases}$

11. $f_W(w)=\begin{cases}2w & ,0\leq w\leq 1\\ 0 & ,\text{其他}\end{cases}$

12. $f_W(w)=\begin{cases}\dfrac{\alpha\beta}{(\alpha+\beta w)^2} & ,w\geq 0\\ 0 & ,\text{其他}\end{cases}$

13. $f_W(w)=\dfrac{dF_W(w)}{dw}=\begin{cases}\dfrac{2}{15}w & ,0\leq w\leq 3\\ \dfrac{1}{5} & ,3<w\leq 5\\ 0 & ,\text{其他}\end{cases}$

14. $f_W(w)=\begin{cases}w & ,0\leq w\leq 1\\ 2-w & ,1\leq w\leq 2\\ 0 & ,\text{其他}\end{cases}$

15. $f_W(w)=\begin{cases}w & ,0\leq w\leq 1\\ 2-w & ,1\leq w\leq 2\\ 0 & ,\text{其他}\end{cases}$

16. $f_W(w)=\begin{cases}\dfrac{2}{3}w^3 & ,0\leq w\leq 1\\ 4w-\dfrac{8}{3}-\dfrac{2}{3}w^3 & ,1\leq w\leq 2\\ 0 & ,\text{其他}\end{cases}$

17. $f_U(u)=\begin{cases}u\cdot e^{-u} & ,u\geq 0\\ 0 & ,\text{其他}\end{cases}$

18. (1) $F_X(x)=\begin{cases}0 & ,x\leq 0\\ \dfrac{x^2}{4} & ,0\leq x\leq 2\\ 1 & ,x\geq 2\end{cases}$

(2) $\dfrac{1}{16}$

(3) $\frac{1}{16}$

(4) $F_W(x) = \begin{cases} 0 & , w \le 0 \\ \frac{w^4}{16} & , 0 \le w \le 2 \\ 1 & , w \ge 2 \end{cases}$

19. (1) $f_{UV}(u, v) = \frac{u}{(1+v)^2} \cdot e^{-u}$；

$u \ge 0$，$v \ge 0$

(2) $f_{UT}(u, t) = ue^{-u}$；$u \ge 0$，$0 \le t \le 1$

20. $f_{WZ}(w, z) = \begin{cases} \frac{1}{z} e^{-\frac{w}{z}} & , 0 \le z \le 1, w \ge 0 \\ 0 & ,\text{其他} \end{cases}$

二、進階題：

1. (1) $f_{XY}(x, y) = \frac{e^{-\sqrt{x^2+y^2}}}{2\pi\sqrt{x^2+y^2}}$，

$-\infty < x < \infty$、$-\infty < y < \infty$

(2) 0

2. $f_Z(z) = \frac{z}{\sigma^2} e^{-\frac{z^2}{2\sigma^2}}$，$z \ge 0$、

$f_W(w) = \frac{1}{\pi + \pi w^2}$，$-\infty < w < \infty$

3. $f_Z(z) = \begin{cases} \frac{4\ln a - 2\ln|z|}{4a^2} & , -a^2 \le z \le a^2 \\ 0 & ,\text{其他} \end{cases}$

4. $f_Z(z) = \frac{1}{\sqrt{2\pi}} e^{-\frac{z^2}{2}}$，$-\infty < z < \infty$

5. $f_W(w) = \begin{cases} \frac{1}{2w^2} & , w \ge 1 \\ \frac{1}{2} & , w < 1 \end{cases}$

6. $f_Z(z) = \begin{cases} 0 & , z \le 0 \\ \frac{1}{2} & , 0 < z \le 1 \\ \frac{1}{2z^2} & , 1 < z < \infty \end{cases}$

7. $f_Z(z) = \begin{cases} \frac{3a+z}{8a^2} & , -3a \le z \le -a \\ \frac{1}{4a} & , -a \le z \le a \\ \frac{3a-z}{8a^2} & , a \le z \le 3a \\ 0 & ,\text{其他} \end{cases}$

8. (1) $F_Y(y) = \begin{cases} \frac{y^2}{2} & , 0 \le y \le 1 \\ -\frac{y^2}{2} + 2y - 1 & , 1 \le y \le 2 \end{cases}$、

$f_Y(y) = \begin{cases} y & , 0 \le y \le 1 \\ -y + 2 & , 1 \le y \le 2 \end{cases}$

(2) $F_Y(y) = 2y - y^2$，$0 \le y \le 1$、

$f_Y(y) = 2 - 2y$，$0 \le y \le 1$

9. (1) $f_Z(z) = \begin{cases} \frac{z-50}{600} & , 50 < z < 70 \\ \frac{1}{30} & , 70 \le z \le 80 \\ \frac{100-z}{600} & , 80 < z < 100 \\ 0 & ,\text{其他} \end{cases}$

(2) 94

10. (1) $f_Z(z)=\begin{cases}\dfrac{\alpha\beta e^{-\frac{\alpha z}{2}}-\alpha\beta e^{-\beta z}}{2\beta-\alpha}, & z>0\\ 0, & z\le 0\end{cases}$

(2) $f_W(w)=\begin{cases}\dfrac{\alpha\beta e^{\beta w}}{\alpha+\beta}, & w\le 0\\ \dfrac{\alpha\beta e^{-\alpha w}}{\alpha+\beta}, & w>0\end{cases}$

11. (1) $f_X(x)=2e^{-x}-2e^{-2x}$，$0\le x<\infty$、

$f_Y(y)=2e^{-2y}$，$0\le y<\infty$

(2) $f_Z(z)=ze^{-z}$，$z\ge 0$

12. $f_U(u)=\dfrac{1}{\sqrt{2\pi}}e^{-\frac{u^2}{2}}$，$-\infty<u<\infty$

13. 略

14. $f_T(t)=\dfrac{e^{-\frac{1}{2t^2}}}{t^3}$，$t\ge 0$

15. (1) $f_{Z|Y}(z\,|\,y)=\dfrac{e^{-\frac{z^2}{2y^2\sigma^2}}}{\sqrt{2\pi y^2\sigma^2}}$，

$-\infty<z<\infty$

(2) $f_Z(z)=\dfrac{1}{\pi\sigma^2}\displaystyle\int_0^{\infty}\frac{1}{y}e^{-\frac{1}{2\sigma^2}[(\frac{z}{y})^2+y^2]}dy$

16. $f(y\,|\,x)=\dfrac{1}{4\pi\sqrt{1-y^2}}$

6-2 順序統計量

習題 P6-25

一、基礎題：

1. $f_Y(y)=\begin{cases}4(y-1)^3, & 1\le y\le 2\\ 0, & 其他\end{cases}$

2. $f_W(w)=5w^4$，$0\le w\le 1$；

$f_U(u)=5(1-u)^4$，$0\le u\le 1$

3. (1) $P[\min(X_1,X_2,X_3)\le\frac{3}{4}]=\dfrac{63}{64}$

(2) $P[Y_2\le\frac{3}{4}]=\dfrac{27}{64}$

4. (1) $f_V(v)=\begin{cases}3\lambda e^{-3\lambda v}, & v\ge 0\\ 0, & 其他\end{cases}$

(2) $f_W(w)$

$=\begin{cases}3(1-e^{-\lambda w})^2\cdot\lambda\cdot e^{-\lambda w}, & w\ge 0\\ 0, & 其他\end{cases}$

5. (1) 0.2056 (2) 0.0134

6. (1) 0.3935 (2) 0.9502

二、進階題：

1. $f_Z(z)=(1-p)^{2z}[(1-p)^{-2}-1]$，

$z=1,2,3,\cdots$

2. (1) $P[X<Y]=\dfrac{\alpha}{\alpha+\beta}$

(2) $P[Z<z]=1-e^{-(\alpha+\beta)z}$，$z>0$

3. (1) $f_Z(z)=\dfrac{ze^{-\frac{z^2}{2\sigma^2}}}{\sigma^2}$，$z\ge 0$

(2) $f_M(m)=\dfrac{2me^{-\frac{m^2}{2\sigma^2}}-2me^{-\frac{m^2}{\sigma^2}}}{\sigma^2}$，$m\ge 0$、

$f_N(n)=\dfrac{2ne^{-\frac{n^2}{2\sigma^2}}-2ne^{-\frac{n^2}{\sigma^2}}}{\sigma^2}$，$n\ge 0$

4. 略

第 7 章 取樣與極限定理

7-1 取樣與基本統計量

習題 P7-6

一、基礎題：

1. (1)3.2 (2)3.1 (3)0.4975 (4)2

2. (1)59.1 (2)68 (3)59

3. (1)65 (2)371.9895
4. (1)0.5675 (2)0.013
5. (1)55 (2)58 (3)537.2727

7-2 柴比雪夫不等式

習題 P7-13

一、基礎題：

1. (1) $P(X \geq 2\mu) \leq \frac{1}{2}$

   (2) $P(0 \leq X \leq \frac{5}{2}\mu) \geq \frac{3}{5}$
2. (1) $\frac{16}{25}$ (2) $\frac{5}{9}$ (3) $\frac{1}{4}$ (4) $\frac{16}{169}$
3. (1) $\frac{2}{3}$ (2) 0.75
4. (1)280 (2) 41

   (3)柴比雪夫不等式提供較佳的答案
5. (1) $\frac{5}{6}$ (2) 0.16 (3) 0.84，即大部分學生成績介於 40～60 之間
6. (1)$10000P(1-P)$ (2) 2500
7. 222.22
8. 0.88

二、進階題：

1. (1) $\frac{15}{17}$ (2) $\frac{3}{4}$
2. 正確

7-4 中央極限定理

習題 P7-26

一、基礎題：

1. 0.9772
2. 0.1587
3. (1) 0.8664 (2) $396.08 \leq \overline{X} \leq 403.92$
4. 0.1112
5. 0.0071
6. 0.8384
7. 0.0017
8. 0.0228

二、進階題：

1. (1) 0.7696 (2) 0.962776
2. $X \sim N(175, \frac{875}{6})$
3. $2\Phi(2\sqrt{10})-1$

國家圖書館出版品預行編目資料

機率學 / 姚賀騰編著. -- 一版. -- 新北市：
全華圖書, 2019.08
面； 公分
ISBN 978-986-503-213-5（平裝附光碟）
1.機率
319.1 108013326

機率學

作者 / 姚賀騰
發行人 / 陳本源
執行編輯 / 鄭祐珊
封面設計/ 蕭暄蓉
出版者 / 全華圖書股份有限公司
郵政帳號 / 0100836-1 號
印刷者 / 宏懋打字印刷股份有限公司
圖書編號 / 06393007
初版三刷 / 2023 年 11 月
定價 / 新台幣 525 元
ISBN / 978-986-503-213-5 (平裝)
全華圖書 / www.chwa.com.tw
全華網路書店 Open Tech / www.opentech.com.tw
若您對書籍內容、排版印刷有任何問題，歡迎來信指導 book@chwa.com.tw

臺北總公司(北區營業處)
地址：23671 新北市土城區忠義路 21 號
電話：(02) 2262-5666
傳真：(02) 6637-3695、6637-3696

南區營業處
地址：80769 高雄市三民區應安街 12 號
電話：(07) 381-1377
傳真：(07) 862-5562

中區營業處
地址：40256 臺中市南區樹義一巷 26 號
電話：(04) 2261-8485
傳真：(04) 3600-98 6

廣 告 回 信

板橋郵局登記證

板橋廣字第540號

行銷企劃部　收

23671 新北市土城區忠義路21號

全華圖書股份有限公司

讀者回函卡

掃 QRcode 線上填寫 ▶▶▶

姓名：＿＿＿＿＿＿ 生日：西元＿＿＿年＿＿月＿＿日 性別：□男 □女

電話：（ ）＿＿＿＿＿ 手機：＿＿＿＿＿＿

e-mail：（必填）＿＿＿＿＿＿＿＿＿＿＿＿

註：數字零，請用 Φ 表示，數字 1 與英文 L 請另註明並書寫端正，謝謝。

通訊處：□□□□□＿＿＿＿＿＿＿＿＿＿

學歷：□高中．職 □專科 □大學 □碩士 □博士

職業：□工程師 □教師 □學生 □軍．公 □其他

學校／公司：＿＿＿＿＿＿ 科系／部門：＿＿＿＿＿＿

．需求書類：

□ A. 電子 □ B. 電機 □ C. 資訊 □ D. 機械 □ E. 汽車 □ F. 工管 □ G. 土木 □ H. 化工 □ I. 設計

□ J. 商管 □ K. 日文 □ L. 美容 □ M. 休閒 □ N. 餐飲 □ O. 其他

．本次購買圖書為：＿＿＿＿＿＿＿＿ 書號：＿＿＿＿＿＿

．您對本書的評價：

封面設計：□非常滿意 □滿意 □尚可 □需改善，請說明＿＿＿＿＿＿

內容表達：□非常滿意 □滿意 □尚可 □需改善，請說明＿＿＿＿＿＿

版面編排：□非常滿意 □滿意 □尚可 □需改善，請說明＿＿＿＿＿＿

印刷品質：□非常滿意 □滿意 □尚可 □需改善，請說明＿＿＿＿＿＿

書籍定價：□非常滿意 □滿意 □尚可 □需改善，請說明＿＿＿＿＿＿

整體評價：請說明＿＿＿＿＿＿＿＿＿＿＿＿

．您在何處購買本書？

□書局 □網路書店 □書展 □團購 □其他＿＿＿＿＿＿

．您購買本書的原因？（可複選）

□個人需要 □公司採購 □親友推薦 □老師指定用書 □其他＿＿＿＿＿＿

．您希望全華以何種方式提供出版訊息及特惠活動？

□電子報 □ DM □廣告（媒體名稱＿＿＿＿＿＿＿＿＿）

．您是否上過全華網路書店？（www.opentech.com.tw）

□是 □否 您的建議＿＿＿＿＿＿＿＿＿＿

．您希望全華出版哪方面書籍？＿＿＿＿＿＿＿＿

．您希望全華加強哪些服務？＿＿＿＿＿＿＿＿

感謝您提供寶貴意見，全華將秉持服務的熱忱，出版更多好書，以饗讀者。

填寫日期： / /

2020.09 修訂

親愛的讀者：

感謝您對全華圖書的支持與愛護，雖然我們很慎重的處理每一本書，但恐仍有疏漏之處，若您發現本書有任何錯誤，請填寫於勘誤表內寄回，我們將於再版時修正，您的批評與指教是我們進步的原動力，謝謝！

全華圖書　敬上

勘誤表

書號		書名		作者	
頁數	行數	錯誤或不當之詞句		建議修改之詞句	

我有話要說：（其它之批評與建議，如封面、編排、內容、印刷品質等．．．）